成为设计师丛书

如何成为室内设计师

（原著第二版）

[美]克里斯蒂娜·M·彼得罗夫斯基　著

蔡　红　译

中国建筑工业出版社

著作权合同登记图字：01-2012-0761号

图书在版编目（CIP）数据

如何成为室内设计师：原著第二版 /（美）克里斯蒂娜·M·彼得罗夫斯基著；蔡红译 .—北京：中国建筑工业出版社，2016.9

（成为设计师丛书）

ISBN 978-7-112-19689-0

Ⅰ．①如… Ⅱ．①克…②蔡… Ⅲ．①室内装饰设计－设计师－基本知识 Ⅳ．① TU238

中国版本图书馆 CIP 数据核字（2016）第 196728 号

Becoming an Interior Designer: A Guide to Careers in Design, 2e/Christine M. Piotrowski, ISBN-13 9780470114230

本书经美国John Wiley & Sons, Inc. 出版公司正式授权翻译、出版

责任编辑：董苏华 责任校对：王宇枢 关 健

成为设计师丛书

如何成为室内设计师（原著第二版）

[美] 克里斯蒂娜·M·彼得罗夫斯基 著

蔡 红 译

*

中国建筑工业出版社出版、发行（北京西郊百万庄）

各地新华书店、建筑书店经销

北京嘉泰利德公司制版

北京中科印刷有限公司印刷

*

开本：889×1194毫米 1/20 印张：$16\frac{2}{5}$ 字数：516千字

2017 年 1 月第一版 2017 年 1 月第一次印刷

定价：**59.00**元

ISBN 978-7-112-19689-0

(28795)

致 Martha 和 Casmier，感谢你们

爱你们

Christine

"一个真正承诺的决定是改变你一生的力量。"

——佚名

目 录

前　言

多年来，室内设计专业受到了媒体极大的关注。网络电视将室内设计师当作重要展示的风格特点，并将其刻画成各种网络家居装饰方案的专家。电影甚至将室内设计师或装饰设计师作为演员的一部分。毫无疑问，你曾在报摊上看见一个或多个与室内设计相关的杂志。当然，媒体的关注并不一定能帮助所有涉及该行业的人。

本书是关于室内设计专业和专业的室内设计师的。如果你是一名正在考虑将室内设计作为未来职业的高中生或预科生，本书将帮助你了解该专业。也许你对目前的职业已失去兴趣，并正在寻找一种展示你创造力的方法，本书将助你了解室内设计，也许能帮你实现这个目标。但本书不介绍如何开展室内设计业务，或者具体地教你怎样做室内设计。

室内设计专业有两大专业领域。住宅室内设计是公众最熟悉的领域，主要设计私人住所。商业室内设计是另一大领域。该专业涉及企业的室内设计，如办公楼、酒店、商店、餐厅，甚至机场、体育馆和监狱。在这两大专业领域内，设计师可以专门从事一项或多个更细的分项，例如共管式公寓或零售商店。

近45年来，该行业发生了显著的变化。改变主要体现在以下几方面：强调建造和安全的法规；可持续发展设计在住宅和商业的室内设计中都获得了重视；不断增加的项目和设计过程的复杂性意味着室内设计师必须接受更好的教育和职业培训；执业证书和法律责任对项目管理和合同执行给予更多关注；人口老龄化带来对老年人空间设计意识的提高。这些挑战通过更大的教育准备、提高的技术技能、更广泛的知识要求，以及经过测试的专业能力评定，给该行业带来了关键的变化。因此，当今的专业室内设计师比旧观念中的装饰设计师具有更高的专业水平。21世纪的室内设计内涵远远超越色彩选择和家具布置。

帮助您了解这个令人兴奋、富有创造力的职业是本书第二版的目的。本部获奖书籍已经修订和更新，内容包括可持续发展设计、老龄化场所设计和全球室内设计水平的最新信息，以及来自职业生涯不同阶段的从业人员的其他专题和评论。全书加入了许多新设计师及其项目案例的介绍。

第二版的亮点始于第 1 章，它通过对历史以及执业证书等普遍性问题的简要介绍提供了一个室内设计行业的总体概述。一个新增章节讨论了室内设计师的作用，向从业者们提出了一个问题："室内设计师是做什么的？"第 2 章介绍了室内设计师的教育要求。增加了一节关于高中准备的内容，以帮助年轻的潜在从业者了解怎样做才能达到那种水平。第 3 章着眼于各种室内设计师的工作环境。例如，有的设计师独立在家庭办公室工作，有些则在大型设计公司中以团队模式工作，并且，其间还有各种折中模式。请注意，有关求职的所有信息，如简历和作品集已移至本章。第 4 章通过对正工作于不同领域的专业人员的采访提供了关于该行业各个领域的机遇的见解。本章还包含来自设计师的、有关可持续发展设计和为老年人设计重要性的附加信息和意见。第 5 章描述了从项目开始到项目结束间发生的活动，同时讨论了与其他合作专业的工作关系及项目管理的过程。第 6 章介绍了该行业在业务方面的总体概述。本章简要讨论了室内设计师通过营销活动找到客户的方法，在确定拟提供服务的内容时合同的重要性，以及室内设计师赚取收入的方法。第 7 章汇编了从业者们对室内设计行业未来的预感和认识。

事实上，我认为你会发现从业者们一定会说有趣和兴奋。本书有包括来自将近 100 名正在从事室内设计工作或者以其他方式参与这一令人激动的行业的专业人员的引用和评论。许多具有不同专长及处于职业生涯不同阶段的室内设计师提供了有助于你了解该行业的见解。在每章末尾会发现他们对问题的回应和观点，这具有特殊的功能。此功能在职业生涯类书籍中是独一无二的，它将通过每天从事该行业的人来帮助你了解室内设计这个职业。

许多室内设计师名字后面的英文缩写代表该设计师所加入的专业团体的称谓。因为成为专业团体的会员对专业室内设计师，或任何的设计专业人员来说，都是重要的里程碑。以下提供了识别这些组织的缩写：

AIA——美国建筑师协会

ARIDO——安大略湖区注册室内设计师协会

ASID——美国室内设计师协会

CAPS——在地老化专业认证

CID——注册室内设计师

CMG——色彩营销组织

IDC——加拿大室内设计师组织

IDEC——室内设计教育理事会

IES——照明工程师协会

IFDS——国际室内装饰设计协会

IFMA——国际设备管理协会

IIDA——国际室内设计协会

ISP——店面规划师学会　　　　　　　　RIBA——英国皇家建筑师学会
LEED-AP——绿色建筑认证专家　　　　　RID——注册室内设计师
NCARB——建筑师注册处全国理事会　　　USGBC——美国绿色建筑委员会
NKBA——国家厨卫协会

　　如果该称谓以 F 开头，如 FASID，意味着该成员已获得资深会员资格，这是他（或她）所在协会的最高国家荣誉。还要注意，一些设计师需要在 CID 或 RID 的名称前加上州的缩写。比如，KYCID 为肯塔基的注册室内设计师。

　　更新的参考文献列于书后的"室内设计参考文献"，它提供了进一步阅读本书所涵盖主题的资料。其后的"室内设计师名录"提供了文中提到的各专业团体和设计师的联系方式。

　　我希望本书能成为你学习了解专业室内设计师这个让人兴奋的职业的宝贵工具。这个富有创造性的、跨学科的职业是在为客户项目提供满足功能和审美需求的方案的同时表现你个人天赋的理想方式。由于该领域提供了非常多的工作途径，你会发现一个令你激动和满意的职位，正如它曾带给成千上万的前辈们的那样。这是室内设计行业的黄金机遇。我欢迎您的加入！

克里斯蒂娜·M·彼得罗夫斯基

（Christine M.Piotrowski,FASID,IIDA）

致　谢

我谨在此感谢那些为本书提供资料的室内设计师、教育家和其他专业设计人士。他们中的许多，我已相识多年。他们为本书慷慨地提供了自己对专业的见解、经验和热情，及其项目的照片及图纸。所有这些专业人士都被列在书后的"室内设计师名录"中。

同样感谢 John Wiley 出版公司的协助和指导。当然，还要特别感谢本书的编辑 John Czarnecki 耐心关注本书的完成。感谢 Raheli Millman 和 Sadie Abuhoff 对第二版的帮助，以及 Lauren Olesky 对第一版的帮助。最后，我要感谢我长期的朋友 Amanda Miller 在最初鼓励我完成这本书。

第1章 室内设计专业介绍

我们每天超过百分之九十的时间置身于室内环境中。尽管如此，大多数人对室内环境习以为常，几乎注意不到家具、色彩、质感和其他元素，更不用说由这些元素构成的空间形式。当然，有的室内设计确实能吸引我们的注意力。也许是躁动不安的赌场，也许是昂贵的餐厅中变化丰富的镶板，或者是宗教设施中抚慰人心的背景墙。

阅读本书，证明你对室内和室内设计有一定的兴趣。可能是因为你总是喜欢在家中重新布置家具，也可能是因为你喜欢为住宅绘制虚构的平面图。也可能是你有亲戚或朋友做承包商，而你以某种方式参与了某个建筑的实际施工。也许是因为你看了某个电视节目，它激发你去更多地了解这个专业。

室内设计专业比你看过的各种电视节目上所描绘的内涵要丰富得多。室内设计专业已得到教育专家和专业人士的定义。这种被广泛接受的定义可以帮助您了解该专业的全部内涵：

> 室内设计是一个多方面的专业，即在结构内运用充满创意和技术的解决方案实现一个定制的室内环境。这些解决方案能满足功能要求，提高居住者的生活和文化质量，且美观诱人。所作的设计应与建筑外壳相呼应和协调，并能识别项目的物理位置和社会环境。设计必须坚守规范和管理条例的要求，并鼓励环境可持续发展的理念。室内设计过程伴随着一个系统和协调的方法，创作过程包括研究、分析和知识整合，并据此满足客户的需求和资源，从而创造一个实现项目目标的内部空间。[1]

尽管一般公众看不到其间的差别，专业室内设计师不是室内装饰师，室内装饰师也不是专业室内设计师。"室内设计与装饰不同。装饰主要是布置家具和用时髦或美观的物品来美化空间。尽管装饰是室内布置的一个有价值和重要的元素，但装饰本身不关注人的反应和人的行为。而室内设计完全是关于人的行为和互动。"[2]

尽管一个专业室内设计师可以提供室内装饰服务，但是一个室内装饰师没有相关教育背景和工作经验来完成专业室内设计师所提供的众多其他服务内容。装饰师主要关注室内的艺术装饰，而很少有室内设计的专门技术，例如绘制非承重墙和特定的机械系统施工必需的图纸，而这些是室内设计师的日常工作。

室内设计师是做什么的？

专业室内设计师为住宅或各种行业的业主提供功能完善、形象美观的室内空间。一个室内设计师可以专门从事私人住宅的设计或者专门从事商业室内设计，例如酒店、医院、零售商店、办公室和其他众多类型的私人或公共设施。室内设计行业通过重点解决一个室内空间，或室内环境，如何展现形象和功能这个问题来为社会作出贡献。

专业室内设计师利用其所受的教育和训练来思考如何使设计影响居住者的健康、安全和福利。今天的许多项目，在室内家具和材料的选择上认真考虑了可持续发展的设计。为空间规划分隔墙、选择家具及指定艺术装饰是设计师用来赋予室内空间生命的所有任务。最终实现客户提出的一系列功能和审美要求。

在居住建筑或任何商业建筑的室内规划中，专业的室内设计师利用通过教育和实践获得的各种技能和知识完成很多任务。专业室内设计师必须考虑建造和生命安全法规、处理环境问题，并理解建筑的基本构造和设备系统。他（或她）必须通过精确的按比例绘制的图纸及本行业的其他文件有效地表达设计构思。另一关键责任是如何管理所有必须完成的任务以最终实现一个项目，这些项目大到一千个房间的带赌场的酒店，小到某个住宅。室内设计师还必须具有商业技巧，为客户在预算内完成项目的同时，还要为设计公司赢得利润。当然，室内设计师还要选择色彩、材料和成品，以便真正实现空间的设计构想。

本书可以帮助你清楚地认识21世纪的室内设计行业及室内设计师的实际工作。它包括许多来自不同专业、公司及国家的专业室内设计师的意见。这些意见可以帮你了解在职的专业人士对该行业的看法。我向许多有作品或意见列于书中的设计师提出问题："室内设计师是做什么的？"、"解决问题"是最常见的回答，不过，他们也提到了很多其他任务和职责。

室内设计师是做什么的？

> 住宅室内设计师支持他们的客户实现他们的梦想并为他们的家人和朋友创造一个家。我们进行研究、设计、制作文件，并指定室内的建筑装饰、木作、水暖、照明、橱柜及细部设计，再与项目团队（客户，建筑师和承包商）密切合作来实现它们。其次，我们通过对室内装饰（包括所有的家具、艺术品及配件）的设计、研发和实施为项目带来全面的视角。

Annette Stelmack，ASID 联席会员

> 创造能够支持人类生存条件并满足其任何活动的环境，这些活动包括生活、睡眠、工作、娱乐、就餐、购物、医疗或祈祷。这些环境必须安全、方便、可持续发展，且很多情况下，还应该是美丽的。但最重要的是，必须满足居住者的功能需求。

Lisa Whited，IIDA，ASID，缅因州认证设计师

> 室内设计师创造满足功能需求、美观，且能提高空间用户生活和文化质量的室内环境。在做这些工作的同时，他们有责任保护公众的健康、安全和福利。

Jan Bast，FASID，IIDA，IDEC

> 我们通过创建健康和安全的环境影响生活模式。

Patricia Mclaughlin，ASID，RID

> 室内设计师应解决问题。我们的客户来跟我们讨论问题、希望和需求，我们通过开发设计，回答这些问题并为那些希望和需求提供解决方案——同时，通过我们对地方和国家建设法规的了解，保护公众的健康、福利和安全。

Kristin King，ASID

> 室内设计师规划和设计室内空间。室内设计师了解人们在室内空间中如何移动、生活和工作，以及他们对室内空间的经验。我们认为，从用户的观点来看，空间或项目必须支持具体的经验和功能。我们对心理和人为因素，正式的设计原则、材料、法规和规章，以及施工的手段和方法的独特理解告知我们对用户需求的诊断和设计理念的发展。

Beth Harmon-Vaughn，FIIDA，Associate，AIA，LEED-AP

> 他们用自己创造性的技能和专业知识创造空间，改善人们环境，使生活更加美好。更务实地说，室内设计师收集和分析信息、生产图纸、管理顾问团队，并监督建设项目。

David Hanson，IDC，RID，IIDA

> 一个很好的问题。室内设计有时被描述为"解决问题"，但我们的工作真正关注的是帮助我们的客户准备他们可以想象，但不能完全预测的未来。我们绘制能将他们的愿景转换为现实的图像。这些愿景来自客户的思想和业

私人住宅：厨房改造
Sally Howard D´Angelo，ASID
S.H. 设计公司，温德姆，新罕布什尔州
摄影：Bill Fish

务目标。

我们将客户的想法，以商业术语来表达，并赋予它们形式，使它们变为现实。该现实可能是他们自己从未想过的，并且，当它恰到好处并成为他们的理想时，我们就因设计的魅力获得了成功。要做到这一点，设计师必须了解他们的愿望，而不仅仅是他们的需求。

Rita Carson Guest，FASID

> 室内设计师是解决问题的人，他们必须有能力开发适合客户标准和预算的设计。他们必须能够获取设计理念，并且通过准备必要的图纸、效果图、详图、施工文件、规范、预算以及最重要的、具有创造力和可视性的部分，将它变为现实。他们还必须有较强的沟通能力，并且，最重要的，做一名聆听者。

Lisa Slayman，ASID，IIDA

> 室内设计师依靠项目调查现状条件；研究工作习惯和管理理念；结合空间用户或客户的工作和生活文化；发掘潜在的满足功能和审美目标的解决方案；遵守规范和法律约束；准备用于向各方人士——客户、贷款人、委员会、其他设计专家、法规官员及建筑业表达解决方案的图纸和书面材料，以及继续构建自己的知识。

Katherine Ankerson，IDEC，NCARB Certified

> 室内设计师承担了多种角色。一名设计师是客户和其他专业人士的导师。我们作为项目经理协调许多工种，并确保不仅我们在正确地完成我们的工作，其他人也能很好地完成。我们点亮室内，并与我们的作品共存。有时我们做没有人愿意做的脏活，但最终，客户脸上露出的笑容以及对已完成项目的满意度将使我们为项目的全部挑战所付出的时间和精力物有所值。

Shannon Ferguson，IIDA

➤我们是专业人士，我们为客户提供创造性解决方案，以便他们所生活、工作、娱乐和医疗的空间变得更有效、更美观。

Robert Wright，FASID

➤我们为一个空间做所有一切：我们思考如何根据那些特定空间的占用者来确定空间的功能？他们在那里将如何生活、工作及活动？并围绕这些参数来设计。我们协调颜色、家具、布料等一切处于环境之中的事物。

Laurie Smith，ASID

➤室内设计师设计和创建内部空间，无论是住宅、商业，还是招待空间。室内设计师的作用是了解客户的愿景和项目的目标，并将它们诠释于设计中。

Trisha Wilson，ASID

➤好的设计师通过好的设计提供解决问题的方案。

Patricia Rowen，ASID，CAPS

➤室内设计师所做的任何决策，以这样或那样的方式涉及生命安全和生活质量。这些决策包括指定符合防火规范的家具、织物和地毯；遵守其他适用的建筑法规；设计符合人体工程学的工作空间；规划提供适当出口途径的空间；以及为残障人士或其他人士的特殊需求提供解决方案。现在，"通用设计"和"绿色设计"是个时髦词汇，但它们往往是，且将继续是，每个项目的一部分。此外，我们在考虑预算、时间和安全的前提下管理项目。

Donna Vining，FASID，IIDA，RID，CAPS

➤如果他们能做好自己的工作，他们创造的环境将为他们的客户展现真正有意义的经验。

Bruce Brigham，FASID，ISP，IES

➤室内设计师获取客户对空间的方案需求，并结合创造力和技术专长，为客户实现一个定制的、独一无二的空间。

Maryanne Hewitt，IIDA

➤室内设计是一个服务行业。设计者必须享受工作，并帮助人们。商业室内设计的某些内容涉及研究、心理学、艺术、色彩、图形、设计、人体工程学、效率和工作流程。

Mary Knopf，ASID，IIDA，LEED-AP

➤他们是解决问题的人。他们必须有能力将别人的想法诠释成一个新的现实。他们必须能够收起所有的拼图，并将其改造成另一个与"盒子"所表达的完全不同的方案。

Linda Isley，IIDA，CID

➤三个词：计划，协调和执行。室内设计师负责依据客户的想法、愿望和预算，以创建项目的设计方案。设计师协调计划内的所有元素，并最终推动项目的执行。

Greta Guelich，ASID

➤室内设计师通过创造供我们互动和生活的空间，塑造人类的体验。

Darcie Miller，NKBA，CMG，ASID Industry Partner

❯简单的回答是，我们创造不仅美观，而且实用的环境。但事实上，为了实现我们的理念，我们还是治疗师、会计师、研究员、组织者、购物者，有时甚至是搬运工。室内设计师常常成为一个家庭最值得信赖的朋友，因为，他们会与设计师讨论家庭的大举措、新条件、新爱好等任何影响室内空间的家庭变化——并且，我们往往是第一个知道这些的人。

Susan Norman，IIDA

❯在企业的世界，室内设计师了解企业文化、人们的工作方式，以及企业吸引和留住人才的手段。室内设

计师研究工作场所，并为用户创造能够生产和装配的环境方案。

Colleen McCafferty，IFMA，USGBC，LEED-CI

❯在我 25 年的职业生涯中，曾经做过各种项目，从小到大的住宅项目、医院、保健设施、公司办公室、殡仪馆、消防 / 派出所及一艘游艇——好像一个小城市。每个项目的工作内容都不同。有些项目包括各个方面，从最初的客户联系和建议书，到概要和预算；开发设计（包括空间规划、家具的布置、选择、定制和调度）；饰面选择和调度；灯具、艺术品及配件的选择和安装；投标文件编制；安装；以及与行业的专家、贸易商和供应商共同工作。我曾经历过零售柜台、设计工作室、建筑事务所，以及作为独立设计师进行咨询。我还参加了多个贸易展和市场，周游世界，并在这个过程中会见了许多人。反映在室内设计评审委员会（CIDA）标准中的知识体系非常真实地表达了它对室内设计师的期望。

Carol Morrow，博士，ASID，IIDA，IDEC

❯他们解决影响人们健康、安全和福利的问题（这些问题包括空间、组织、方案，或审美）。他们有些是伟大的技术员；有些是伟大的设计师；有些是伟大的教师；并且很少有身兼两职或兼而有之的人。有些在大办公室工作；有些则是独立执业者。很多工作属于住宅领域，

保健设施：印有亥吉亚 (Hygea，希腊的健康之神——编者注）与万灵药壁画的圆形大厅，
斯克利普斯胸部护理中心，拉霍亚，加利福尼亚州
室内建筑和设计：Jain Malkin 有限公司，圣迭戈，加利福尼亚州
摄影：Glenn Cormier

也有很多属于商业设施（包括医疗保健、酒店、零售或企业）。然而，所有工作都需与其他设计专业人士配合——包括工程师和建筑师，建造／施工专家及各类供应商。
David Stone, IIDA, LEED-AP

>一个好的室内设计师会听取客户的需求，并会尽他（或她）的能力满足他们的要求——当然，必须牢记，要满足功能并有好的设计。
Debra Himes, ASID, IIDA

>室内设计师帮助客户改善他们的空间，同时考虑他们的需求和文化。项目的性质千变万化，以至于很难说得清楚。
Jane Coit, Associate Member IIDA

>室内设计师要融合广泛的技能来规划既实用又美观的空间。室内设计师必须在各项约束条件下（如临时或租用的空间、紧张的预算及不同的审美趣味）满足客户的需要。室内设计师具有专门的知识基础，其中包括设计元素和规则、空间规划、生命安全问题、规范及合同文件。
Laura Busse, IIDA, KYCID

>室内设计师创造有意义的、美观的环境，以改善该环境中预期的人类活动。
Suzan Globus, FASID, LEED-AP

>这个答案很大程度上取决于你向谁以及何时提出了这个问题。有很多室内设计师专注于概念设计和设计开发阶段，也有很多室内设计师将主要精力投入市场营销、品牌或设计管理。很多室内设计师与各种专业人士协同工作，并利用各种日常技能，从计算机建模和渲染技巧，到手工的素描或效果图。

很多室内设计师为其当前的项目选择灯具、家具和设备，并在此过程中，组合并完成材料样板。材料样板用于展示项目的色系、材料和织物。另一群体的室内设计师则沉浸于创建室内建筑——常常工作于专业协作的环境，将方案、结构、材料及照明融入建筑形式。这是目前欧洲流行的专业模式。无论设计师发现或认为自己属于哪一群体，大多数室内设计师都会以人为本来解决设计——它的大小、规模、社会和文化准则、经验，等等。
James Postell, Associate Professor, University of Cincinnati

>室内设计师通过研究、开发和实施，提高生活质量，提高生产率，保护公众的健康、安全和福利。
Keith Miller, ASID

>Nancy Blossom 的研究表明，有些设计师是品味决策者，有些是地方决策者，其他都是潮流创造者。随着对 Robert Ivy 的全面敬仰，当我们到达工作的巅峰时，我们将设计能够解决客户的精神、功能和生命安全需求的整体空间。我们不只是处理外墙之间的空间的饰面和内容。室内设计师需要了解自己的工作内容，并且知道他们的决策将如何影响结构、场地和基础设施。我们所有人都会通过我们在服务客户中所做的决定，以这样或那样的方式处理公众的健康、安全和福利问题。即使是

一个简单项目（如一件家具）的选择，也会受到生理、心理及规范的影响。一个片段可能无法预测客户想要的画面，它也许不能准确地支撑全局，并且其材料可能会在火灾中产生有毒气体。除了室内设计的重要意义，这说明设计师的决定也具有深远的影响。

Robert J. Krikac，IDEC

➤与客户合作，创造能增进和支持他们业务的环境。

Nila Leiserowitz，FASID，Associate AIA

➤创造功能完善、生命安全和工作正常的环境，支持健康、安全和福利问题，同时提高生活的品质和享受。

Michael Thomas，FASID，CAPS

➤室内设计师是架在物理环境和人类之间的桥梁。我们在建设实践中能帮助人们具有更加人性的意愿和能力。并且，我们的成功能使这些积极地连接。

Linda Sorrento，ASID，IIDA，LEED-AP

➤室内设计师对所承担的任何项目都必须有一个全面的看法。当你看到项目的所有方面和要求时，这些看法才能发挥作用。

室内设计师必须具有实践和技术的专长，以及对美学和装饰室内环境的所有元素的理解。设计师必须了解人们如何使用并应对这些元素。这不是一个了解室内单个元素的问题，而是他们与这些元素如何互动的问题。

我们生活、工作、娱乐在一个三维的世界——我们每天平均花费80%的时间在室内。

室内设计涉及人类建造的环境……它触动了我们在我们的个人生活和职业生涯中所做的一切。我们所看到和触摸到的——我们周围的环境以及使我们感知的方式——是最容易被关注的，并直接导致了室内设计或对设计的需求。

室内设计对人们生活的影响程度比其他任何行业都要深。它影响我们生活和活动的方式，以及对建设环境的感觉——我们生活最重要的品质。

Linda Elliott Smith，FASID

➤他们最主要的任务是解决问题。他们评估和确定设计问题，并通过批判性思维开发设计方案。

Robin Wagner，ASID，IDEC

➤室内设计师执行范围广泛的任务，所以每一天都是不同的。从显而易见的，如空间规划和色彩选择，到不那么明显的，如深夜拍摄的个人辅导，室内设计师总在做些新的工作。

Lindsay Sholdar，ASID

➤首先，我不做什么：我不单独设计任何事物。我用完美的表现图说明设计概念，并讨论这些概念将如何提高办公室的性能。

Lisa Henry，ASID

➤室内设计师设计影响人类体验、建立对场所清晰认识的室内环境。也就是说，他们为商业或私人楼宇创造一个身份或形象，以引起个体反应，如休闲、娱乐、游玩、购物、治疗、学习、教授、纪念，等等。或者，支持特定的任务，就是建立一个有效的、符合人体工程学的工作环境。

Rosalyn Cama，FASID

> 在我的世界，他们扮演精神科医生和问题解决者。人们需要得到帮助，来明白如何使他们的生活方式适合他们的居住空间——同样的，还有他们的商业空间。设计师需要听取其客户的意见，他们的需求，以及，他和他家人或同事将如何使用该空间。设计应提供舒适性和功能性——并且，设计师的工作就是将两者合二为一。此外，我觉得我的工作是真正使我的客户生活得更轻松。大多数人不愿去考虑设计创作的进程，无论是在图纸上还是在实施中。我发现，许多客户也不去想建造/解构过程中的任何工作。因此，设计师也可担任"穿针引线"或项目经理的角色（使用较为熟知的语言）。

Marilizabeth Polizzi，Allied Member ASID

> 室内设计中涉及广泛的技能。一个设计师或公司可能会专注于一小部分或所有相关的任务。通常，我们会为项目确定一个定义项目约束条件和目标的程序，为内部空间和相关细节提供并完善创造性的解决方案，选择装饰和家具，记录我们的研究结果，建立预算，签订劳动合同，采购，及管理项目的实施。

Sally Howard D´Angelo，ASID，AIA Affiliate

> 根据我的做法，我花了大量时间充当客户的参谋。我帮助客户对貌似压倒性的选择进行排序，以获取实用、有趣和美观的解决方案。我想找到解决手头问题的方案，无论该问题是大是小。如果困扰用户的问题或事情未得到解决，那么，该项目是不会成功的。依靠美化来掩盖某些不正常的东西不是有效的设计。设计师的工作内容的另一定义（至少对我来说）是：5%的实际设计工作和95%的项目管理和监督。

Sharmin Poal-Bak，ASID，CAPS，LEED-AP

> 关于"室内设计师是做什么的？"问题，NCIDQ（美国室内设计资格委员会）的定义对我来说是最好的答案。不过，我相信最好的定义之一在佛罗里达州立大学Jill Pable（和她的同事）的文章中，其中讨论了"填充空间"和"实现空间"之间的差异。我相信，室内设计师不是填充，而是根据客户的需求和欲望，在给定的预算和时间内设计和创建"实现空间"。

Stephanie Clemons，Ph.D.，ASID，FIDEC

> 分析客户需求，教育客户，用学到的知识提供支持客户的需求、生产、战略计划和企业品牌的解决方案。

Terri Maurer，FASID

> 室内设计师是解决问题的能手。他们提供诸如空间规划、声学及照明等问题的解决方案。除了要创建满足功能需求的空间，设计师还努力为他们的客户提供一个美观的环境。

Teresa Ridlon，Allied Member ASID

❯如果他们正在做我觉得他们应该做的，他们作为团队的一部分与客户一起设计空间，这将有助于客户引领更健康、更快乐、更安全的生活。无论是设计住宅空间还是非住宅空间，这个目标是相同的。这是简短的定义。

Drue Lawlor，FASID

❯帮助我们创造供人们生活、工作和娱乐的环境。

Melinda Sechrist，FASID

❯室内设计项目是对建筑物内部空间的设计和装修。室内设计师的作用是主导室内设计项目的设计进程。他们在策划阶段听取其客户的意见，为设计方案带来新的研究。他们创造符合客户需求并超越其期望的设计方案。他们准备项目建筑许可证的申请文件。他们监理施工,并在整个项目中与其他学科的专家相配合（建筑师、工程师、照明设计师、供应商和承包商）。

Rochelle Schoessler Lynn，CID，ASID，LEED-AP，Allied Member AIA

❯室内设计师在创造实用和愉悦的环境的同时，保障公众的健康、安全和福利。

Alexis B. Bounds，Allied Member ASID

❯室内设计师创造一个运行正常且具有美感的环境。该环境针对客户目标，遵守所有适用的生命、健康和安全法规，并重视绿色和通用的设计。

Carolyn Ann Ames，Allied Member ASID

❯谈到它时，我们是最终用户的空间倡导者。我们将自己置身于房主、学生、病人、顾客、访客或工人的场所，并创造安全、舒适、美观、功能齐全和有吸引力的空间。与电视上的设计节目所呈现的不同，设计远远超出美学的范畴——它使我们所有人居住的内部空间更美好。

Charrisse Johnston，ASID，LEED-AP，CID

❯解决问题。我们创建有吸引力且功能齐全的环境。

Chris Socci，Allied Member ASID

❯室内设计师是通过经验和教育拥有创造室内环境能力的专业人士，该环境能满足其最终用户的功能需求，并保护公众的健康、安全和福利。专业的室内设计师能够提升空间的视觉效果。但更重要的是，他们能识别空间难题，并通过研究和观察物理环境，以创造性的设计方案克服这些障碍。

Shannon Mitchener，LEED-AP，Allied Member ASID，Associate IIDA

你适合学室内设计吗？

很多人认为，愿意成为室内设计师的人必定具有非凡的创意，或是一位艺术家。创建方案和设计理念以解决客户对专业设计的家居环境或商业空间的需求，当然需要创造性。有些室内设计师以其与生俱来的艺术能力开始寻求成为该行业的一分子。这些创意或艺术技能可以通过课程实践和经验得到开发，同样地，绘制方案和施工图所需的技术技能也能得到发展。

在本书中，你会发现有许多途径进入这个行业工作。并非室内设计中的所有职位都需要高层次的艺术创作技能。你可能会发现该行业的某个职位使用其他技能，如掌握绘图技术、项目组织和管理，或营销技巧等。事实上，有许多途径进入这个行业工作，对有这些特征的人来说，这是个有趣的真相：

喜欢解决问题。

关注细节。

观察室内装饰，并试图找出改变它们的办法。

可以轻松地与团队合作。

具备创造性和艺术性的能力及兴趣。

如果你对室内空间感兴趣，你会发现自己很想了解它们的设计，或者会想办法使它们更美好，这是重要的第一步，它显示了你对该专业的兴趣。当然，阅读有关室内设计的书籍，是另一个强烈的兴趣指标。如果你在高中，你可以与教授室内设计、制图或艺术类课程的辅导员或老师交谈。你可能也想与室内设计师交谈。联系当地的专业协会，他们也许会为你提供在社区学院或大学教室内设计专业的设计师的名字。向那些在现场工作的人征询是个很好的方式，可以发现你是否真的适合该专业。本书会给你一个专业概述。您也可以访问网站，以帮助您了解更多有关室内设计专业及该行业就业机会的信息，如由专业协会、教学单位和检测机构联合主办的 www.careersininteriordesign.com。美国室内设计师协会（www.asid.org）、国际室内设计协会（www.iida.org）及加拿大室内设计师协会（www.interiordesigncanada.org）是美国和加拿大地区最大的专业协会，你可与之联系获取信息，以帮助你决定，是否要成为一名专业的室内设计师。

高级住宅，施工改造

Donna Vining, FASID, IIDA, RID, CAPS
维宁设计合伙人有限公司主席
休斯敦，得克萨斯州

作为一名室内设计师，你面临的最大挑战是什么？

❯理解客户的想法，给他们想要的东西。

室内设计教育对现在的行业有多重要？

❯非常重要。如果你想成为一名专业人士，必须接受一贯的高素质教育，并且随着当今越来越快的发展而不断变化和更新。

是什么带你进入你的设计领域？

❯我母亲对我影响巨大。她就像我的帕里斯姐姐（Sister Parish），总是不断地装饰我们的家。在我 10 多岁的时候，她在我家地块上的一个小房子里开了一间古董店。

你的首要责任和职责是什么？

❯所有的事情！当你自己是老板时，你需要做所有的财务和经营事务，并且还要当主要设计师。在住宅项目里，客户需要你。尽管所有的项目都有公司下属的工作团队，但我还是非常多地参与到大多数项目中。

工作中令你最满意的部分是什么？

❯听到客户说他们喜欢我们的作品。

上，私人住宅：主卧室
Donna Vining，FASID，维宁设计合伙人公司，休斯敦，得克萨斯州
摄影：ROB MUIR

下，私人住宅：起居室
Donna Vining，FASID，维宁设计合伙人公司，休斯敦，得克萨斯州
摄影：ROB MUIR

工作中令你最不满意的部分是什么？

> 依赖别人完成我的最终作品——工作中牵涉很多人，很难保证事情能完全按照我的想法去实现。

在你的专业领域，设计师最重要的品质或技能是什么？

> 聆听的技巧，并且要告诉客户什么对他们和他们的生活方式最好。

你会给那些想要成为室内设计师的人什么建议？

> 学习商业和心理学课程，并且意识到真正的设计部分只是整个业务中的一小部分。

哪些人或哪些经历对你的事业影响重大？

> 我的母亲给了我巨大的影响。当我进入这个领域后，把东西变得美丽且总是满足功能和耐久性的能力对我影响很大。

私人住宅：餐厅
Donna Vining，FASID，维宁设计合伙人公司，休斯敦，得克萨斯州
摄影：ROB MUIR

积极生活社区和就地养老社区的设计

SHANNON FERGUSON，IIDA
项目经理
ID COLLABORATIVE
格林斯伯勒，北卡罗来纳州

是什么带你进入你的设计领域？

> 命运，我想……毕业后，我收到了北卡罗来纳州一家设计公司的实习通知。当我开始与他们一起工作时，他们主要为卫生保健和医疗领域的本地客户服务。我在实习结束后，留在了 ID Collaborative，并且，随着时间的推移，我们在高级生活和积极生活社区方面变得更加知名。在过去几年中完成几个大项目的采购之后，我有幸在横跨美国东部和南部地区的积极生活社区和就地养老社区项目中使我的技能更进一步。

在你的专业领域，设计师最重要的品质或技能是什么？

> 在我看来，一个有能力的设计师最重要的素质是

能够听取你客户的期望，并将其变成现实。

你的专业领域与其他领域有何不同？

➤我的专业领域与其他领域不同，因为我不仅要处理人们的工作环境，还要处理他们的生活环境。对我来说，生活环境是一个私人空间：它既可以带来幸福，也会带来悲伤和抑郁。所以你经常会看到令人沮丧和破落不堪的退休社区和养老院。如果你不得不每天住在那儿，我敢说，你可能会心情沮丧，甚至，缩短寿命。为此，处理生活环境，尤其是老年人的生活环境，给了我要为我设计的环境带来新生活的责任。

在你的职位上，你的首要责任和职责是什么？

➤我作为一个项目经理，看着项目从开始直到结束。起初，我与客户共同确定他们的服务范围，并与他们一起形成项目预算。我与 ID Collaborative 的负责人合作完成项目的设计合同。一旦合同获批，我就开始与客户一起工作，从概念设计到深化设计，包括施工文件和合同管理。在此过程中，我将呈交室内装饰方案、家具等方面的资料，以获得客户的批准。然后，我们将确定空间的整体概念，它的用途及特征。我与建筑师、承包商和其他顾问在项目的方方面面进行合作，如平面布局、顶棚平面、木作细部、建筑详图、建筑规范等。一旦完工并安装家具后，我就与客户确定最后的未完工项目清单，并使该项目到最后通过验收以确保客户满意和全部完工。

工作中令你最满意的部分是什么？

➤我的工作最满意的部分是，与客户合作并协助他们构建自己的思想和想象，再将其变成现实。

工作中令你最不满意的部分是什么？

➤我最不满意的部分是，我感觉我未能提供或捕获客户理念的真正形式。

哪些人或哪些经历对你的事业影响重大？

➤我的公司作为一个整体对我的职业生涯产生了重大影响。我们有个神奇的团队，人人都有不同的专长，他们不同寻常，并鼓舞我成为一个设计师。

作为一名室内设计师，你面临的最大挑战是什么？

➤客户和社会的教育。很多人对室内设计师的实际工作有一种误解。观看了 Bravo 和 HGTV 的所有节目后，他们认为，室内设计师是个华丽的人，他们一举进入工作，做个快速改造，并迅速地走出画面，就像他们来的时候一样。这些节目没有为市民提供任何有关证件、室内设计资质要求或教育方面的背景资料，当然也没有为市民提供真正的室内设计师日常工作的真实画面。

就业

❯在当今的室内设计行业找工作需要拥有适当的学历，并且掌握从绘制草图和施工图到有效沟通的各项技能。它涉及对工程、设备体系和法规等技术领域的学习，并且应表现出对这个行业的兴趣和热情。入行同样意味着，你需要明确你想从事什么样的工作，以及你想专门从事住宅室内设计还是商业室内设计。你还需要考虑，最好在一个小型工作室工作，还是在大型的跨专业设计公司或中型事务所内工作？

当你找工作的时候，一定要对你所感兴趣的公司作一番研究。事前对该公司有所了解，才能在面试过程中留下更好的印象。你应该通过查阅行业杂志和当地印刷媒体，研究这个公司所做项目的风格和类型。浏览公司网页，并且尽量多地仔细捕捉信息。找了解该公司的教授谈一谈。同样，你所在学校的就业指导办公室也能对你有所帮助。

你同样可以通过以下途径寻找可能的工作机会或特定公司：

- 商业行会的文章和报告
- 当地报章杂志
- Dun & Bradstreet 参考书
- 承包商注册登记
- 技术注册理事会
- 黄页目录
- 专业协会的分会
- 家人和朋友

你可能需要针对你所感兴趣的不同类型的工作，准备两个或更多版本的个人简历。例如，如果你申请一个主要从事住宅室内设计项目的公司，你就应区别于专做医院室内设计的公司，重新组织你的简历。申请一个大型跨行业的设计公司与一个小型公司所提交的简历也应有所不同。作品集也是一样。对一个从事商业设计的公司展示你的住宅项目作品完全是浪费时间。这本书的其他章节还会探讨简历和作品集的制作。第3章更细致地探讨了简历和作品集。

在室内设计业找工作——不论是你从学校出来的第一份工作，还是在不同公司间的跳槽——它都是一份工作。重要的是，你要以明智有序的方式来着手。准备得越充分，找工作前做的功课越多，你找到理想职位的机会就越大。与找工作有关的额外信息见第3章。

企业总部、办公室和零售空间

Frederick Messner, IIDA
首席设计师，Phoenix Design One 有限公司
坦佩，亚利桑那州

企业总部：入口
Fred Messner, IIDA,
Phoenix Design One 有限公司，坦佩，亚利桑那
摄影：Christiaan Blok

企业总部：接待区
Fred Messner, IIDA,
Phoenix Design One 有限公司，坦佩，亚利桑那
摄影：Christiaan Blok

作为一名室内设计师，你面临的最大挑战是什么？

❯在设计工作和处理所有日常经营性事务的需求间存在精巧的平衡。两者都是必需的，并且总在竞争我们认为每日必需的那十个小时。

是什么带你进入你的设计领域？

❯在我还很小的时候，就喜欢研究如何摆放东西并将其画成图画。随着我在这个行业学到更多的技巧，我对自己如何操纵空间而影响人的生活越来越感兴趣。我喜欢商业设计，因为我相信它具有很大的影响潜力。

你最主要的职责是什么？

❯设计指导、财务控制、制定公司发展战略、人事管理、设计和项目管理、市场开发及听人倾诉。

工作中令你最满意的部分是什么？

❯一边教授设计的各个方面，一边参与其中，是最令人愉快的回报。

工作中令你最不满意的部分是什么？

❯因为各种原因受到不满意的客户的责难可能是工作的一部分，这种时候，非常痛苦。

在你的专业领域，设计师最重要的品质或技能是什么？

❯倾听和理解客户的需求并提供最好的解决方案，是一个优秀的商业室内设计师的标志。在办公空间设计领域，需要运用知识来解决空间和施工技术的矛盾，并理解客户的精明、预算、品位和时间表。最好的解决办法往往是所有积极因素混杂的折中方案。

室内设计教育对现在的行业有多重要？

❯这是一切的起点。教育提供为未来一生打下基础的机会。在学校培养的兴趣和习惯驱动设计师进入这个行业。

哪些人或哪些经历对你的事业影响重大？

❯我先加入了 IBD（Institute of Business Design），然后加入 IIDA（Institute Interior Design Association），这成为我与我的同行及整个行业的联系纽带。它让我从不同的视角洞察日常事件。并且我在其中建立了珍贵的友谊。

企业总部：董事会议室
Fred Messner，IIDA，
Phoenix Design One 有限公司，坦佩，亚利桑那州
摄影：Christiaan Blok

历史

作为一个职业，室内设计的历史相对较短。在室内装饰师开始提供服务以前，建筑师、工匠和手工艺人曾经进行室内工作。建筑师设计建筑物的结构，常常也包括室内部分。他们鼓励手工艺人创造并实施完成室内所必要的家具和陈设。其他工匠为室内贡献他们在装饰品和手工作品的制作上的专业技能。当然，所有这些是为有钱有权的人服务的——不是为了普通民众。

很多历史学家认为埃尔希·德·乌尔夫（Elsie de Wolfe，1865—1950 年）是成功地将室内装饰作为职业从建筑学中脱离出来的第一人。20 世纪初，乌尔夫在纽约市为其交际圈中的朋友提供"室内装饰"服务，并以此为职业。"在开始重新布置她自己的住所之前，她是一个演员和社交人物。她通过使用白色油漆、欢快的色调和印花棉布，把自己的家从典型的维多利亚风格转变成时尚的简约风格。"[3]她的朋友们非常欣赏她的另类装饰，这种装饰风格与维多利亚室内风格中的灰暗色调和木头材质形成了强烈对比。而且，她被认为是在早期的装饰师中第一个为其提供的服务收费而不仅仅是从卖给客户的商品中抽取佣金的人。[4]

有几个原因促使这个职业的大门在 20 世纪初打开。首先，在 19 世纪工业革命中发展的新技术使机械加工家具和其他物品成为可能。这些大规模生产的物品更为廉价，且更易被普通消费者所接受。随着不断增长的物资需求，百货公司——19 世纪的新生事物——开始在它们的店里展示这些新产品，来吸引普通消费者。这种新产品的展示有助于使消费者产生由经过专业训练的装饰师来装饰住宅的兴趣。

早期装饰师们的成功鼓励了大批妇女走上这个职业道路。毕竟，这是妇女们在 20 世纪早期为数不多的体面的工作方式之一。以不同时期的风格培训早期装饰师并为他们提供室内设计所需的教育基础的教育课程应运而生。纽约艺术和工艺美术学院是最早期提供有效的室内装饰培训课程的教育机构之一，现在已经是著名的帕森斯设计学院。

随着这个职业在大城市中的不断发展，"装饰师俱乐部"纷纷成立，装饰师在此聚会，分享观念，并更多地了解本专业。第一个国家级装饰师协会成立于 1931 年，称作美国室内装饰师学会（AIID）——以后更名为美国室内设计师学会（AID）。1975 年，当时最大的两个专业组织——美国室内设计师学会（AID）和国家室内设计师协会（NSID）合并为美国室内设计师协会（ASID）。

在 20 世纪 40 年代，由于这个行业及整个建造行业的变化，很多在此领域工作的人开始称自己为室内设计师，而不是室内装饰师，同时称他们的专业为室内设计，而不是"做装饰"。这些新称呼所反映的区别首先适用于那些面向商业客户的设计师们。此外，出现了很多新领域的业主，给逐步发展的商业室内设计行业慢慢提供了新的机遇。多萝西·德雷珀（Dorothy Draper，1889—1969 年）以她的商业室内设计而闻名，例如酒店大堂、俱乐部和商店。她的影响于 40 年代扩大。历史学家常常将她视为最早从事商业室内而不是住宅室内设计的设计师之一。

当然，由于众多富有影响力的室内装饰师和室内设计师对该行业的贡献，使其发展到我们现在看到的样子。这些名字被该领域的从业人员广泛熟知：Eleanor McMillen、Ruby Ross Wood、小 Henry Parish 夫人、Dorothy Draper、Billy Baldwin、Florence Schust Knoll 和 T. H.Robsjohn-Gibbings。建筑师弗兰克·劳埃德·赖特（Frank Lloyd Wright）、密斯·凡·德·罗（Mies van der Rohe）及理查德·迈耶（Richard Meier）与设计师 David Hicks、Mark Hampton、Michael Graves 和 Warren Platner 是大力推动 20 世纪室内设计发展的优秀专业人士。如果你还希望更详细地了解该行业的历史，可以阅读参考书目中所列的书籍。

商业设施：医疗保健

LINDA ISLEY, IIDA, CID
设计总监，YOUNG+ 有限责任公司
圣迭戈，加利福尼亚州

是什么带你进入你的设计领域？

> 当时，银行业正在倒闭，我被聘请到一家专业从事医疗保健设施的公司。我分析自己倾向于这一领域的工作。我的强项在设计和施工的技术方面。在医疗保健领域，能够发挥我的强项。

在你的专业领域，设计师最重要的品质或技能是什么？

> 能够听取所有"最终用户"（员工、业主和患者）的需求，并能将这些愿望变成一个促进健康和治疗的环境。

你的专业领域与其他领域有何不同？

> 有很多关于您所服务的患者的事情没有记录在设计手册中。你需要将脆弱健康的敏感约束诠释成一个既安全又舒适的解决方案。

在你的职位上，你的首要责任和职责是什么？

> 我负责管理设计室大部分项目的设计和文档。我检查在设计室开发的所有详图的可施工性和可解读性。

保健设施：Balboa 海军医疗中心，儿科重症监护治疗病房
Linda Isley，IIDA，
Young+Co 有限公司，圣迭戈，加利福尼亚州
建筑师：Ravatt Albrecht
摄影：CAMPOS 图片社

上，保健设施：Scripps Mercy 医疗集团—使命谷（Mission Vally）—候诊室
Linda Isley，IIDA，
Young+Co 有限公司，圣迭戈，加利福尼亚州
建筑师：Rodriguez Park 建筑师事务所
摄影：CAMPOS 图片社

下，保健设施：Scripps Mercy 医疗集团—使命谷—护士站
Linda Isley，IIDA，
Young+Co 有限公司，圣迭戈，加利福尼亚州
建筑师：Rodriguez Park 建筑师事务所
摄影：CAMPOS 图片社

工作中令你最满意的部分是什么?

❯最令人满意的是，看到一个想法得到实现。

工作中令你最不满意的部分是什么?

❯最不满意的是，被描述为"装饰"，且你带给设计团队的知识得不到理解。尤其是，当我们被沦落为"油漆喷涂器"时。

哪些人或哪些经历对你的事业影响重大?

❯我总是被愿意发挥我的能力开发立面和设计详图的设计室所吸引。经验越多，我会变得越好。我花了毕业后的第一个五年在一家建筑师事务所制作文档和演示文稿。

作为一名室内设计师，你面临的最大挑战是什么?

❯克服成见。

可持续发展的设计

看看新闻，你无疑已经意识到我们的环境正在遭遇怎样的围困，资源枯竭和气候变化正在改变地球和我们的生活。你可知道，拉去填埋场的垃圾40%是建筑垃圾？据美国绿色建筑委员会（USGBC）所说，建筑物所耗能源占所有能耗的30%—40%。[5]资源的枯竭也影响了建设环境和许多涉及室内设计与建筑的工作。住宅及商业室内环境的可持续设计将在21世纪的室内设计行业发挥非常重要的作用。

所有用于建筑和室内的设计、施工方法、材料及规格产品都会对环境及建筑物的用户造成影响。资源减少，垃圾填埋场被可能永远无法降解的材料所填满。室内环境会伤害过敏体质的人。寻找设计室内环境和建筑的通用方式就是日益注重可持续发展的设计。

但是，什么是可持续发展的设计？"可持续设计旨在满足当代人的需求又不损害子孙后代满足其需求的能力。"[6]虽然可持续的建筑及室内设计的概念出现在20世纪70年代，但对环境的关注可以追溯到很多年。可持续设计有时被认为就是绿色设计。可持续设计和绿色设计旨在创建的设计不仅能聪明地选用材料，而且在满足建筑物的业主和用户需求的同时，尽可能少地在制造和施工过程中损害环境和用户。

用于室内的材料和产品也会以另一种方式影响室内环境。室内空气品质可能会因指定材料对住宅和商场的很多用户造成伤害。地毯、油漆、墙面材料及家具产品会排放出被称为挥发性有机化合物（VOCs）的有毒气体。这些VOCs来自用于制造家具的胶水、将地毯附着于地面及墙面材料附着于墙体的胶粘剂，以及油漆。这些气体会刺激并引发某些个体的过敏反应。

可持续发展设计的理念还会影响家庭。举例来说，当今的住宅建得很密，这意味着，承包商要最低限度地保持室内外空气的流通，以便提高房屋的利用率。不幸的是，用于室内装修的材料会产生VOCs——住宅室内的家具和装饰产品也一样。

美国绿色建筑委员会是一个非营利性组织，它使建筑师、承包商、产品制造商、室内设计师及其他从事环境建设的人一起探索提高可持续发展设计的知识和实践的途径。它的教育计划帮助所有这些对象了解如何设计有利于住户健康和节约资源的建筑。LEED认证计划就是一项由USGBC制定的计划。LEED代表在能源与环境设计方面的领先地位。这是建筑物的业主和设计师自愿创造对健康和环境负责的建筑物的方式。"LEED认证证明了建筑物业主在创造绿色建筑方面的努力。"[7]

在本书"室内设计参考文献"中列出了几本研究室内设计领域的可持续发展设计的书籍。您还可以从USGBC（www.usgbc.org）找到更多的信息。

住宅：可持续设计

ANNETTE K. STELMACK，ASID 联席会员

ECOIST，顾问，演讲者，业主，INSPIRIT 公司

路易斯维尔，科罗拉多州

可持续住宅：起居室，松湖
ANNETTE STELMACK，ASID 联席会员
INSPIRIT 公司，路易斯维尔，科罗拉多州。原供职 Associates III
公司
建筑师：Doug Graybeal，Graybeal 建筑师公司（原供职 CCY 建
筑师公司）
摄影：David O. Marlow

是什么带你进入你的设计领域？

▶我作为第一代美国人，长大成人。这样的经历
开启了我自然的室内设计方法。我的家庭回收和重复
使用一切东西。我对自然和众生的热爱哺育了我的整
个童年，然后，我又将这个价值观传递给我的丈夫和
儿子。在丹佛有这些回收设施前，我的儿子喜欢取笑
我为整个办公室回收废品。我会每周用我的车载着可
回收的物品，将其存放在科罗拉多州博尔德当地的回
收中心。这些事始于 20 余年前，我的儿子布莱恩现
在 25 岁，他永远是我在这一历程中的助手。从一开始，
我不断地绘制有机的设计造型、饰面及物体，并最终
使我专长于可持续住宅设计的领域。我对我们的环境
及所有物种的后代怀有深切的关怀。我不断地受到地
球母亲及她和我们的孩子的启发。

在你的专业领域，设计师最重要的品质或技能是什么？

▶在室内设计的所有专业领域（包括可持续的住
宅室内设计）中，有知识、有文化至关重要。起初，
我被商业设计领域吸引，因为他们在可持续设计方面
一路领先。今天，对市场的所有领域，我们手头可以
获取的资料充足丰溢。对于环境资料，我坚持参考互
联网和书籍，同时参与一些组织，如美国绿色建筑委
员会、ASID 及 AIA-COTE。互联网、书籍，以及与
横跨建筑业各领域的志同道合的人的联网，提供了深
入的知识和经验，是磨练和发展我们专业知识的基础。
与知识相伴的，还有我们的聆听技巧。直接聆听客户
需求，以及团队成员在工作中的协同设计，仿佛魔术
般地提示了我们客户的观点。我发现，这带来了卓越
的成果——来自伟大团队的融合，以便积极解决问题，
从而超越客户期望。

可持续住宅：厨房，松湖
ANNETTE STELMACK，ASID 联席会员
INSPIRIT 公司，路易斯维尔，科罗拉
多州。原供职 Associates III 公司
建筑师：Doug Graybeal，Graybeal 建
筑师公司（原供职 CCY 建筑师公司）
摄影：David O. Marlow

你的专业领域与其他领域有何不同？

> 最终实现可持续、绿色、环保的设计将不再是一套独立的技能、知识、语言或实践。目前，可持续发展的设计原则和做法正在纳入全国各地的室内设计学校。室内设计认证委员会已提出了有关可持续发展的标准。经认证的课程必须提供包括室内设计实践中的环境道德和可持续发展作用在内的教育。

在你的职位上，你的首要责任和职责是什么？

> 从 1979 年至 2006 年，25 年多来，我一直是 Associates III 室内设计公司的设计总监，是该公司不可或缺的一员。Associates III 公司因其美丽的内饰和环保的设计理念在许多方面得到公众认可。我协助指导并共同领导该示范公司，开拓可持续住宅室内设计的领域。这个理想就是：我们是有激情的环境管家，我们要创建一个培育健康和可持续的环境。

作为 Associates III 公司的设计总监和高级项目设计师，我负责管理设计团队和监督计划、预算和工期。此外，我还负责业务的开发和部门的管理任务。我也管理项目，带领我的团队成功完成公司委派的最具挑战和最大规模的项目。作为 Associates III 公司的环保领袖，我替公司规范和管理在环境和可持续发展方面的工作。

我还与我 Associates III 公司的朋友 Kari Foster 和 Debbie Hindman 合著了《可持续住宅室内设计》（John Wiley & Sons，2006 年）。我们这本书明确而简洁地勾画出既要满足业主需求，也要满足地球需要的战略和工具。

在过去两年中，我已从室内设计行业转换到我的下一项事业——Inspirit：To Instill Courage & Life 公司。该公司使我可以投入我的热情在环境的管理和创造中，以激励下一代。我积极向同行、家长及所有年龄段的学生传授可持续性的知识。我的专长、协同性，以及对自然和生态设计和负责任的生活的热情，反映在我所有的工作中。由于环保宣传和文化对我来说至关重要，我很高兴在环境可持续性的舞台上用我所有的激情分享我丰富的知识。

在建设行业的活动，如"室内"、美国室内设计师协会年度会议等活动中，我做了关于可持续发展和生态设计的演讲。我还接受了《美国建筑评论》关注绿色设计教育的PBS系列采访。我服务于多个委员会，包括全国 ASID 可持续设计委员会和美国绿色建筑委员会科罗拉多分会。

我同样被他人感动，圣雄甘地的话激励我努力生活，他说："你必须实现自己想在世上所见到的变化。"

工作中令你最满意的部分是什么？

▶我的工作最满意的部分是与人联系和培育关系。除了指导团队成员成长和成功，我也喜欢主动解决问题。

工作中令你最不满意的部分是什么？

▶我的角色现在从设计过渡到了环保咨询、环保宣传及生态教育，我不太希望的是，某些客户在项目实施及满足其不切实际的工期要求中缺少远见。对世界而言，有比沙发是否能按时交付更加重要的问题。

哪些人或哪些经历对你的事业影响重大？

▶除了我的成长经历，正如我提到过的，1998 年参加的 EnvironDesign2 会议是个关键和重要的活动，它充分肯定了我的价值观和道德观。这次经历充满感情并印象深刻。在周末会议的过程中，我被 William McDonough、Paul Hawken、Sim Van der Ryn 等许多人深深感动，它使我的生活变得更美好。我的新发现确立了我对环境负责的信念，绿色建筑成为我所在公司的动力。幸运的是，我找到了协同一致的 Associates III 公司雇主 Kari Foster，他完全支持下一步对公司的改造。作为该公司的环保领袖，我努力使每个人认识对环境更加负责的明显的行动步骤，并且，我们用小小的成功，将我们的可持续实践运用到我们的室内设计业务的日常部分。

作为一名室内设计师，你面临的最大挑战是什么？

▶保持耐心等待主流市场——客户、团队成员、制造商、承包商、建筑师、厂商——开始意识到将可持续设计的原则、理念和做法纳入我们所做的一切有多么宝贵。我们所做的每一个决定会影响未来；这是一个好的或坏的结果的连锁反应，它直接影响到我们赖以生存的、唯一的星球。

商业：可持续设计

RACHELLE SCHOESSLER LYNN，CID，ASID，IFMA，USGBC，LEED—AP，AIA 联席会员
STUDIO 2030 事务所合伙人
明尼阿波利斯，明尼苏达州

是什么带你进入你的设计领域？

❯我是一位商业室内设计师。我将可持续设计的思想融入我所有的项目。室内设计师对于室内环境如何影响人类健康有着深远的影响。

在你的专业领域，设计师最重要的品质或技能是什么？

❯协作和发现最佳的可持续设计方案的能力。与他人敞开心扉，集思广益，以探索为下一代创造一个资源丰富的世界的可能性的能力。

你的专业领域与其他领域有何不同？

❯可持续设计的思想融入每一个设计领域。它不是一个额外的服务。它是融入项目概念的思想。

在你的职位上，你的首要责任和职责是什么？

❯我是 Studio2030 的创始人之一。我的商业伙伴 David Loehr 和我负责管理我们业务的各个方面。我们乐于在项目中与我们的设计人才合作。

餐馆：红色雄鹿晚餐俱乐部，餐厅，LEED 认证的室内
RACHELLE SCHOESSLER LYNN，ASID，CID，LEED-AP，
STUDIO 2030 事务所，明尼阿波利斯，明尼苏达州
摄影：Eric Melzer 图片社

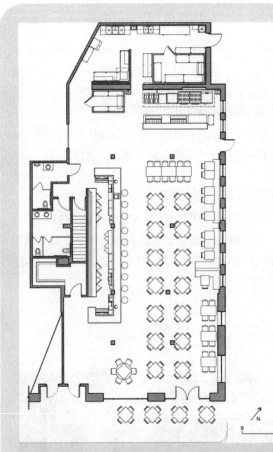

工作中令你最满意的部分是什么?

❯我的工作最满意的方面是，客户发出"啊哈"的时刻。当客户在竣工时体验到项目愿景时，以及当员工和客户对新环境反应良好时。

你在目前的公司工作，最喜欢的是什么?

❯我喜欢与热情、才华横溢、聪明的设计师一起工作，他们为我们的客户创造了伟大的作品。

你会给那些想要成为室内设计师的人什么建议?

❯设计来自心灵。这个职业是给予，回报就是，享受我们客户所体验的快乐。

室内设计师获得成功所需的最重要的技能是什么?

❯对伟大设计的热爱。

上，餐馆：红色雄鹿晚餐俱乐部，平面图
RACHELLE SCHOESSLER LYNN，ASID，CID，LEED-AP，
STUDIO 2030 事务所，明尼阿波利斯，明尼苏达州

下，餐馆：红色雄鹿晚餐俱乐部，酒吧，LEED 认证的室内
RACHELLE SCHOESSLER LYNN，ASID，CID，LEED-AP，
STUDIO 2030 事务所，明尼阿波利斯，明尼苏达州
摄影：Eric Melzer 图片社

你觉得可持续设计对该行业的影响是什么？

❯ 可持续设计必须具有环境的，以及社会的和经济的意识，才能成为真正的可持续设计。它是为了未来的设计的基础。

Beth Harmon-Vaughn，FIIDA，Assoc. AIA，LEED-AP

❯ 我认为，作为一个行业，可持续设计目前正处于发展初期。我有几个询问过关于可持续产品的客户，但很少帮他们真正实现。部分原因似乎是成本因素，另一部分是教育和时间。目前，这些是你作为一个建筑师或设计师必须追求的产品和概念。但是，在今后的岁月里，我预测，这个概念会变得非常普遍，将很难不指定带有可回收内容或"绿色"标示的产品。

Shannon Ferguson，IIDA

❯ 可持续发展是一个全新的世界。我们往往拆除和仅仅新建。对于世界，我们需要开始寻找替代的方式来重新使用材料、墙体和家具，发现利用来自填埋场的材料的方法，并仍然给予客户伟大的设计方案。这是创意真正开始挑战我们的设计方案的时刻。

Colleen McCafferty，IFMA，USGBC，LEED-CI

❯ 影响巨大！自 2001 年以来，我作为兼职教师服务于几所新英格兰学校。我告诉我的学生，这一点是明确的：他们必须做安全（消防和建筑规范）、便利（ADA和通用设计）和可持续发展的设计。我们每个人都有道德义务，在设计行业中，尽自己的所能，为我们的子孙保护地球。可持续发展的设计不是一个专业——它是所有设计的基本要求。

Lisa Whited，IIDA，ASID，Maine，注册室内设计师

❯ 我们才刚刚开始感受到可持续发展的影响。它正融入设计的进程。

Nila Lesierwotz，FASID，Associate AIA

❯ 绿色设计不是当前的时尚。对室内设计的未来而言，它是一个哲学方向，并拥有巨大的潜力。

James Postell，Associate Professor，辛辛那提大学

❯ 可持续设计正在成为主流，客户已开始强调，并要求设计师在不给他们的预算造成压力的情况下，尽可能地用可持续资源设计他们的空间。

在室内设计师努力寻找可持续发展产品的同时，制造商正在努力确定如何将他们的生产流程和产品改造成可持续发展的。现在没有标准的评测手段，所以，室内设计师面临的最大挑战是，难以确定哪些产品是真正可持续发展的。

Rita Guest，FASID

❯ 可持续设计是我们应该在我们的职业和个人生活的各个方面都要践行的。为了有利于您的客户和广大市民，您使用的材料和产品，以及创建的方案都是可持续发展和健康的。可持续发展的设计方案应考虑实际费用

餐馆：入口
William Peace，ASID
Peace 设计公司，亚特兰大，佐治亚州
摄影：Chris A. Little

和环境影响在内的生命周期成本。设计师需要了解可持续设计的实质，以便在当今的市场上保持可行性。

Mary Knopf，ASID，IIDA，LEED-AP

❯我们有必要纠正人类对我们的地球造成的螺旋递增的负面影响，并作出负责任的选择，改善环境，最低限度不再造成进一步的损害。

Katherine Ankerson，IDEC，NCARB Certified

❯可持续发展的设计，甚至可持续发展的生活方式，不仅仅是一种趋势，而是一个现实，它应该规定所有行业（不仅仅是室内设计）的各个方面。我们一旦作出承诺，就有极大的责任去克服困难并实现。我们都需要作出承诺。

Darcie Miller，NKBA，ASID Industry 合伙人，CMG

❯我对我们行业的希望是，可持续发展的设计将成为标准，而不是特例。作为个人，我们可以略有不同，但作为专业人士，我们有独特的机会去教育我们的客户和公众

了解草率的设计决策所造成的影响。我们可以比大多数人更大规模地影响可持续发展的变化趋势。我们的责任是不仅要保护市民的，还要保护环境的健康、安全和福利。

Lindsay Sholdar，ASID

❯可持续设计是一种生活方式，并且已经存在于此。它影响到设计的方方面面，以及我们所勾画的内部和外部空间。我认为，可持续设计的理念和文化已经在我们的国家迅速实施，因为：（1）我们的孩子在小学就学习到与之相关的知识，他们再教给自己的父母；（2）它是有意义的；（3）我们已经认识到，在我们的大气和环境中，非可持续设计的影响。可持续设计的内容应全面渗透到室内设计教育的所有课程。它应该是设计未来空间的唯一方式。

Stephanie Clemons，博士，FASID，FIDEC

❯对于"将可持续设计归为一类"，我常常感到遗憾。我认为，好的设计本质上就应该是可持续的。但目前，它被视为一个类别。可持续发展的设计至关重要，尤其是当

我们要在一个项目中管理这么多材料时。这是设计师用来教育客户的机会，可以让他们认识到在室内设计中运用可持续方法的好处。不仅有利于环境和健康，还能带来绿色战略的经济效益。它给了设计师很大的权力，可以展示一个投资回报的财务模型。这些有关不同的室内设计策略的财务影响的对话，为我们的客户增加了巨大的价值。

Lisa Henry，ASID

>目前，可持续发展的设计在业内非常重要，并且，对公众正变得越来越重要，因为他们已经意识到自己的生活方式的选择所带来的后果。20 年来，嗡嗡声也许褪去了一些，但在不久的将来会变得更强。

Sally D´Angelo，ASID，AIA 联席会员

>可持续发展的设计会影响地球的健康和我客户的健康。作为一个专业的室内设计师和人类的一分子，我有义务保护他们。

Kristin King，ASID

>短短数年内，我相信，我们所有的室内设计项目将包含可持续的、绿色的解决方案，因为我们会更加意识到这个问题，接受更好的教育，并且，我们的客户会希望得到它。

Robert Wright，FASID

>可持续发展的设计实在是我们大家的责任。我们有机会作为设计师去指定有助于绿色建筑的产品。但我们也有责任真正检查部分所谓绿色产品的长期影响，却

发现它们迟早会失败，并最终在垃圾填埋场带来比传统产品更糟糕的后果。

Melinda Sechrist，FASID

>在 20 世纪 80 年代，流行生命周期的设计——考虑我们室内 FFE（家具、固定装置和设备）决策的成本效果。现在，我们必须更广泛地考虑我们所做选择的影响，因为人类活动对环境的负面影响已变得非常清晰。尤其在美国，我们仍然消耗不成比例的世界资源。可持续发展不是昙花一现，它正在成为一个必需的倾向，影响我们如何进行生活以及我们有关环境建设所做的决定。学生和专业人士获得 LEED-AP 正变得更加普及。客户开始要求有更多的可持续发展方面的设计融入他们的项目，不仅仅是为了公共关系，还因为从设施管理和财务的角度来看，能获得较好的商业效益。随着能源成本的持续上涨，LEED 的建设方法可以有一个增加初始成本和持续节约运营成本的快速回报。可持续发展的设计方法也可用于招聘和留住最好的一代，他们将环境列为高度优先的因素。它对设计教育的影响非常明确：可持续发展已经存在很长时间了，我们必须在此领域培养我们的毕业生。

Robert J. Krikac，IDEC

>作为设计师，我们有机会改变全球变暖的趋势。我们设计的建筑物和室内环境是填埋垃圾、空气质量、水质和水耗、污染、建筑物运行所耗能源，以及制造建材所耗能源的主要贡献者。

Rochelle Schoessler Lynn，CID，ASID，LEED-AP，AIA 联席会员

道德规范

> 政客、商业领导人、运动员和其他各界人士的不道德行为的后果在媒体广泛讨论。尽管事实并不总是这样，仍然期望我们协会中的所有会员都能采取道德的行为。

道德标准帮助在特定行业中的从业人员在他们的工作中理解什么是正确的，什么是错误的。针对室内设计行业，这个规范是室内设计师处理与客户、其他室内设计师、雇主、行业及公众的关系的指导准则。

参加专业协会的室内设计专业人士必须遵守其所在协会的道德规定。如果不遵守，该协会可以对其提出投诉——并且，不得从轻处罚。独立设计师也要求以道德的方式从业，尽管他们违反道德的行为无法受到投诉。很多不道德的行为同时也要负法律责任。

采取道德行为并不困难。信守你对那些与你合作或被你服务的人所做的承诺，只承接你有经验和能力来完成的工作，遵守所在国关于室内设计业务实践的法律，尊重客户和他人，不是困难的任务。这些都是构成道德行为的例子。困难的是，不论其是否加入专业室内设计协会，都要承受不道德的行为的后果。你可以通过网站阅读室内设计组织的各种道德守则（见第 297 页的"室内设计资源"）。

私人住宅：客厅桌子与镜子
Greta Guelich，ASID，
Perceptions 室内设计集团有限公司，斯科茨代尔，亚利桑那州
摄影：Mark Boisclair

教育与研究

KATHERINE S. ANKERSON,
IDEC, NCARB 注册设计师
内布拉斯加大学林肯分校
林肯，内布拉斯加州

您的设计实践或研究领域是什么?

> 两个领域的兴趣驱动我的研究。首先，特别强调利用技术，并具有较强的教育战略，以创建交互式的动画和模拟，以此来提高室内设计的教与学。其次，通过调查和创建宜居环境的战略，改善老年人的建设环境。

你会给那些想要成为室内设计师的人什么建议?

> 这是一个令人兴奋和具有挑战性的领域，在这里你有机会通过你设计的环境影响人们的生活。观察周围，并对周围的一切保持好奇，将观察到的一切及由此产生的意见和想法留在速写本上。在提高设计技能的同时，开发你的人际交往能力。用卓越的头脑完成每一项任务。超越——发挥一切优势成为一个领导者。请记住，你有独特的技能和知识，它能让你看待问题与大多数人都有很大不同，不要犹豫，运用这一独特技能，回馈社会，改善人类的生存条件。

作为一名室内设计师／教员，你面临的最大挑战是什么?

> 作为一位室内设计教育者，面临的最大挑战，也是最激动人心的事情之一是，与行业及它所面临的问题保持同步，并超越眼前的知识，把目光投向这些问题的未来影响，以及未来室内设计专业毕业生将面对的问题。

室内设计师获得成功所需的最重要的技能是什么?

> 设计的热情。

你为什么成为教育工作者?

> 在我生活的各个方面，我充当着各种各样的教育者。在办公环境中，我指导新的专业人员；在个人生活中，我从事涉及教授年轻人新技能和团队精神的活动，如教练。教育是设计的激情和我拥有的领导天赋相结合的自然产物。在上完我的第一堂课后，我就被吸引住了。我们作为教育工作者的影响，已经投射在了室内设计界的未来，我们培养的学生正在实现他们的潜能，当你在别人眼里看到，他们"实现了"时，你会发出"啊哈"的声音——所有这些以积极和促进的方式继续影响着我。

一名好学生有哪些特质?

> 广泛的好奇心，以及探索和拓展其知识的意愿。对知识的兴奋及对它的应用。知道他们在学校学习，他们还没有找到所有的答案。愿意进行关于设计和其他科目的评论。

专业协会

专业协会可以代表其成员面向广大市民。协会还提供行业信息和学习机会，以提高会员的专业实践。美国和加拿大都有一些室内设计专业的协会为他们的会员提供服务。其中一些广泛服务于这个行业，如美国室内设计师协会（ASID）。另一些，如商店设计师协会（ISP）代表专门领域的设计师。在美国，最大的两个专业协会为 ASID（有超过 40000 名会员）和国际室内设计协会（IIDA）（有超过 12000 名会员）。在加拿大，加拿大室内设计师协会（IDC）是国家级的专业协会。此外有七个省有省级协会支持本地的室内设计师。

当你成为一个专业协会的会员，你就加入到一个由拥有共同兴趣的同行所组成的网络。很多室内设计师以家庭办公或小工作室的方式独立从业。与当地成员在网络上工作的机会极大地帮助了那些小型企业的业主，这也是很多人参加专业协会的原因。

国家协会和地方分会的活动给独立设计师和在大机构内工作的设计师吸收和交流信息的机会，让他们从同行联系间获益。加入国家协会或地方分会同样给会员们磨练领导和管理才能的机会，同时拓展他们的交际网络，形成对个人和职业发展都有益的珍贵资源。

协会会员能够得到协会总部工作人员提供的服务，他们分析和发布大量的、非会员设计师接触不到的信息，只要阅读和学习就可以了。专业协会同样可以作为信息的过滤器和来源，帮助会员解决有关室内设计的问题，从而保持室内设计的有生力量。

协会会员获取信息的途径包括时事通信、协会杂志或通信和邮件，以及国家和地方的研讨会。在电子时代，国家协会的网站为室内设计师提供了大量的重要资讯，其中一部分只对会员开放。此外，遍布美国和加拿大的地方分会还会组织本地会员会议，并通过分会会议、电子通信、教育研讨会和电子通信来提供信息。

专业协会会员资格传达了一种信誉保证，这对潜在客户的市场非常重要。这份荣誉帮助你和那些没有达到教育和职业技能会员标准的其他从业人员相竞争。能够被专业协会接纳，尤其是达到最高等级的会员资格（即"专业会员"），证明你满足严格的相关教育背景、工作经历和职业技能考核的标准。成为一名室内设计专业协会会员也意味着你一定要遵守其规定的职业道德和行为标准。

专业协会的一个重要职责是代表其会员处理其与政府法规条例、国家甚至国际问题的关系。专业协会内部有专门的部门研究政府法规，这些法规有可能会影响室内设计行业实践和公众的健康、安全和福利。发布

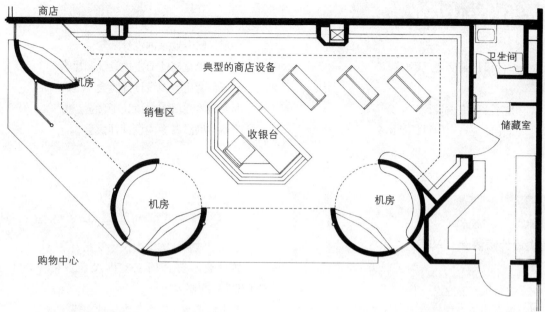

商业零售：平面图
商业零售：电子时装礼品店，Woodbridge 中心，
伍德布里奇，新泽西州
John Mclean，RA，AIA，John Mclean 建筑设计公司
怀特普莱恩斯，纽约州

这些研究成果，以便每个州或省的分会告知当地会员即将颁布的法律法规及与该行业相关的问题。

　　哪个协会最适合你？你可以通过参加一个协会，自己来回答这个问题。一个室内设计专业的学生可以成为国家协会的学生会员。毕业时，该学生可以升级成为初级从业会员。尽管 每个协会所提供的服务大同小异，但是地方分会所举办的活动却常常不一样，这通常会影响个人对协会的选择。参加一些地方分会会议，认识各个分会的人，会帮助你决定哪个协会更适合你。

　　也许你对专业协会的会员资格有所了解，"会员资格标准"（见第34页）提供了 ASID 和 IIDA 的会员资格的概要。选择这两个协会是因为它们是美国会员人数最多的协会。其他协会的入会标准不完全一致。"其他专业协会"（见第35页）简要描述了一些其他的专业室内设计协会。

加拿大室内设计专业协会

国家协会

加拿大室内设计师协会（IDC）

省级协会

阿尔伯塔省注册室内设计师协会

不列颠哥伦比亚省室内设计师协会

马尼托巴专业室内设计师学会

新不伦瑞克省注册室内设计师协会

新斯科舍省室内设计师协会

安大略省注册室内设计师协会

萨斯喀彻温省室内设计师协会

会员资格标准

美国室内设计师协会（ASID）

专业会员

毕业于被承认的室内设计专业

教育要求必须符合国家室内设计资格评审理事会（NCIDQ）的要求

至少从事两年以上室内设计实践

完成国家室内设计资格评审理事会（NCIDQ）的考核

每两年有 6 小时（0.6）继续教育学分（CEU）

称谓：会员姓名，ASID

联席会员

毕业于被承认的室内设计专业

至少从事两年以上室内设计实践

每两年有 6 小时（0.6）继续教育学分（CEU）

称谓：会员姓名，ASID 联席会员

对于非室内设计从业人员有其他的会员类别

国际室内设计协会（IIDA）

专业会员

毕业于被承认的室内设计专业

教育要求符合国家室内设计资格评审理事会（NCIDQ）的要求

至少从事两年以上室内设计实践

完成国家室内设计资格评审理事会（NCIDQ）考核

每两年有 10 小时（1.0）继续教育学分（CEU）

称谓：会员姓名，IIDA

联席会员

毕业于被承认的室内设计专业

至少从事两年以上室内设计实践

每两年有 10 小时（1.0）继续教育学分（CEU）

称谓：会员姓名，IIDA 联席会员

对于非室内设计从业人员有其他的会员类别

注：国家室内设计资格评审理事会（NCIDQ）要求至少有 6 年的教育和工作经历才能参加考核。NCIDQ 的最低教育要求是得到认可的两年室内设计学历。

其他专业协会

美国建筑师协会（AIA）

代表专业建筑师的利益。室内设计师有资格成为地方分会会员。

办公建筑和管理协会（BOMA）

会员大多数是办公楼的所有者或经理。专门为大企业办公设施服务的室内设计师通常参加办公建筑和管理协会。

加拿大室内设计师协会（IDC）

加拿大国家级室内设计师协会。代表各省级协会成员处理国家和国际权益。

国际设施管理协会（IFMA）

成员大多数是负责大企业设施管理和规划的人士。国际设施管理协会会员为大型银行机构、IBM或者是类似AT&T的公共机构工作，也可以独立规划企业设施或空间。

商店设计师协会（ISP）

代表专门从事商店和百货公司设计的室内设计师。

国家厨卫协会（NKBA）

代表专门从事厨房或卫生间设计的室内设计师，或销售厨房卫生间设施的零售商，例如橱柜厂商。

美国绿色建筑理事会（USGBC）

代表整个建造行业内为推广健康环保的居住和工作环境而工作的人士。

在地老化认证专家（CAPS）

此认证授予获得为成熟的成年客户和其他在该行业的在地老化部门工作所必需的额外经验、技能、商业知识和客户服务技能的个人。

注：依据其专业实践，很多其他专业领域的协会对室内设计师也许有所帮助。其中有些列于"室内设计资源"（见第297页）中；其他的也许能在室内设计专业杂志中找到，例如《室内设计》（Interior Design）,《合同》（Contract）和《室内与资源》（Interiors and Sources）。

可持续设计

LINDA SORRENTO, ASID, IIDA, LEED-AP
董事，教育与研究合伙人公司
美国绿色建筑委员会
华盛顿特区

是什么带你进入你的设计领域？

▶我的大家庭由非常接近自然环境和志愿服务的艺术家和工程师组成。我最初是一位优秀的艺术家，当室内设计作为一个职业开始兴起时，我发现了它。我很幸运，有一个所有才能可与我家族的传承和目的相结合的职业。

在你的专业领域，设计师最重要的品质或技能是什么？

▶室内设计师有责任通过不断学习提高自己的技能。

你的专业领域与其他领域有何不同？

▶可持续设计是所有领域为确保我们子孙未来的健康和良好生活而作出决策的基础。

在你的职位上，你的首要责任和职责是什么？

▶我发起和保持与重点行业组织及合作伙伴的战略关系，以推进 USGBC 的可持续市场转型的使命，及其教育和研究的目标。

工作中令你最满意的部分是什么？

▶我在可持续建设环境领域与多种多样的人合作，因此，会与室内设计界形形色色的人打交道。虽然，该工作最不让人满意的部分是我难以平衡工作和生活。

哪些人或哪些经历对你的事业影响重大？

▶最重要的人是 Penny Bonda（FASID），他激发了我的专业转型，并转向可持续设计和所有与我在该行业合作的志愿者。

作为一名室内设计师，你面临的最大挑战是什么？

▶最令人失望的是，该行业一直被低估。

室内设计的注册和执照

2008 年，24 个州，华盛顿特区和波多黎各，以及加拿大的许多省份，有一些室内设计的立法。另外 10 个州的立法悬而未决。为什么全国各地的室内设计师寻求立法？无论所设计的空间是何类型，参与室内设计的人的工作影响着那些使用该空间的人的生命安全和健康。例如，很多在室内使用的产品会释放出有毒气体，这些气体可能会伤害有呼吸道问题的许多人，并且，还有很多产品会在燃烧时释放有毒气体。室内装饰材料及制品的规范主要由室内设计师，而不是那些设计商业楼宇和住宅的建筑师来制定。选择并指定这些产品的知识超越了只考虑产品的审美。

从 1982 年开始，政府通过立法为室内设计从业人员注册和颁发执照。当然，在此之前就已开始尝试对室内设计实践的规范。亚拉巴马州首先成功地颁布法令指导室内设计。尽管司法管辖区间的立法各不相同，但有关室内设计界的立法通常都要求满足专业教育、工作经验及测试要求，合格后才能从业，或称呼自己为室内设计师。"美国室内设计立法情况"（见第 38 页）列出了对室内设计职业有相关立法的州，以及已经颁布的法律类型。加拿大有省级专业协会的省份都有某种形式的立法。

立法有很多种形式。在有些州，对称呼自己为室内设计师的从业人员有所约束。这种情况下，该立法通常被称为头衔立法。立法管束的是受影响的头衔。在有些州，规定的头衔为"室内设计师"。在其他大多数州可能是"认证的室内设计师"或"注册室内设计师"。一个头衔法案不能限制谁可以从事室内设计，而是限制从业者可能会使用的头衔。

在这些法令实施的区域，个人不得以"注册室内设计师"或"认证的室内设计师"的头衔来宣传自己，除非他（或她）符合法律界定的教育背景、工作经历和考核要求。这种类型的立法目前在美国 18 个州和加拿大各省份非常常见。

有些立法更进了一步，它通过立法来限制由州技术注册理事会所界定的室内设计服务的从业人员。如果设计师不符合州政府所确立的从业条件，那么他们就不能从事州政府所确定的室内设计服务。这种类型的立法被称为从业立法。总的来说，在从业立法实行的区域工作的室内设计师，根据具体法律语言的不同，被称为"注册室内设计师"或"室内设计师"。2007 年，只有佛罗里达州、亚拉巴马州、路易斯安那州、内华达州、华盛顿特区和波多黎各颁布了从业立法。

在相关立法控制下，执照的颁发和注册过程保证消费者确认他们雇佣的室内设计师受过职业训练、有工作经历和能力来完成专业室内设计工作。在有执照的情况下，室内设计阶段 出现的问题由室内设计师负责，客户可以向州理事会投诉，理事会可以对设计师作出处罚。没有执照颁发制度的地方，这种保护措施就不存在。室内设计师通过涵盖职业技巧、专业知识和工作经验的综合能力来解决功能注释和美学问题，并满足客户的需求。这是事实，无论客户拥有的是住宅还是商业设施。也许没有其他行业像室内设计师那样涉及如此宽泛的领域，包括技术、美学、策划和公众健康、安全和福利等各方面问题。

美国室内设计立法情况

亚拉巴马州	头衔法和从业法	明尼苏达州	头衔法
阿肯色州	头衔法	密苏里州	头衔法
加利福尼亚州	州立授权法	内华达州	头衔法和从业法
科罗拉多州	室内设计许可法	新泽西州	头衔法
康涅狄格州	头衔法	新墨西哥州	头衔法
佛罗里达州	头衔法和从业法	纽约州	头衔法
佐治亚州	头衔法	俄克拉何马州	头衔法
伊利诺伊州	头衔法	波多黎各	头衔法和从业法
艾奥瓦州	头衔法	田纳西州	头衔法
肯塔基州	头衔法	得克萨斯州	头衔法
路易斯安那州	头衔法和从业法	弗吉尼亚州	头衔法
缅因州	头衔法	华盛顿特区	头衔法和从业法
马里兰州	头衔法	威斯康星州	头衔法

当今，室内设计师的考核认证及执照颁发有多重要？

❯通过资格考试并成为注册或领牌的室内设计师将在不久的将来成为室内设计从业人员的最低要求。在美国近一半的州和加拿大的许多省份已经有一些地方立法来规范我们的专业。另有10个左右的州目前正在获得这类立法通过的进程中。这两件事将成为那些希望在不久的将来执业或自称"室内设计师"的人员的最低要求。

Terri Mourer，FASID

❯作为前规章制定理事会成员和国家室内设计资格评审理事会主席，我认为通过考试对室内设计师授权以及依据各州法律程序颁发执照的制度对保护公众的健康、安全和福利至关重要。公众可以依赖这些有授权和执照的个人，因为他们已经获得一定程度的教育背景和工作经验。

Linda Elliot Smith，FASID

▶加利福尼亚州对室内设计师颁发执照，我认为这对行业非常重要。

Jain Malkin，CID

▶关键性的。

Nila Leiserowitz，FASID

▶我非常乐意看到通过考试授权以及颁发执照确认其职业素质的室内设计师代表了我们必须接受的严格教育。我们必须克服室内设计师不过是家具商人这种大众形象。

Sandra Evans，ASID

▶这变得一年比一年更重要。我相信在未来20年以内，授权和执照颁发会同CPA（Certified Public Accountant）考试一样重要和普遍。由于相关室内设计问题的职责不断扩展（包括行动数据自动化系统模式、空气质量和人类工程学等），公众会开始要求有资质的设计师。

Jeffrey Rausch，IIDA

▶规范在室内设计名义下进行的行为对这个行业的持续进步有关键性的意义。

Marilyn Farrow，FIIDA

▶如何成为室内设计师非常重要。作为室内设计师，我设计照明、建筑体系、外装饰材料和家具，这些将影响在其中生活和工作的人。我们必须在对室内空间的设计和详细说明中表现出职业素质，而不仅仅满足美观的要求。意识到建筑材料、家具和外装修材料对人的健康和生命的安全性是至关重要的。

Sally Thompson，ASID

▶不朽的——公众需要理解我们的职业。考核和执照的颁发让公众确认我们有能力保护他们的健康、安全和福利。

Donna Vining，FASID，IIDA，RID，CAPS

▶确立行业标准要求至少最低的总体知识水平是非常重要的。这对我们自身和客户都有必要。

Michelle King，IIDA

▶非常重要，因为在提供专业室内设计服务中存在责任。客户付钱雇佣设计师提供专业服务，期望设计师能对成果负责。

Leonard Alvarado

▶非常重要。

Rosalyn Como，FASID

▶我认为，资格认证对室内设计实践至关重要。直到我们在所有州获得认证或法律上的许可，我们在专业实践时才能有信誉。

Susan Coleman，FIIDA，FIDEC

注：其他内容见第6章。

相关专业

❯室内设计师或客户要提供具体领域内室内设计项目的专门知识，可以聘请相关领域的专家和顾问。

建筑：设计和监督各类建筑物的建造的专业。

施工：总承包商负责监管建设项目所需的技工。分包商受总承包商（或建筑物业主）雇佣，承建项目的一部分，如结构、水暖和电气。

工程：规划和设计建筑物或其室内各种技术的方方面面。室内工程涉及的工程师类型包括：机械工程师、电气工程师、给排水工程师、供热和通风工程师和结构工程师。

设施规划：同空间规划。设施规划师常常为大企业客户工作。

平面设计：设计制作各种不同的图形媒体，包括印刷品、胶片、广告、书籍和其他形式的商业艺术。

室内建筑：很多人把其等同于室内设计师；但是大多数技术注册理事会要求此术语专门用于从建筑学院毕业或得到建筑师授权的个人。

厨卫设计：专门从事住宅和商业用途的厨房和卫生间设计。

照明设计：专门设计人工照明或自然光的处理，来加强室内或室外空间的功能和设计效果。

空间规划：规划室内空间，尤其是商业室内空间。总的来说，空间规划师相比室内设计师，较少对室内的装饰方面负责。

职业生涯变化的挑战

CHARRISSE JOHNSTON, ASID, LEED-AP, CID
设计师（专业：工作场所／办公室设计）
GENSLER 公司
圣莫尼卡，加利福尼亚州

你是如何选择获得室内设计教育的学校的？

➤加州大学洛杉矶分校（UCLA）扩展的室内设计课程的声誉和教学质量给我留下了深刻印象（其教员都是执业的专业人士），并且，其灵活的上课时间也适合我的需求。此外，我还喜欢它是一个学士后课程，许多学生像我一样也是转行的。这是一个封闭的课程，可以满足一个充满激情的女人，在通过课程的同时，抚养家庭、通过NCIDQ考核，并成为该课程的学生顾问。

你拥有什么学历？

➤UCLA扩展的建筑与室内设计课程专业证书；哥伦比亚大学商学院管理与市场营销专业方向的MBA，以及约翰·霍普金斯大学社会和行为科学的行为生物学学士学位。

作为一名学生，你面临的最大挑战是什么？

➤平衡学校和家庭生活，我在晚上去学校，同时抚养两个年幼的孩子。此外，获得自信，即使我只用我过去的职业生涯（市场调研、战略规划）的定量／分析技能，我也可能与我自然艺术的同学一样，成为一个有效的设计师。

如果你没准备好，你会打算参加NCIDQ考试吗？为什么？

➤只要我有资格参加，我就会坐在NCIDQ的考场上。通过这项考试对我个人非常重要，因为它验证了我多年的辛勤工作。作为专业整体的一部分，它也很重要。因为它为一个新生并经常被误解的行业建立了标准。

你认为实习对学生的教育经验有多重要？

➤绝对是至关重要的，不论是什么类型的设计公司或多么低的职位。我曾经在一家精品酒店公司实习，降职为接待员。但是，在那三个月中，我遇到了很多销售代表，观看了所有的演示板和建议书，并亲身感受到企业的运作流程。所有这些经验，后来都被证明是非常宝贵的。

你是如何选择到你目前工作的这家公司的？

➤Gensler是一家传奇的公司，以其在各方面的卓越而闻名。当我还是一名学生时，我在一个行业会议上遇见了一位主管，她鼓励我准备找工作时给她打电话。我完全茫然并憧憬着，如果Gensler录用我，我不会再费心寻找其他地方。幸运的是，这到底发生了。

在就业的第一年，你面临的最大挑战是什么？

➤还是平衡工作与家庭生活。我非常喜欢我的工作，并且，我很幸运被分配到一些精彩的项目，因此我往往很难停止工作并回家。我还致力于ASID（我服务于全国学生咨询理事会），这也需要大量的时间。但我的孩子很棒，我的工作离家只有一英里，我的办公室对家庭非常友好，并且我有一个超级保姆，所以，非常有效。

当然，另一个挑战是起薪低。我尽量不去想如果我待在华尔街，我会做什么。

你在校时加入 ASID 或 IIDA 的学生分会了吗？为什么？

❯我的学生顾问鼓励我去参加一个 ASID 学生

分会的会议，因为她说，这将在我的课堂所学之外丰富我的知识。一件事导致了另一件事，并且，我最终成为一个长期的学生分会主席。

你为什么要当一名室内设计师？

❯室内设计是我的高中校长建议的学位，因为我在艺术和数学科学两方面都很强。我当时的选择是成为一名美术老师或室内设计师。幸运的是，我的校长知识丰富并足够智慧，他向我的父母建议，我应该追求一个大学学位，而不是满足于短期课程。

Carol Morrow，博士，ASID，IIDA，IDEC

❯小的时候我喜欢五金店。在大学学习贸易专业的时候，为了让学业更有意思我决定增加时尚商品推销课程，因此必须选修基础设计课和纺织品课。这时，我碰到了些室内设计学生，发现如果他们能做到，那么我也能。就这样，我转换了专业，此后一直从事该行业。

Melinda Sechris，FASID

❯我关心人，并且，室内设计是我可以亲自为社会作出贡献的最有效的方法。

Linda Sorrento，ASID，IIDA，LEED-AP

❯我一直都对空间和室内环境感兴趣，画画一直伴随着我成长，由此自然而然地在大学里主修艺术。我的大学要求我选择一个专业，我就选择了室内设计。在我学习一门能让我找到工作的专业的同时，我仍然能够学习艺术类课程。

Rita Carson Guest，FASID

❯甚至在少年时代，我就喜欢看平面图；我曾经为几家开发商工作——其中一个在建筑部门——那时候我就一直对空间规划感兴趣。当时我心里的社工部分热衷于同人们一起创造功能完善的生活环境。

Jan Bast，ASID，IIDA

❯我一直对艺术、设计和处理室内空间感兴趣。所以，当我研究中学后的教育时，显然，室内设计将是一个不错的职业选择。

David Hanson，IDC，RID，IIDA

❯作为一个孩子，建筑、设计和构造总是让我着迷。

我 14 岁时学会了制图。成为室内设计师是个自然的过程。

Kristin King，ASID

❯我的热情始于为人们的生活和工作创造更好场所的愿望。我相信这是所有的室内设计师共同的最基本的热情。我的这种热情现在拓展到关注我们在工作中如何影响自然环境。我仍然把室内设计作为重点，但是在工作过程中我们做的决定会对我们共同拥有的更大的环境带来重要影响。

Barbara Nugent，FASID

❯改善室内环境是我儿时的梦想。我对我的祖父描述了我的愿望，他说我是在描述室内设计的职业生涯。

Rosalyn Cama，FASID

❯创建环境已极大地影响了人类。伟大的场所应该既美观，又感人。

Nila Leiserowitz，FASID，AIA

❯不管你信不信，在我帮助我丈夫在一个地方大学完成学业以前，我从来没听说过室内设计这个职业。当时我在系主任办公室工作，那里正在筹备室内设计专业。我的桌上偶然出现了这个专业的课程表。该专业横跨艺术、建筑、室内设计、平面设计和技术等多学科，给我留下了深刻印象，让我对从事这个新专业非常感兴趣。我发现很多课程重点在于以各种形式创造性地解决问题，这让人着迷。

Terri Maurer，FASID

❯我一直是一个艺术家，并且，我从前的职业是平面设计师。不过，我想将我的设计技巧从 2D 转换到 3D。我被领进了室内设计，因为我对用于演示的透视图 / 效果图很感兴趣。在选修了一些制图和透视类的课程后，我就迷上了创建整个环境。

Robin J. Wagner，ASID，IDEC

❯我在学校时，在一家建筑事务所兼职，看到了商业室内设计快速发展的潜力。当时，这个领域缺乏专业技术知识。

Fred Messner，IIDA

❯我真正进入这个行业，是在高中毕业后在一家大型设计和家具公司工作的过程中。我喜欢它，并探索了该行业的很多途径。

Michael Thomas，ASID

❯室内设计是我创造性天赋的延伸，并实现了我希望帮助人们通过室内环境来丰富生活品质的愿望。

Sandra Evans，ASID

❯我成为室内设计师是因为这是我能找到的最接近我父亲愿意资助的艺术学位的专业。当时我对所有的艺术类课程感兴趣，在上室内设计实践课时，我享受完成项目要结合将创意转化为两维或三维形式的复杂性所带来的挑战。

Linda Santellanes，ASID

❯我是一名注册建筑师，而不是专业的室内设计师。我想大家应该说我是有大量室内设计经验的专业的室内建筑师。

M. Arthur Gensler Jr., FAIA, FIIDA, RIBA

❯我从前并没有计划成为一名室内设计师。我最初获得的是心理学学位，然后绕了一圈，才发现这个领域。那时Art Gensler 公司还远没有开发企业办公室室内设计这个领域。甚至还不存在卫生保健设施室内设计。事实上，全美国也只有三所学校教授我们现在所知的室内设计。大多数学校的室内设计课程被安排在家政系，包括除商业或工业室内设计以外的所有内容。有关我进入该领域的过程是个非常有趣的故事，但要几个段落才能简述其皮毛。这非常偶然，我发现我非常喜欢它，它集合了我很多的天赋和能力。我有商业头脑，有说服力，并有创造性。这些是这个行业非常重要的先决条件，尤其是当你想独立经营的时候。

Jain Malkin, CID

❯在青少年时，我开始对空间感兴趣，尤其是我自己的私人空间，以及，如何根据一些创意和摆布室内元素使整个环境给人完全不同的感受。

Linda E. lliott Smith, FASID

❯开始时我想成为一名建筑师。幸运的是，离我最近的建筑学院在加拿大马尼托巴大学（距离我的城市100 公里）。学院授予的建筑学硕士课程是很高的赞誉。学士学位专业有环境研究（3 年）和室内设计（4 年）。我选了室内设计专业。我知道即使我不继续修硕士学位，我也有可以依赖的坚实的专业基础（环境研究专业能给本科学生继续学习建筑学打下良好基础，但自身并不能提供完备可靠的专业学位）。

毕业的时候，我在回校进修硕士学位前给了自己一年的时间在业内实践。现在我已经从事室内设计 15 年了，一直没有想拿建筑学硕士学位的愿望。

Jennifer van der Put, BID, IDC, AEIDO, IFMA

❯一开始，我是想设计自己的住宅。然后，别人开始向我咨询有关室内设计的建议，促使我把它当作职业。

Greta Guelich, ASID

❯即使在数年前我作为一名建筑师接受教育期间，我的设计进程的启动和重点是室内空间及为空间内的人所创造的体验。然后继续转向建筑和室内设计实践。作为一名设计师，塑造人们生活、工作和娱乐所在场所的能力，是一个巨大的责任和喜悦。

Katherine Ankerson, IDEC, NCARB 认证

❯为人们的生活和工作提供功能完善、美观舒适的环境。

Sally Nordahl, IIDA

❯我一直确信我应该从事某种设计工作，但是直到在大学里选修了一定数量的艺术和设计课程后，我才能决定哪个领域最合适。受大学里一位不太了解我专业的指导顾问的引导，我进入了平面设计领域。然而，当我在大学里找了个做建筑模型的工作时，我发现建筑和设计才是我真正感兴趣的。

Suzanne Urban, IIDA, ASID

❯建筑环境以及空间、体量和美学如何影响我们的

体育馆：冰酒廊，Jobing.com 体育馆，
格伦代尔，亚利桑那州
Lisa Slayman，ASID，IIDA，
Slayman 设计合伙人公司，纽波特海滩，
加利福尼亚州
建筑师：HOK，堪萨斯城
摄影：ENNIS 图片社

福利和生活质量总是引起我的兴趣。

Robert Wright，ASID

❯回顾过去，我找不到任何事情曾经动摇过我。我确信我想从事艺术类的职业，而且有机械工程性的一面，以及如何运转和如何完成等方面。我觉得，是室内设计找到了我。一旦作出决定，我从不后悔也不怀疑这个决定。

Derrell Parker，IIDA

❯我想专注研究环境对人的成功的影响。

Neil Frankel，FIIDA，FAIA

❯建筑平面图总是让我着迷。当我还很小的时候，就以画住宅平面为乐。我有一个高中艺术老师，他把我们这些乡下孩子带到应用艺术的世界里。每个人都认定我们这样的大学程度的农村孩子将来会成为教师或家庭主妇。而我却被科学和艺术学院招收为一个艺术专业学生！几门建筑学的准备课程指引我选择建筑或室内设计的方向。后来由于经济原因和特定情况把我推向在哥伦比亚的密苏里大学室内设计硕士课程。我从来没有后悔。室内环境和在其中生活或工作的人们之间的密切关系让人着迷。我真切地相信，当一个室内环境成功的时候，人们能更好地生活，更好地工作，更好地学习，以及更好地治疗创伤。

M. Joy Meeuwig，IIDA

❯我认为室内设计是我的艺术才干和对职业生涯的渴望的完美结合。

Juliana Catlin，FASID

❯我母亲告诉我当艺术家挣不了钱。尽管如此，我还是想从事创造性工作。室内设计看起来是一个很好的途径。

Debra May Himes，ASID，IIDA

❯我随移民的父母长大，我父亲是一名建筑工人，我妈妈是一个裁缝。很自然，我将定位于建筑行业，并借助父母的一臂之力。我妈妈的工作是为客户提供窗帘、床上用品和枕头的裁缝，通过她的工作，我从很年轻的时候起，就接触到住宅的内部。我母亲为一些室内设计师工作，其中一位带我进入科罗拉多州的一间获FIDER（现CIDA）认可的、奇妙而小型的室内设计学校。我喜欢和父亲坐在一起读蓝图，并尽可能地前往施工现场。当我不在缝制室帮助妈妈时，我就和爸爸在工作现场或室外花园。为了这一天，我最喜欢在现场解决问题并看着施工队将所有一切建为一体。

Annette Stelmack，ASID 联席会员

❯我一直喜欢艺术和设计。当试图决定如何最好地利用我对艺术的热爱时，我觉得，成为一个室内设计师对我来说将是与我的社区分享我的爱好和才能的最好方式。室内设计不仅让我可以使用我的才华，也让我可以为社区里的人创造更健康和更幸福的社区。

Shannon Ferguson，IIDA

❯它是一个能将我对科学和数学的兴趣以及对创造的欲望相结合的职业。室内设计师在大学学习中，需要具备化学、生物化学和解剖学的知识，它也是纺织科学的基础。

Linda Isley，IIDA

❯在获得艺术学学士学位并意识到自己很喜欢室内设计专业的动手性和创造性后，我成了一名室内设计师。当我还是个孩子时，我画了房子，重新布置我的家具，并多次重新装修我的房间。后来我才意识到，室内设计师是做什么的，并认为这很适合我。

Laurie Smith，ASID

❯我 38 岁时有机会回到大学去。在仔细地考虑了我的才华，并确信我的工作应该是我喜欢的工作后，我选择了加州大学为期两年的室内设计专业。我的丈夫服务于美国海军，并且我们将驻扎长滩三年。我在离开前有足够的时间完成专业学习。那时，加利福尼亚州正处于室内设计立法过程中，所以我开始学习NCIDQ，因为我不想因这项立法被称为一个"祖父级"的设计师。

Patricia Rowen，ASID，CAPS

❯我在高中时的兴趣和才能包括美术、数学和音乐。在选择职业时，建筑排在了前列。在大学里，我曾尝试建筑和时装设计，直到我发现了室内设计领域，这似乎更加适合。

Mary Knopf，ASID

❯在还是一个孩子时，我很喜欢创作房屋的平面图。我一直很喜欢设计的技术方面。我猜这源于我的母亲（一位不借助图案制作婚纱的裁缝）和我的父亲（一位工具和模具制造者）。室内设计让我可以帮助客户解决其业务在室内工作中的问题。回首往事，尤其令人高兴的是，在医疗保健和早期的办公室系统领域工作，它有助于影

响医院和办公设施工作环境的效能。

Christine M. Piotrowski，FASID，IIDA

➤我真的很喜欢艺术和商业。我不认为我能成为艺术家，我认为商业有点无聊。我的整个生命伴随建筑而成长，并下意识地认为，它正向我走来。

Jo Rabaut，ASID，IIDA

➤我开始于威廉姆斯学院的自由艺术学位。毕业后，我做了一段时间的木工，然后成为一名承包商。我通过学习和复制那些交给我建造的图纸，自学绘制技术图纸。然后，我开始成立自己的设计 / 建造公司。有一天，我对自己说，"敲钉子和锯木头让我疲惫，现在我知道该做什么了。设计的部分是我喜欢的事情。"所以，我为自己在 FORMA 公司找了一份临时的绘图工作——威斯汀酒店的设计。我转正并开始学习精细的室内设计技术。然后，我学习并通过了 NCIDQ 的考核。从开始到结束创建一个完整的室内环境的工作真正把我带入室内设计领域。如今已演变成开发完整的品牌环境和"经验"的规划——伟大的室内设计发展明显而必然的演变，尤其是在我所工作的零售领域中。

Bruce james Brigham，FASID，ISP，IES

➤在 1971 年，室内设计领域仍然是"不成熟的"。我在辛辛那提大学开始了一个为期五年的合作社计划，该大学有 Bob Stevens 任系主任。他是一名建筑师，对系的建设有自己的远见，今天，该系仍以全美国一流的室内设计专业而闻名。我进入该系，是因为我真地想学艺术与设计课程。我收获颇丰，开辟了全新的未知世界，接触到建筑和设计———一个我从未接触过的世界。我也有幸在密歇根州泽兰为办公家具经销商（Herman Miller）做早期的合作社，与设计师和发明家在现场完成非常早期的系统家具。伟大的经验建立在学校教授给我的内容以及行业的发展走向之上。毕业的时候，室内设计师不一定受雇于建筑公司，但这种情况很快改变，室内和室外的结合很快成为被公认的关系。

Colleen McCafferty，IFMA，USGBC，LEED-CI

➤我之所以成为室内设计师，是因为它让我可以大量使用交互式媒介表达我的创意。

Darcie Miller，NKBA，ASID 行业合伙人，CMG

➤当我还是个孩子时，我总是工作于家居用品项目及其他艺术项目上，前者如修补家具、制作配件并将它们销售给当地的文化用品商店。当我开始上大学时，我告诉我的父母，我想成为一名室内设计师，他们劝阻我，并觉得我需要选修一个商学学位，因为这会使我在就业时获得更成功的职位。在大专学习期间，我选修了几门室内设计课程，且学得非常好。当时的老师鼓励我再进一步，所以，在那时，我改变了我的专业。在这所学校完成我所有的设计课程后，我转到长滩的加州州立大学，因为它有全国最好的室内设计专业。

Lisa Slayman，ASID，IIDA

➤我喜欢多样性。室内设计就不枯燥。你会遇到有趣的人，会以美丽的东西打造出影响人们日常生活的环境。

Susan Norman，IIDA

❯我想要做些与我的艺术才华相结合的事情。在大学第一年我选修了绘画课程。我甚至没有考虑室内设计专业。我们绘制透视图，我立刻就迷上了通过图纸来表现室内空间和平面。于是，第二个学期我就开始了建筑学专业。

Maryanne Hewitt，IIDA

❯我一直对技术图纸感兴趣，并且看着我学土木工程的父亲画图。初中和高中的美术老师鼓励我的绘画天赋，并帮我寻找建筑学校。在大学里，一位教授帮我"领悟"并认识到，室内设计才是我的激情所在。正如他们所说，剩下的就是历史。

David Stone，IIDA，LEED-AP

❯我一直都热爱艺术、设计和建筑。我想做一些创造性的事情，但有一项有很多变化的工作。

Jane Cait，IIDA 联席会员

❯我对室内设计领域的兴趣广泛而全面，但做室内设计的基础是有所创新 —— 通过设计创造一个更美好的世界。

室内设计的吸引力在于用短暂的时间实现设计创意。大多数室内项目可在一年内设计并完成，而建筑和城市的开发通常需要数年才能完成。室内项目的完成相对迅速，并且，来自每个项目的满意度是一个嘉奖。

该行业的主要吸引力是组合和解决空间细节的机会。

在我作为一个教育工作者和实践者的职业生涯中，我的中心目标是更好地理解室内设计基础的效力和概念。在过去的 20 年里，我一直教授室内设计专业的学生，并努力发展自己的设计实践。教学与实践相互依存，并且，我成为室内设计师的部分原因源于我对教学的热爱。

而我成为教师是因为我对设计的热爱。

James Postell，辛辛那提大学副教授

❯当我在初中时，我姐姐从她的大学宿舍打电话告诉我，有个适合我的职业：室内设计。从我记事起，我就被发现鬼鬼祟祟地在父母朋友的房子周围，着迷于人们如何使用他们的空间。我为我的玩具人物建造梦想家园，并在信纸上绘制平面图，困惑于如何将它按比例放大。在高中时，我确定，建筑学是更男子汉的专业，并加入了一门绘图课程。绘制螺丝和基本的房屋立面让我感到无聊，当一个同学打破我的工作重点，指出经典镶板门、百叶窗、花箱、灌木、砖饰等等细节时，我意识到我对细部设计的爱好。我加入了肯塔基大学的室内设计专业，并且，在我整个教育生涯中，第一次觉得自己正在学习将引领我走向我的天职的技能。

我喜欢艺术、美丽及所有自然和创造性地表达，但我真的喜欢将这些表达方式实际用于人们居住的环境中。

Keith Miller，ASID

❯我成为室内设计师，是为了结合我不同的兴趣和优势。我喜欢与人打交道，对人的环境如何影响他的工作感兴趣，我身不由己地被创作过程所吸引，我喜欢数字和预算。最后，我既是一个注重细节的人，也是一个大画面的想象者。作为一个孩子，我一直想成为一名建筑师。但在完成我的会计学士学位的同时学习了更多的室内设计知识后，我非常肯定，强调空间内的人际交往与形式或功能的对抗，使室内设计做出更好的选择。

Laura Busse，IIDA，KYCID

> 我一直觉得，我的职业生涯应通向设计创意的解决方案。与很多人一样，我的职业在中年从面向大众市场的产品设计和生产行业，转向了室内设计，以便更加独立地致力于直接为个人用户设计的独特项目。作为一个对企业家有利的领域，室内设计吸引了我，它的优点是提供小型和大型企业成功竞争的能力。室内设计师还可以平衡用于经营活动的时间和强烈的创造力的周期。

Sally D'Angelo，ASID，AIA 联席会员

> 我无法想象没有室内设计师会怎样。我认为，能够通过改善人们的环境来提高他们的生活的创意非常强大。

Lindsay Sholdar，ASID

> 我成为一名设计师是因为，它是连接视觉艺术世界和商业世界的独特方式。

Lisa Henry，ASID

> 我在高中时"跌入"这个职业，当时我选修了一门室内设计课。我热爱该专业既有创意又有实用的一面。我喜欢该职业的技术方面（如照明和计算机），以及心理学的应用和对人类行为的理解。我欣赏该领域必须适应不断变化的趋势，且明确支持当前的趋势（如通用和可持续设计）。我爱设计过程和帮助他人发展有意义的空间。这对我来说，是，且将永远是，一个充实的职业。

Stephanie Clemons，博士，FASID，FIDEC

> 我记得，当我还是个年轻女孩时，我是多么喜欢重新安排自己的卧室家具。妈妈会带我去面料商店为新衣服选择图案和面料。她信任我的想象能力。十几岁时，我喜欢时尚设计的高格调世界。在高中时，因为不满意可供选择的服装，我学会了缝纫，并为自己制作了大部分衣物，这使我很好地学到了有关面料的知识。继续学习，我学会了为自己的家制作窗帘、床上用品等等。我在 30 岁中期，回到学校追求我终身热爱的设计。

Teresa Ridlon，ASID 联席会员

> 自从我能拿铅笔，我就绘制了平面图——别人"涂鸦"，我画平面。建筑和室内总是让我着迷，所以，我会进入室内设计行业是必然的。这一兴趣得到了父母的鼓励，因为随着我的长大，我们永远在参观正在兴建的住宅，并且，我们自己的家在建筑师和室内设计师的帮助下，几次被改造和重新设计，在我长大时他们都很乐意回答我的问题并与我分享意见。

Dure Lawlor，FASID

> 我找到了一份大概是在我 5 年级左右时写的文件，我将其列为我的目标。我记得，我在那个年纪绘制家里的平面图——带着设计，我至今仍希望可以实现该设计。

Sharmin Pool-Bak，ASID，CAPS，LEED-AP

> 我来给你讲述一个长篇故事，这也是我与对室内设计感兴趣的 8 年级学生们分享的个人成长经历：

我是建筑师和工程师的女儿。1966 年我父亲设计并建造了我们的房子。我的父母给我充分的自由装饰我自己的房间——从用我喜欢的任何颜色刷涂料，到在墙上挂任何我想挂的东西。在我 7 年级的时候，我很想要一个阁楼。那时我们的临时住宅里的顶棚非常高。我父

私人住宅：起居室
Robin Wagner，ASID，IDEC，
Wagner-Somerset 设计公司，克利夫顿，弗吉尼亚州
摄影：Robin Wagner

亲说，如果我能画出我想要的平面，他就能帮我盖起来。就这样，我在房间里拥有了这个奇妙的阁楼空间，把我的床垫放在上层。这对一个 12 岁的小女孩来说，非常酷。

在高中的时候，我还不能确定大学读什么专业。我热爱艺术和手工艺课程作业，但未在高中时修艺术课。然而，我选修了机械制图，并在暑假在我父亲的事务所里做了一些绘制建筑立面和平面的工作。高中时我有个学科老师说我应该学林业工程，因为这个领域女性很少，并且我会赚很多钱。在森林里和一群男孩子一起跋涉对一个 17 岁女生来说听上去很诱人。我进入了奥罗诺的缅因大学，但一个学期后很快被淘汰了。然而，在奥罗诺时，我装饰了我的宿舍房间，并因此获得了荣誉奖。这个奖启发我，也许我能以一直喜欢的工作来谋生，因此我进入了佐治亚州亚特兰大的鲍德学院，并于 1983 年取得了室内设计专业文科准学士学位。我以班级第一名毕业——

这证明，一旦我知道自己想做什么，我就能做到最好。

我为一家办公家具经销商（Herman Miller）工作了 3 年。然后，1986 年，当我要求加薪时（那时我年薪 $12000）遭到了拒绝，我决定开自己的公司。在 23 岁那年，我开创了 Lisa Whited 规划和设计有限公司。我一直拥有这间公司直到 2001 年。

1988 年，我意识到我需要补充我的设计教育，我进入波士顿建筑中心学习建筑学。我学习了三年，每周两个晚上从缅因州的波特兰到波士顿，单程 2 小时。我没有获得学位——但额外获得的教育是无价的。此外，多年来我还在缅因艺术学院上了一些课程（如色彩理论等）。2000 年，我仍然想提高我的学历。我进入安蒂奥克新英格兰研究生院，并于 2002 年秋季毕业，获组织和管理学科硕士学位。

Lisa Whited，IIDA，ASID，IDEC

➤我热爱建筑物，其室外与室内相融合，并以和谐的方式结为一体，从而创造独特的场所，供人们生活、工作、休息，并同朋友和家人一起娱乐。

Kristen Anderson，ASID，CID，RID

➤1981 年，当我开始在室内设计学院学习的时候，我是一个 30 岁的妻子和母亲，当时我在与丈夫共同拥有的家具公司工作。我擅长于帮助客户，因此我想，在室内设计专业完成我的大学学位比新闻专业更符合逻辑（我在 20 世纪 60 年代学习新闻专业，像那时很多女人一样，我放弃了学业同我先生结婚）。

当时，密苏里大学获得 FIDER 认证的这个专业非常有实力。很快我就认识到，设计师能对环境产生的真实影响，以及通过环境对人的影响（我个人非常重视人的因素）。我热爱我所受教育的每个方面，尤其是与人相关的部分——设计行为学课程，有关书籍包括《为人们设计场所》（Designing Places for People）、《模式语言》（A Pattern Language）、《人性化景观》（Human scape）、《人的环境》（Environments for People），以及《室内空间人体尺度》（Human Dimension for Interior Space）——甚至人体工程学部分也让我很感兴趣。（是不是很奇怪？）

现在，我的生活相对于我 30 岁时的打算有了很多变化。但是我热爱我的工作——我喜欢成为专业设计师。

Linda Kress，ASID

➤这是从出生以来的演变。我一直在制图、绘画、着色，并亲手制作东西。我大量接触到所有类型的设计，但是学院的课程帮我专注于室内设计。

Susan Coleman，FIIDA，FIDEC

➤在日本成长的体验让我认识到，生活经历塑造了我们。我生活环境的每个部分——宗教、文化、室内居住环境等等——影响了我的性格的发展，以及我对自己和生活的感受。在高中阶段，我尤其发现我想去影响他人，因为我确切知道我们的环境是如何影响我们对生活的动力和热情的。我决定通过室内设计来做到这一点，我能为别人设计提高生活动力和积极体验的室内环境。

Susan B. Higbee

➤我一直对艺术和建筑感兴趣，并且，当我在大学开始熟悉这个领域时，我决定专注于室内环境设计。

Janice Carleen Linster，ASID，IIDA，CID

➤在达到我早期的事业目标（即新闻工作者）之后，我决定剩下唯一要做的事就是写一本书，但我很快意识到，我对新闻以外的事情几乎一无所知。我想，我应该为了书的主题寻求其他的兴趣，于是我回到学校学习室内设计。学校的学习引导我从事室内设计实践。

Suzan Globus，FASID，LEED-AP

➤在小时候，我受到我母亲和祖母的影响。在迈阿密成长的过程中，我花很多时间看他们翻修住宅和游艇。在那时，我意识到，我可以在脑子里想象一个三维空间。室内设计对我来说似乎是自然而然的方向。

Sally Thompson，ASID

➤从很小的时候开始我就对设计感兴趣。我喜欢艺术课，常常跟我的父母一起参观美术馆。我可以花几个小时在一张大纸上画出整个城市的建筑物、住宅和道路。

这样的城市正好用来在上面跑火柴盒大的玩具车。我还喜欢用林肯木条和拼装玩具搭建自己的小地方。我的芭比娃娃总是住在街区里设计最好的联排住宅里。当有人问我长大后想做什么，我总是回答"建筑师"。我实际上并不了解那意味着什么，只知道和创造环境有关。

在高中时我选修了所有我能选的设计和绘图课程。很幸运，我有机会参加佐治亚州州长荣誉设计课程。我的艺术天赋的类型偏重技术性——似乎完美匹配了建筑设计的要求。入大学时，我决定进建筑学院，并学习室内设计。

Kristi Barker，CID

❯我想要一份既能利用我的技术才干又能展现我的创造能力的职业。室内设计是在可触摸的实物和美学观念之间寻求平衡。对我来说，形式和功能应该幸福结合。我还喜欢不断接受新的挑战。每个新项目都会带来尝试不同事物以解决新问题的机遇。

Kimberly M. Studzinski，ASID

❯1997 年，我毕业于卡内基·梅隆大学，获建筑学学士学位。我决定要在更注重细部的领域工作，所以我在一家从事建筑但以室内设计为主的公司谋了个职位。

Derek Schmidt

❯在高中时，我对建筑物的感染力如何发自其本身的结构所着迷。虽然我当时考虑学习建筑学，但那时不鼓励女孩子当建筑师，因此我选择了自由艺术专业。毕业后，我接受了一系列智能测试，建筑学看起来仍然是我最好的职业选择。就这样，我进入了波士顿建筑中心。经过两年半晚上去学校，白天去做任何能找到的和建筑相关的工作的时光，我在学校耗尽了精力，但仍然继续工作。由于不景气，我搬到了丹佛，从事零售管理和公共事业工作。1988 年我搬回波士顿并找到了一份和一位建筑师合作的工作。一个职业顾问建议我学室内设计，因为我喜欢色彩和材质，并对人们如何体验和使用室内空间感兴趣。所以，我又回到了波士顿建筑中心学习室内设计专业课程。

Corky Binggeli，ASID

❯我的父亲是一个承包商，当我还是个孩子时，就和他一起做一些项目。读大学时，我考虑过成为建筑师，但是缺乏学习的自律性，尤其是数学。相对于完成学业，我更热衷于体育运动和寻找丈夫。最终我完成了学业，并在工作后结婚。

Mary Fisher Knott，CID，RSPI，ASID 联席会员

❯我从四五岁时起就希望参与环境建设。在所有进行的事情中，工人和他们的任务最让我着迷。从小在农村长大，我没有遇到过特别强调设计的专业，但我尽可能多地选修了可以为我的建筑事业做准备的课程。我说"建筑"，是因为我不知道，室内设计本身就是一个职业。在大学里，我接触到可以作为一个职业来选择的室内设计专业。当室内设计的职业道路的可能性变得清晰时，我的学习生活变得更加精彩，它使我的态度更加热情。在小型建筑公司工作多年后，我进入一家大型建筑工程公司的室内组，随后，我获得了硕士学位，并追求在设计教育界的事业。选择教育，使我可以继续成为设计界的一分子，并回报这个为我提供了如此满意的职业生涯的行业。

Robert J. Krikac，IDEC

〉我的父亲和哥哥都在建筑工程公司工作，所以，我在建设环境中长大。最重要的是，绘图一直顺其自然地成为我的天赋。设计是最好的事情，它让我舒服、享受，还可以谋生。其实在做设计前，我从事了两年的预审核专业。当意识到这对我来说不够刺激或有创意后，我转换了专业，于是我决定，在设计学校完成额外的 4 年学习。这无疑是值得的。

Alexis B. Bounds，ASID 联席会员

〉我之所以成为一名室内设计师，是因为我热爱艺术领域。由它开出的花朵，就是人们对室内环境影响居住者的方式的深深谢意。

Carolyn Ann Ames，ASID 联席会员

〉室内设计在一个职业中捕获了我所有的兴趣——艺术、商业和科学。每天，我都能获得各种技能的锻炼，所以我从不厌烦。

Charisse Johnston，ASID，LEED-AP，CID

〉因为我喜欢与他人合作，并创造出美丽的方案。

Chris Socci，ASID 联席会员

〉我之所以成为一名室内设计师，是因为我一直对建筑和室内环境感兴趣。我一直都知道，我想在一个能让我探索创造性和逻辑性的行业内工作。我进入设计学校后，立刻欣赏和理解到这一事实：室内设计师影响公众和空间用户的健康、安全和福利；因此能够通过设计积极地影响最终用户。这个行业，甚至更吸引我。

Shannon Mitchener，LEED-AP，ASID 联席会员，IIDA 联席会员

注释

1. National Council for Interior Design Qualification. 2008. "NCIDQ Definition of Interior Design." NCIDQ.org, http://www.ncidq.org/who/definition.htm.

2. Charlotte S. Jensen. 2001. "Design Versus Decoration." *Interiors and Sources*, September, 91.

3. John Pile. 2000. *A History of Interior Design* (New York: John Wiley & Sons), 255.

4. Nina Campbell and Caroline Seebohm. 1992. *Elsie de Wolfe: A Decorative Life* (New York: Clarkson N. Potter), 70.

5. U.S. Green Building Council. 2003. *Building Momentum: National Trends and Prospects for High Performance Green Buildings.* (Washington, DC: U.S. Green Building Council) 3.

6. World Commission on Environment and Development. 1987. *The Brundtland Report: Our Common Future.* Oxford: Oxford University Press.

7. Christine M. Piotrowski and Elizabeth A. Rogers. 2007. *Designing Commerical Interiors* 2nd ed.(Hoboken, NJ: John Wiley & Sons), 17.

第 2 章　教育准备

　　过去有段时间，那些有良好色彩感觉且喜欢重新布置家具的人会变成装饰师。实际上，在这个领域，很多早期的装饰师几乎没受过正式的培训。这只有一个原因：在 20 世纪早期之前，室内设计或装饰装修没有真正的教育课程。然而，对任何一位想在 21 世纪成为专业室内设计师的人来说，一个正规的教育是必需的。该专业变得越来越复杂，以至于需要最低限度的教育准备。那些在各个州获得认证、注册或执照的室内设计师，都需要有正规的学历。此外，为获取执照和协会的专业会员资格所需要的考试也要求有正规的室内设计教育。

　　20 世纪早期的室内设计教育是从美术、家政学和建筑学发展而来的。早期提供室内装饰课程的著名学校之一是纽约美术和应用艺术学校，即现在的帕森设计学校。那里在 1904 年以后增加了该课程，当时一批有兴趣的学生帮助完成了课程的教学大纲。美术学校及家政和建筑学院逐渐增加了更多的班级和更广泛的教学大纲。随着专业的推进，课程变得更加综合，并认识到，室内装饰和室内设计不仅需要发展色彩感觉，还应知道家具和建筑的风格。学生和雇主迅速意识到，为进入该行业而设置的正规课程的重要性。

　　在 20 世纪 30 年代的经济衰退和第二次世界大战之后，这个行业发生了巨大变化。商业室内设计师特别要求在建筑体系和施工图绘制方面有更多的训练。20 世纪 40 至 50 年代，美国乃至全球的商业和工业都发生了变化，在室内设计领域催生了很多专业方向。在这些领域工作的专业人士需要更专业的信息来有效工作。

　　如果你的目标是做一个能够设计高级住宅、拉斯韦加斯的赌场、儿童医院或任何商业建筑的室内的知名的专业室内设计师，你必须得到正规的教育。在这个严肃的行业，自学的装饰师已经成为过去。

教育家

CAROL MORROW，博士，ASID，IIDA，IDEC
菲尼克斯艺术学院
菲尼克斯，亚利桑那州

你会给那些想要成为室内设计师的人什么建议？

> 希望他们努力工作。每一个我认识的成功的室内设计师都热衷于这个领域，以及他们为人们创建能让他们愉悦并解决他们问题的空间所能做的工作。如果你富有创意、艺术，并喜欢分析和接触新材料和新想法，我认为室内设计是个理想的职业。我已经不止一次听到并对自己说——你将永不厌倦。

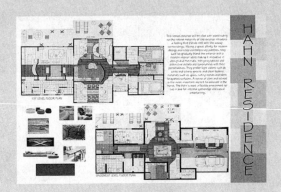

作为一名室内设计师或教师，你面临的最大挑战是什么？

> 与所有技术带来的新要求和可能性保持同步，符合最新规范和环境问题，特别是可持续发展的问题，以及新的 LEED 认证过程。

室内设计师获得成功所需的最重要的技能是什么？

> 保持好奇心，并学习如何进行研究。

你的设计实践或专业领域是什么？

> 住宅、企业及医疗保健类建筑的设计。

你为什么会成为一名教育家？

> 它只是随着时间的推移自然发生的。致力于室内设计的许多领域并始终保持学习的兴趣似乎是一个合乎逻辑的进程。同样，从一个领域到另一个领域有很多事可做。知识是没有界限的。

一名好学生有哪些特质？

> 创新、好奇、质疑、坚持。

你怎样帮助学生进入工作市场？

> 在课程中嵌入 CIDA 标准，聘请既有学历又有行业经验的优质师资，出席行业和专业会议，以便跟上新的发展情况，并与本地的专业人士保持联络。

上，地板平面图。Jennifer Lossing 绘制
菲尼克斯艺术学院室内设计系学生
菲尼克斯，亚利桑那州

下，透视图。Jennifer Lossing 绘制
菲尼克斯艺术学院室内设计系学生
菲尼克斯，亚利桑那州

教育家和从业者

ROBIN J. WAGNER，ASID，IDEC
MARYMOUNT 大学室内设计系副教授和毕业生导
师，阿灵顿，弗吉尼亚州
WAGNER—SOMERSET 设计公司业主，
克利夫顿，弗吉尼亚州

作为一名室内设计师或教师，你面临的最大挑战是什么？

❯作为室内设计专业的讲师，最大的挑战是教育那些对成为室内设计师缺乏热情的学生。有些学生（不是很多）只想拿到一个学位——任何一个传统学位——无论是令父母满意还是让自己满意的学位，但对其正在研究的领域却没有热情。如果你打算花时间获得室内设计的学位，那么，请好好做，因为它是你真正想做，或者至少是你当时想做的。（我们都经历过生活中的变化。）没有比试图激励那些不关心设计又对其工作缺乏热情的人更困难的了。

室内设计师获得成功所需的最重要的技能是什么？

❯批判性思考的能力。

你为什么会成为一名教育家？

❯我每时每刻都在问自己这个问题。作为一名教育工作者，你有很多课堂教学以外的工作；然而，在课堂上的动力和面临的新挑战是，用什么来保持我的教学水平？因为我的绘图背景，我开始以助教身份讲授透视、渲染和表达技巧。但通过我的学生，我对自己作为一个设计师和一个人了解了更多。从此我就上了瘾。

你怎样帮助学生进入工作市场？

❯学习核心课程的学生能够在对室内设计的期望中获得全面的培训；但最重要的，我觉得是课堂上专业人士的评论，它可以最好地帮助学生展示自我、介绍作品，并捍卫自己的设计选择。

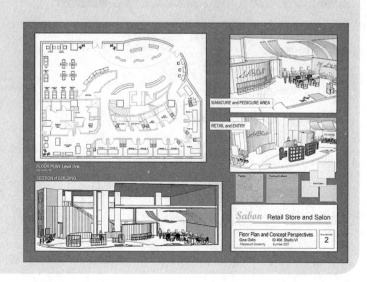

项目演示板。Gina Gallo 制作
Marymount 大学学生
阿灵顿市，弗吉尼亚州

私人住宅：餐厅。Robin J. Wagner，ASID，IDEC，
Wagner-Somerset 设计公司，克利夫顿，弗吉尼亚州
摄影：ROBIN WAGNER

计。学校的系统发现，我也做了室内设计工作。我对承接教育设施项目很感兴趣，因为我的孩子有学习障碍。我对我孩子的残疾的研究使我想创造符合儿童需求的环境。

零售设计成为我最新进入的一个领域。有关人们购物方式的行为映射研究已成为我的兴趣，并已将其应用于零售设计。此外，零售组件的设计动用了我的图形设计背景。

在你的专业领域，设计师最重要的品质或技能是什么？

❯有几个技能是必需的，但最重要的是能够识别设计问题，评估设计问题的需求，并以美观、实用、安全、有效的设计方案解决设计问题。

一名好学生有哪些特质？

❯他们应该对设计充满热情，具有创造和表达自己的能力，愿意探索设计方案，承担风险，并能对他们的设计选择采取建设性的批评意见。

你的设计领域包括住宅、教育场所和零售空间，是什么带你进入你的设计领域？

❯我进入教育设施领域的第一份工作是标牌图形设

高中预备

大多数设计公司要求入门级的设计师具有室内设计学位。该学位必须是被认可的四年制室内设计专业学位，这一点变得越来越重要。也有一些公司会聘请两年制室内设计专业学历的人，尤其是当他们在这之前有一个其他专业的学历时。越来越少的大型室内设计公司会聘请只有两年制学历或没有学历的人去为客户工作和完成涉及规划和室内规格设计的工作。

对室内设计职业感兴趣的高中生应规划一个能使他获得大学录取通知的学术课程。高中阶段的大学预备课程可为你进入大学做好准备。高中还提供其他对你的专业有价值的课程，如制图和艺术课。外语、数学和理学课程对大学的室内设计专业的要求非常重要。在英语、数学和理学等一般研究领域的大学预修课程（AP）为您提供了一些大学学分。这些AP课程有助于减少大学中的课业负担，或给你机会选修那些也许不适合你大学计划的课程。

制图和AutoCAD课程非常重要，在大学课程中很需要，很多高中也会提供这些课程。艺术和素描或绘画课将有助于发展未来专业所需的艺术和创造性的一面。一门艺术类课程，如雕塑或陶瓷，有助于开发你的设计立体感。你甚至可以尝试普通的商业课程，因为商业主题在大学可能会被要求。

大学里的数学和理学要求将根据大学的专业是提供艺术学位还是理学学位而有所不同。提供室内设计理学学位的大学往往比那些提供艺术学位的大学要求更多的数学和理学。在这种情况下，常见的是，提供更多的语言类课程。

成为一名较好的室内环境及其中所置物体的观察员。当你和你的父母来到一家新餐馆或酒店时，观察其内部的设计方法、空间的使用方式、流线的组织，及色彩的使用。要参观博物馆和历史遗址，以了解更多有关美术和装饰艺术的知识。当然，还要尝试采访室内设计师、建筑师或该行业的其他人。

商业办公室和租户改善

SUSAN HIGBEE
麦肯齐集团，室内设计经理
波特兰，俄勒冈州

作为一名室内设计师，你面临的最大挑战是什么？

❯最初我认为，是建立一个被行业接受和认可的角色，如同建筑设计过程一样重要。我们的文化是将建筑和室内视为一个整体。当我们在一个项目上有个合作的团队时，就会获得最大的成功。

是什么带你进入你的设计领域？

❯我在室内设计的各个方面都工作过，但我看到在商业室内设计领域有最大的挑战和回报。这是一个快速前进的行业，有着各种不同的项目类型。客户不会介入得像个人项目那样多，并且正是因为你的经验和能指导他们经历整个过程而雇佣你。每一天都令人振奋。

在你的职位上，你的首要责任和职责是什么？

❯我现在是麦肯齐集团室内部的经理。我领导 7 名室内设计师。我还管理着一个根据项目情况由建筑师和工程师组成的多专业的大型团队。我的基本职责包括管理工作量分配、团队合作、团队表现和效率、工作成果质量控制、设计质量、财政表现及员工发展。

作为一个公司的高级领导，我的职责还包括室内设计和空间规划 / 租户改善项目的商业发展。

公司：雇员咖啡厅，俄勒冈州
Regency Blue Cross Blue Shield
公司
Susan Higbee, Group
MacKenzie
波特兰，俄勒冈州
Photographer: Sergio Ortiz

工作中令你最满意的部分是什么？

❯ 使客户满意是我的工作得到的最大回报。得到客户的信任，并且无论有什么挑战都满足他们的要求，可以给我带来巨大的快乐。

工作中令你最不满意的部分是什么？

❯ 我不喜欢任何有损服务能力的东西。

在你的专业领域，设计师最重要的品质或技能是什么？

❯ 我认为最重要的技能是倾听和理解一个项目的功能需求。一个商业项目为了成功运作，会有许多必须满足的功能要求。我们的工作就是在满足这些功能要求的同时，提供创新、优美的环境。如果没做好，业务就失去了效率。如果做得好，业务的效率会提高，同时员工的士气和生产率也会提高。

哪些人或哪些经历对你的事业影响重大？

❯ 在日本长大对我的职业影响很大。在不同的文化背景下长大使我意识到，你所处环境中任何事物都会塑造你。

上，公司：办公室前厅，Waggener Edstrom 公司
Susan Higbee，Group MacKenzie
波特兰，俄勒冈州
摄影：Randy Shelton

下，公司：办公室前厅，Krause IV 办公楼
Susan Higbee，Group MacKenzie
波特兰，俄勒冈州
摄影：Randy Shelton

选择一个教育计划

选择一个适合你的教育计划是个相当个人的过程。该决策的关键因素之一是你的职业目标。例如，如果你的目标是在一家大型的商业室内设计或建筑公司工作，你必须完成四年或五年制的学士学位课程。如果你更愿意在一家较小的公司工作或者你已在其他领域获得学士学位，一个两年制的社区学院课程可能会带来许多符合你目标的极佳的就业机会。

选择教育计划时需要考虑的一个因素是，它是否满足你需要达到国家室内设计资格评审理事会（NCIDQ）考试资格的要求。那些要求室内设计师持有执照的州或省都要求通过 NCIDQ 考试以得到执照。如果你正在考虑的教育课程不能满足你所在州或省及 NCIDQ 设定的最低学历要求，你不会被允许参加考试。这可能会限制你在室内设计行业的角色，即使你那里暂时还没有室内设计立法。更多的州一直在调整室内设计的实践，并且，NCIDQ 的考试最有可能成为这些州的主要发牌工具。有关 NCIDQ 考试的更多信息见本章。

在选择你的教育计划时另一个需要考虑的因素是师资。那些讲授课程的教师的背景和经验非常重要。具有丰富实践经验的优秀的教师队伍是至关重要的。在四年制和五年制学校中，一个或更多的教师可能专注于研究而不是实践。这些教师在课堂上可以提供设计理论和家具历史等方面的有价值的讲授。既有实践经验，也有研究方向的教师对专业来说非常重要。

一些教师是全职的，提供课堂讲授、学术和职业建议，及教学计划管理。也有一些学校聘请兼职教师，他们是全职的职业室内设计师，只在学校讲授一两门课程。学生从两类教师那里都能学到知识。在四年制和五年制专业中，全职教师更常见。在社区学院里，兼职教师比较常见。当然，四年制或五年制专业中，也有些兼职教师来弥补一些教学空位，同样地，社区学院的室内设计课程也有一个或更多的全职教师。当你选择专业时，最应该考虑的是教师的背景、设计兴趣和教学计划。

无论该专业计划是否被室内设计认证协会（CIDA，前 FIDER）认可，CIDA 认证都是另一个在选择室内设计课程时需要考虑的重要因素。CIDA 认证意味着课程安排、师资、设施和学校管理层的支持符合被专业认可的标准。有些州要求在本州从业的室内设计师必须通过 CIDA 认可的专业课程。

另外一个要考虑的因素是学校的位置。坐落在大型城市区域的大学有这样的优势：它使学生有机会参观当地的博物馆、设计公司，以及可从学校方便前往的项目。一所较大的学校，在同一专业中似乎有更大的学生群体。这有积极的一面，因为这个更大的同行群体为学生提供了更多见新人的机会。某种意义上说，它也是一个缺点，因为进入班级的竞争可能会更大。一所较小的大学可以帮助害羞的学生在一个较小的同行群体中获得自信。当然，一所较小的大学将为课堂作业，甚至考察，提供去市中心的交通。

调查课程安排和师资，参观学校设施，甚至打听那些可能向你介绍其所受教育情况的毕业生的名字。与潜在的雇主交谈，了解他们所需的入门级雇员的学历要求。所有这些研究可 以帮助你决定符合你的目标和需要的正确的学术课程。

你是如何选择获取你室内设计学历的学校的?

▶我寻求 FIDER（现 CIDA）认可的州立学校。我很幸运，住在密苏里州，毕业于首批被 FIDER 认可的专业之一。我拥有商业和市场营销硕士学位，并正在攻读设计学博士。

Beth Harmo-Vaughn，FIIDA，AIA 联席会员

▶我进入了位于得克萨斯州奥斯汀的得克萨斯大学。我获得了理学学士学位，主修建筑学院的室内设计。

Trisha Wilson，ASID

▶我只是想进入一所被 FIDER 认可的学校。我去了美国肯特州立大学，并获得室内设计艺术学学士学位。

Kristin King，ASID

▶我那时确信，我选择了全国最好的室内设计学校之一来获得我的学位。我拥有室内设计艺术学学士学位。

Lisa Sloymon，ASID，IIDA

▶我有一个华盛顿州立大学的学位，这是一所获得

FIDER 认可的学校。我选择这所大学是因为它离我的家足够远，使我感觉很独立，并且，我一进入专业，就体会到，这是由专业人士来运行的。我不确定，我当时能理解它，但我现在真的很感激，事实上，我已经实践了近 30 年。

Melinda Sechrist，FASID

▶我在得克萨斯州的一所州立大学获得了一个以室内设计为重点的家政专业的学士学位。说实话，我选择这所学校，是因为它给我提供了全额奖学金。我不是立刻就明白我想学室内设计的。我没有从学校被 FIDER 认可的专业中获得很好的室内设计教育。

Robert Wright，FASID

▶我决定这所学校是根据它被认可、距离我生活的地方合适，及学校的规模（我并不想去一所较大的学校和一个大型的工作室教室）。我有室内设计的学士学位和室内设计方向的艺术学硕士学位。

Robin Wagne，ASID，IDEC

❭对我来说，重要的是找到一个能获取学士学位的教育，当我研究学校时，我发现了一些 FIDER 认可的学校，这有助于缩小我的选择范围。我有一个室内设计学士学位。

David Hanson，RID，IDC，IIDA

❭我在 1977 年选择了科罗拉多州最好的被 FIDER 认可的专业，并获得四年制室内设计专业学士学位。不幸的是，该专业已不再存在，但也有其他不错的专业出现。

Annette K. Stelmack，ASID 联席会员

❭当时，我收到了我的学位，在圣迭戈学习室内设计只有有限的选择，我选择进入圣迭戈州立大学。

Jon Bast，FASID，IIDA，IDEC

❭我有一个鲍德尔学院（亚特兰大，佐治亚州）室内设计专业的艺术学大专学位和安提阿新英格兰研究生院（基恩，新罕布什尔州）管理和组织专业的理学硕士学位。期间，我还在波士顿建筑学院学习了建筑学。当我 1981 年在亚特兰大开始上学时，我非常小，我还不知道在学校要寻找什么，也不知道有关该专业的更多信息。我只是"去上学"，并且想，逃离缅因州去南部的一个大城市将是令人兴奋的。回想起来，如果我知道我现在所知的，我肯定会寻求，至少是，一个 CIDA 认可的，四年制的室内设计专业。

Lisa Whited，IIDA，ASID，缅因州注册室内设计师

❭我以我的地理区域为基础选择专业。我是一匹"野马"——我以两年的普通高校学历、室内设计证书及大量艰苦的工作，用我的方式使我的工作走向专业化。

Patricia Rowen，ASID，CAPS

❭我很幸运生活在芝加哥，当我决定攻读室内设计学位时，有很多选择。在与公司、导师谈话并参观了学生完成的作品后，我选择了哈林顿室内设计学院。它的声誉及其被 FIDER 认可的专业计划都是重要的因素。我有一个哈灵顿大学的室内设计大专学历和一个西密歇

寓所。大堂，迷失之城宫殿，太阳城，南非
Trisha Wilson，ASID，Wilson 合伙人公司
达拉斯，得克萨斯州
摄影：PETER VITALE

根大学艺术学学士学位。

Laurie Smith，ASID

> 当我进入大学的时候，我就知道，我想主修室内设计。我进入了阿巴拉契亚州立大学(它当时还未被 FIDER 认可)，但有一个名气很大的室内设计系。由于家庭条件的限制，这是我能选择的最好的室内设计教育。该学校目前正在认证审查中，我可以证明由其专业培养的学生的有效和成功。我以优异的成绩毕业于阿巴拉契亚州立大学，并获得房建及室内设计专业理学学士学位。我还修了一点商业课程。

Shannon Ferguson，IIDA

> 当我选择有室内设计专业的学校时，CIDA 不是考虑的因素。我不想加入在家政系的室内设计专业。我发现了两个位于大学艺术系的，一个有学士学位，并辅修艺术史。我选择了这个。

Patricia Mclaughlin，ASID，RID

> 我一开始学的并不是室内设计。我开始学的是化学，然后转去合适的地方。如果我去了加州大学伯克利分校学习化学——可能我现在会成为建筑师。幸运的是，弗吉尼亚理工大学是被 FIDER 认可的。当我转专业时，圣迭戈州立大学也得到了认可。

Linda Isley，IIDA

> 我不知道。因为那时我不知道我的热情会把我带入室内设计和品牌发展。我获得了四年制的艺术和建筑史专业的文科学士学位。余下的事，我不得不自己去做……所以我知道良好的室内设计教育是多么的重要。

Bruce Brigham，FASID，ISP，IES

> 这有点意外。我决定进入内布拉斯加大学林肯分校主修新闻学，辅修家庭经济学。我的目标是为女性杂志写文章。当时，家政系要求你选修所有学科的课程。早期，当我选修第一门室内设计课程时，我知道我将放弃新闻，而去获取室内设计专业的学位。

Susan Norman，IIDA

> 我在艾奥瓦州长大，因此，艾奥瓦州立大学是个自然而然的选择。

Carol Morrow，博士，ASID，IIDA，IDEC

> 在我选择学校的过程中，我很幸运。从我开始寻求获取建筑学学位时，我就试图从一位建筑师那儿获得建议，并研究了他所推荐的四所学校。当我决定追求室内设计学位时，纯粹是出于运气，我最终选择了一个被认可的专业。最后，我获得了室内设计专业艺术学学士学位。我建议，有抱负的学生寻找一个四年制专业，并确定其是被认可的。此外，还应寻求一所能提供广泛的数学、理学和商业课程的学校。

Mary Knopf，ASID

> 对我来说，这可能不是一个好问题。我通过竞争进入了我的大学。当我意识到我真正想做的事时，我不想转校了。我在美国密歇根州底特律市的创意研究学院辅修课程，并决定投入我的第一份工作。尽快获得了 NCIDQ 认证。

餐饮：Hidden Valley 乡村俱乐部。里诺，内华达州
M. Joy Meeuwig. IIDA，室内设计顾问。里诺，内华达州
摄影：PERSPECTIVE IMAGE。西雅图，华盛顿州

我有一个中央密歇根大学的艺术学学士学位。

Jo Rabaut，ASID

＞对我来说，我选择了"家庭学校"，我是幸运的，它有一个优秀的设计专业。我从建筑学院获得了室内设计专业学士学位。

Charles Gandy，FASID，FIIDA

＞1971 年时，它还没有太大的魔力。从某种意义上说，我真的很幸运，我进入了辛辛那提大学：它有我一直向往的专业，没有比它更好的了，我也没有去州外寻找。

Colleen McCafferty，IFMA，USGBC，LEED-CI

＞我有一个外语专业的学士学位，主修法语，辅修艺术。我还有一个室内装饰证书，它让我得到了我目前的职位。我选择了让我获得室内证书的那所学校，因为它适合我当时的生活方式，并满足我的需要。其课程与研究内容相对应，并让我可在家学习，从而有时间陪伴我刚出生的儿子。我也没兴趣获取另一个学士学位或者该领域的艺术学硕士。

Darcie Miller，NKBA，ASID 行业伙伴，CMG

＞我很幸运地开始于一所既有建筑学专业，又有室内设计专业的大学。当我意识到室内设计是我的热情所在时，我可以在两个专业间转换。我之所以选择这所学校，还因为它是一所规模较大的"全方位服务"的机构，并且它不在我家乡的附近。虽然我的学位的确切名称已不再使用，这是一个室内建筑专业的设计学理科学士学位，相当于现在的大学所提供的室内设计专业的设计学学士学位（它仍然是全国一流的专业之一）。

David Stone，IIDA，LEED-AP

＞我有一个北亚利桑那大学的理学学士学位。在我进入那所大学的时候，Phil Bartholomew 是该系的主任。他对室内设计领域的重要性非常重视，他是一个伟大的导师。

Debra Himes，ASID，IIDA

＞专业课程的质量和学校的位置。我有一个美术专业的学士学位和商科的学术学位。

Donna Vining，FASID，IIDA，RID，CAPS

> 对我的设计本科专业，我想，我希望进一所建筑学校，但去了大学之后却发现室内设计也是一个专业。至于我的设计学硕士，我需要一个可以让我继续工作并且无需搬迁就能和我的家人生活在一起的专业。亚利桑那州立大学是能满足这两个学位要求的机构。由于其优秀的师资和设施，它的专业在全国声誉卓著。

Robert J. Krikac，IDEC

> 我来自 Gators（佛罗里达大学）（Gators 是佛罗里达州盛产的一种短吻鳄鱼名，是佛罗里达大学师生的骄傲。Gators 也被译成"佛大党"——译者注），但主要是跟随我的爱人。我高中时的恋人（实际是我一生的恋人——我们在三年级时相遇）是个顽固的"佛大党"，她不考虑任何其他学校。我们都申请了那所学校，并双双被录取。今年我们结婚 13 年。

Maryanne Hewitt，IIDA

> 位置和 FIDER 认证是选择学校的主要因素。我获得了理学学士学位。

Greta Guelich，ASID

> 在 1976 年我进入大学时，我的有关在哪上学的决定是基于我渴望确保有个能提供设计类课程的学历，它深植于人文，也能作为一门应用工艺来传授。在获得莱斯大学建筑学本科学历后，为了寻求理论的深度和广度，以及在我毕业的最后一个学期在巴黎和威尼斯学习的机会，我考取了宾夕法尼亚大学的研究生。

James Postell，辛辛那提大学副教授

> 我喜欢北亚利桑那大学，是因为它的大小、地理和特点。我还未确定将来的专业，所以，室内设计不是我选择大学的决定因素。

Jane Coit，IIDA 联席会员

> 我很幸运地在高中毕业后茫然无知地进入了我的大学一年级。我偶然发现了我的家乡肯塔基州的列克星敦大学有一个很棒的、获得 CIDA 认证的室内设计专业，并获得了房屋及室内设计专业的艺术学学士学位。

Keith Miller，ASID

> 我在本州最大的大学完成会计学本科教育后，在同一所大学选修了室内设计课程，因为它已获 FIDER 认证。我了解了专业的情况，并发现其教师具有不同的背景，且极具才华。我的学分全部转移，这使我可以在完成设计部分的要求后，去追求一个硕士学位。我在设计界有很多完成两年制技术类专业的同事。我对他们的设计技巧非常有信心，但两年制专业涵盖的多样性不如四年制专业多。虽然许多学生不属于数学、写作或通信课程，但它们在现实世界中是必要和有益的。

Laura Busse，IIDA，KYCID

> 我寻找一所培养出伟大设计师的、有良好声誉且被 FIDER 认可的学校。我有什么学位？我有一个室内

设计专业的艺术学学士学位。

Linda Elliott Smith，FASID

﹥教育对于培育专业以适应市场需求至关重要。室内设计界必须接受研究和教育的重要性，以确保其在行业中的地位。

Linda Sorrento，ASID，IIDA，LEED-AP

﹥如果我那时能知道我现在所知的，我会只考虑 CIDA 认可的，并拥有著名的专业实践教师的学校。凭借运气，我毕业于此后被 FIDER 认可的圣选戈州立大学，在那里获得了以室内设计为重点的艺术学学士学位。我从很有才华的导师们那儿学习知识，他们给了学生获取工具的每个机会，这将使他们在行业内取得成功。

Lindsay Sholdar，ASID

﹥我已经有了一个本科学历——同时计划去往完全不同的方向。当我终于意识到我所属的领域时，我调查了该领域内可让我利用我现有学分并完成它的可靠专业，所以我不会为另一个领域去上学。斯科茨代尔社区学院让我可以实现所有我想要的—— 一个政治学学士学位和一个室内设计专业的应用科学专科学位（A.A.S.）。

Morilizabeth Polizzi，ASID 联席会员

﹥我们只能负担得起社区学院和州立大学的专业。那所学校离家较近，有良好的基础课程和声誉。我有一个教育专业的应用科学专科学位和一个艺术专业的学士学位。

Mary Knott，ASID 联席会员，CID，RSPI

﹥在 1971 年，对室内设计专业的挑选还比较盲目，因为指导并不清楚。我碰巧发现了一个由政府划拨土地（land grant）建设的学院颁发的本科学位，于是我进了康涅狄格大学，并在那里获得了家政学院的室内设计和纺织品专业的理学学士学位。1975 年，当我毕业的时候，专业认证才刚刚开始设定标准。我还借助很多机构继续我的教育，但主要是我加入并领导的非营利性组织——美国室内设计师协会（ASID）和健康设计中心。

Rosalyn Cama，FASID

﹥这不一定是想出来的。我的学历是艺术学专科。

Michael Thomas，FASID，CAPS

﹥当时，我找到了一个四年制本科。我有一个室内设计专业的学士学位。

Nila Leiserowitz，FASID，AIA 联席会员

﹥我去的学院在佐治亚州立大学，这样我就可以留在家里，并借助学院以我的方式工作。对我的专业来说，这是一所在亚特兰大声誉最佳的大学。

Rita Carson Guest，FASID

﹥我很幸运地生活在一个有很高等级的室内设计专业的州。我在那里时，艾奥瓦州立大学的室内设计专业即将通过 FIDER 认证，并一直延续了该模式。其室内设计专业是当时全国的设计学院中少数的几个专业之一。我们与其他设计学科（建筑、绘画艺术，甚至是纺织品设计）有很多互动。我有一个艾奥瓦州立大学室内

设计专业的学士学位和一个亚利桑那大学场景设计 / 剧场技术方向的美学硕士学位。

Sharmin Pool-Sak，ASID，CAPS，LEED-AP

≫ 我之所以去密歇根州立大学攻读我的学士学位，是因为：（1）它在 1975 年就已通过 FIDER 认证；（2）我家就住附近；（3）这是一所梦幻般的大学。我去犹他州州立大学攻读硕士学位和去科罗拉多州立大学攻读博士学位也是基于同样的原因。有趣的是，它们都是由政府划拨土地建设的大学。

Stephanie Clemons，博士，FASID，FIDEC

≫ 我选择纽约室内设计学校，最初是因为它提供了一年制的专业，我觉得这足以使我了解行业特点，以决定我是否要将其变成我的职业。它做到了，我也做到了。我已在不相关的领域获得本科学位，通过在家附近的一所大学上夜校，我获得了学士后学位，主修美术设计和室内设计，同时，我在家里工作和育儿。选择的依据是，什么工作适合我的生活方式？以及，什么专业会为我追求职业化的道路打好基础？

Suzan Globus，FASID

≫ 我有两个不同设计领域的本科学历，其中第二个是室内和环境设计。我花几年时间额外选修了建筑学和商务方面的课程，并最终取得了做领导的 MBA。为了我的室内设计学位，我根据一位建筑学教授的意见，在我的区域寻找了一个 FIDER 认证的学校。我的下一个重点是：在通勤距离内，友好地对待非传统的学生，并

在设计 / 建造业建立良好的信誉。

Sally D´Angelo，ASID，AIA 联席会员

≫ 起初，我在一所提供五年制室内设计专业的大学开始我的学业。这个特殊的专业更多地倾向于商业设计。我的愿望是在住宅设计业工作，因此，我转换到了一所当地的社区学院。三年后，我收到了室内设计专业的应用科学专科学位。

Teresa Ridlon，ASID 联席会员

≫ 我在俄亥俄州的肯特州立大学获得了室内设计专业的艺术学学士学位。我的丈夫完成其学业时，我正在肯特州立大学工作，当时我决定在它的室内设计专业开始我的工作。该专业采用跨学科的方法，包括室内设计、艺术、技术和建筑，我认为这是一个很好的研究室内设计的方式。

Terri Maurer，FASID

≫ 我毕业于艾奥瓦州立大学，获室内设计专业美学学士学位。

Rochelle Schoessler Lynn，CID，ASID，LEED-AP，AIA 联席会员

≫ 我获得了华盛顿州立大学的硕士学位。这是华盛顿州唯一提供这种学位的学校，并且，其本科专业已获得认证，并拥有良好的声誉。

Leylan Salzer

≫ 我找了一个获 FIDER 认证的室内设计专业。

Lisa Henry，ASID

室内设计认证协会

　　CIDA，室内设计认证协会——原室内设计教育研究基金会（FIDER）——是一个旨在通过设定标准和认证学术课程，引导室内设计专业走向辉煌的私营的、非营利组织。它成立于 1970 年，是在美国和加拿大都被承认的认证室内设计教育课程的组织。据 CIDA 所述，协会要求的教育标准"是用来评估室内设计专业，帮助学生进入室内设计实践，并确立其未来的职业发展定位。"[1]

　　一个接受了 CIDA 认证的室内设计专业，提供室内设计相关课程，开发在设计基础、设计过程、空间规划、家具布置、建筑体系和室内材料等方面的知识、技能和能力，影响室内设计的规程和标准。认证专业还应提供在商业与专业实践、沟通及专业道德与价值观方面的课程。此外，四年制的认证专业至少应包括 30 个学分的通识教育、艺术、科学和人类学课程。准确的课程安排由各个学校按照认证标准的学生学习示范要求而定（参见下页的"室内设计认证协会专业标准，2006 年版"）。

　　通过研究室内设计领域及建筑界进入行业的要求的共识方面，室内设计专业的学术认证标准得以保持。CIDA 通过董事会代表与主要专业协会和 NCIDQ 保持着密切的关系。许多国家监管机构对称谓使用或室内设计从业的控制参考 CIDA 在教育方面的要求。

　　在美国和加拿大有超过 100 个 CIDA 认证专业。想得到更多关于 CIDA 的信息，请访问协会的网址 www.accredit-id.org。联系信息包含在"室内设计资源"中（见第 297 页），目前持有 CIDA 认证的室内设计专业列于"美国和加拿大获 CIDA 认证的室内设计专业名录"中（见第 299 页）。

室内设计认证协会专业标准，2006年版

对以下每一项行业标准的完整、详细的定义可从 CIDA 网站（www.accredit-id.org）上获取。

1. **课程结构**：架构课程，以方便和促进学生的学习。

2. **职业价值观**：专业应引导学生发展对职业责任、经营责任和效率的态度、性格和价值观。

3. **设计基础**：学生应具有艺术与设计的基本原理、设计理论、绿色设计及人类行为方面的基础，以及与学科相关的历史知识。

4. **室内设计**：学生能理解和运用室内设计的知识、技能、流程的理论。

5. **沟通**：学生应有效沟通。

6. **建筑体系和室内材料**：学生在建筑体系的范畴内进行设计。学生使用适当的材料和产品。

7. **规范**：学生运用保护公众健康、安全和福利的法律、法规、规章、标准和做法。

8. **商业和专业实践**：学生有商业和专业实践的基础。

9. **师资**：教师及其他教辅人员有资格和足够的数量，来实现专业的目标。

10. **设施**：专业设施和资源提供了一个激发思想、激励学生，并促进思想交流的环境。

11. **管理**：对专业的管理界限清晰，提供适当的专业领导，并支持该专业。该专业通过其公布的文件向公众示范其经营责任。

12. **评估**：系统和综合评价方法有助于专业的不断发展和完善。

四年教育准备

大多数雇主都强烈建议四年制的室内设计专业学历，尤其是大型公司。四年制的学士学位可为您提供机会参加人数最多的室内设计及相关专业的班级，再加上获得一个强大全面的文科背景。在技术的技能和知识领域培养学生的课程在四年制专业中占据较大的幅度。

可以在室内设计系、美术系、建筑系和人类生态学系中找到室内设计专业。根据该专业所在学院、大学或者专业学校和系的情况，四年制学位可以是理学学士、艺术学学士或美术学士。有几家研究所提供五年制室内设计学士学位。这些专业大部分与建筑学院相联系。

值得注意的是，有些学校提供要求三年潜心研究的学士学位专业。在专业学校最常见的是，学生都必须全年全天上课。这使得学生可以在三年内毕业，而非传统的四年。当然，学期之间的休假是定期的。

每学期或每季度所要求的学分数目各学校不同。一个四年制的专业通常包括至少 120 个学分，其中 60 分以上要与室内设计相关。这些数字与当时的 NCIDQ 在教育方面的质量要求相匹配。

让我们简单看一下在一个典型的四年制室内设计专业中你可能要上的课程类型。这些专业都会在第一学年以大量的通识教育课程开始。第一学年可能还要求一些介绍室内设计和设计理论的课程，手绘或计算机辅助制图（CAD）初级课程，以及基础艺术工作室课程。

第二学年包括另一些通识教育课程，以及更深入的室内设计课程。也就是说，你可能有机会拓展你的 CAD 技巧，并选修一些编程、家具或者建筑史的课程，也许，还有学习效果图的多媒体课程，其他技术或艺术的基础课程，以及商业、美术，或其他有兴趣领域的选修课程。

很多学校要求进入第三和第四学年前（有时被称为专业班），需提交作品集。这是因为有些学校只允许有限的学生被录取进入最后两年的班级，而往往有大量的学生申请加入。如果是这种情况，你要提交在前些年完成的艺术和设计作品样例，以及所有学术表现的证明。例如，常见的是，一个用来进入专业班的作品集应包括学生的二维和三维设计项目、制图样例、任何展示空间规划概念和发展的项目作业，以及其他在头两年学术训练期间完成的作业样例。此外，根据特定大学的专业说明，作品集的录取过程还需要成绩单和一篇核心论文。

第三学年是真正的室内设计工作的开始。你终于开始了专业工作室的课程，你要为小型住宅或者商业空间绘制平面图、家具布置图，及其他基本设计文件。第三学年时，将基本技能和理论课程融入工作室课程，该课程要求室内设计师提出设计的常规解决方案。其他设计课程可能包括与材料、建筑结构、法规和机械系统有关的技术课程。在第三学年除了室内设计和相关专业课程，还有高层次的通识教育课程和学生感兴趣的或大学要求的其他领域的选修课程。

第四学年的课程是高级的工作室课程，挑战规划和设计大型复杂空间的能力。有些学校在这个级别有专门的工作室，允许学生在特定的设计领域（如餐饮、企业办公、住宅或各类机构空间）获得经验。第四学年还要求设置在照明设计、商业惯例和研究等领域的高级课程。根据教学计划，可能还要求一个高级论文项目或者毕业项目。第四学年还包括关于你的作品集、简历、找工作技巧的讨论、设计和修改。最后的通识教育和选修课程也是第四学年教学计划的一部分。

如果学校要求有第五学年，这一年通常会集中于一个需要全年调查和开发的全面的专业项目。这有时被称为"论文项目"，虽然它与硕士学位课程所需递交的论文不同。第五学年也可让学生选修有助于其实现职业目标的其他选修课程。

许多学校要求实习经验。这对你来说是个重要的机会，可在室内设计公司工作几周，甚至一个学期。通过实习，你会发现如何将在课堂和工作室学到的知识与真实的工作联系起来。实习通常在第三或第四学年的课程结束后。什么时候是最佳时间？这根据每个学生在前三年的整体学习表现和学校的政策要求而有所不同。

教育家

Denise A.Guerin，博士，FIDEC，ASID，IIDC
明尼苏达大学，
圣保罗，明尼苏达州

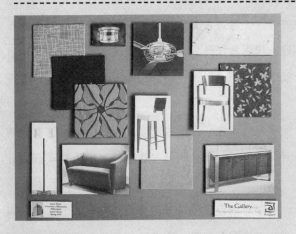

上一．项目样板。Jamie Smith 的作品
原明尼苏达大学设计、住房和服装系学生
圣保罗，明尼苏达州

上二．透视图。Jamie Smith 的作品
原明尼苏达大学设计、住房和服装系学生
圣保罗，明尼苏达州

你的设计专业的目标是什么？

➢讲授设计和人类行为之间的关系，以及怎样提供支持人类行为和需要的设计解决方案。

你会给那些想要成为室内设计师的人什么建议？

➢为项目的辛苦程度做好准备，它们会激励你超越你的知识。有些特别的领域（接待设施、健康中心、住宅、公司等）会使室内设计师变得黯淡。要了解它们，使你能对室内设计师的工作有良好的认识。在你下决心成为室内设计师之前做好这件事。

一名好学生有哪些特质？

➢设计的激情；良好的时间管理；对世界的好奇；以及批评性思维能力。

你怎样帮助学生进入工作市场？

➢我们帮助学生成为行业的领导者。我们通过把重点放在研究和理论上来做到这点。学生学习设计和人类行为的关系和怎样在这个框架内鉴别和解决问题。除了课程和实习，我们还用一个学期的论文项目作为学生生活和实际工作之间的桥梁。

一名设计师获得成功所需的最重要的技能是什么？

➢沟通的技巧：口头的、文字的、绘画和制图。

你为什么成为一名室内设计师？

➢与人们一起工作，改善他们的环境，以使其功能更佳。记得，那是 30 多年前的事了。

当今，室内设计师的考试认证和执照颁发有多重要？

> 我相信对于所有符合资格的室内设计从业者，成为 NCIDQ 的资格持有者就是必须的，如果其条例规定的话，还要注册、登记或认证。有合适的学历和经验的室内设计师都可以参加 NCIDQ 的考试，无论其所在区域是否有规定。这是提高行业水平的一条途径。如果室内设计师可以在他们的从业区域得到法律承认，他们就必须承担从业责任，以显示其能够保护公众的健康、安全和福利。

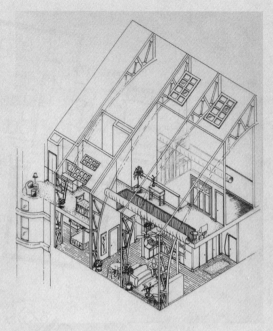

透视图。Jamie Smith 的作品
原明尼苏达大学设计、住房和服装系学生
圣保罗，明尼苏达州

教育家

Tom Witt
亚利桑那州立大学
坦佩，亚利桑那州

你的设计专业的目标是什么？

> 我们专业的目标是为这个行业培养言语上和分析上能够胜任的领导者。

你会给那些想要成为室内设计师的人什么建议？

> 尽你的能力利用大学的课程拓展你的学历——艺术、音乐、写作、化学、生物和哲学。

透视图。David Hobart 的作品
原亚利桑那州立大学设计学院学生
坦佩，亚利桑那州

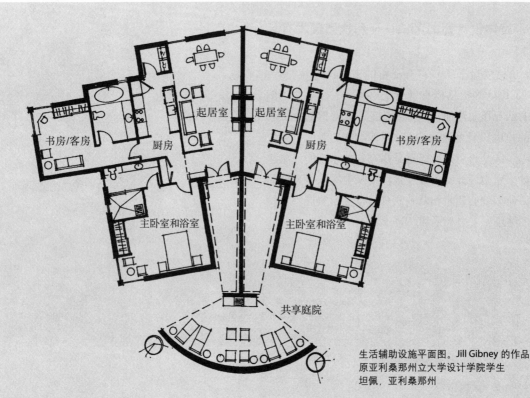

书房/客房   厨房   起居室   起居室   厨房   书房/客房

主卧室和浴室   主卧室和浴室

共享庭院

生活辅助设施平面图。*Jill Gibney* 的作品
原亚利桑那州立大学设计学院学生
坦佩，亚利桑那州

一名好学生有哪些特质？

❯ 自我激励和自我指导；对艺术和科学都感兴趣的富有创造性、批判性和分析能力的思想者。

你怎样帮助学生进入工作市场？

❯ 我们拥有既投入研究又从事实践的教师。项目都是这个领域的实际项目，专业的建筑师和室内设计师作为顾问加入进来，同时还有其他相关专业的从业者。学生必须在设计大师的直接指导下完成暑假实习。

一名设计师获得成功所需的最重要的技能是什么？

❯ 要获得成功，专业室内设计师需要成为一个具有批判性和分析能力的思想者。

你为什么成为一名室内设计师？

❯ 我喜欢建筑，并相信室内设计是建筑最亲密的形式。也就是说，具有改善人们生活的最大潜力。

当今，室内设计师的考试认证和执照颁发有多重要？

❯ 现在，注册看起来似乎不太重要。但是注册是这个专业发展的下一个步骤。随着越来越多的室内设计师做更复杂的项目，而且需要与建筑师和工程师共同工作，注册的重要性正在提高。越来越多的责任条例和这个工作对使用者的健康、安全和福利的隐形冲击将会要求注册制度。

实习的重要性

实习是学生可以在集中的时间在从业者的工作室或办公室工作的机会。通常，每个学生的指导者或另一个教师会根据学生输入的信息安排实习。大部分学校在安排学生实习的同时还会给他们提供宝贵的面试经验。

每一次实习体验都是不同的，并且，很多情况下，能够形成（至少是部分形成）学生对未来职业的兴趣。根据实际办公室的需要和学生的要求和兴趣，实习生可能会将时间花在：

协助设计师研究符合要求的产品。

准备草图。

画平面图或其他施工文件所需的图纸。

与客户和执业设计师会面。

参加会议或供应商的展示会。

不是每个学生都有机会实际参与项目的部分工作。有些可能为高级设计师提供坚强的支持，帮助编制产品规格说明，形成规格文件。还有一些公司给学生提供绘制图纸的机会——当然是在专业设计师的指导下。

通常，设计公司越大，实习就越复杂。学生可能会花一部分实习时间来做"简单工作"：如在设计书库填写目录和样本；浏览展室寻找合适的样本；绘制施工图所需要的详图。这些工作看起来也许很平凡，但它们是专业的一个部分。逐步地，学生可能会被允许参加与客户的面谈，绘制施工图中更重要的部分，而且会和公司里的高级设计师有更直接的互动。

对学生和负责指导实习的教师来说，在决定实习地点前，认真讨论和评估学生的能力和职业兴趣非常重要。尽管任何一次实习经历都是对学生实际专业工作很有价值的一课，但是一次能够更加符合学生的目标和现阶段技能的实习对他（她）的全面培养将是最有价值的。

两年制专科学位

不是每个人都愿意用四年或五年时间去学校获得一个室内设计学士学位的。也许你已经在另一个领域得到了学位，现在决定改变职业而进入室内设计行业。社区学院和一些职业学校提供的两年制学位被称作专科学位。根据室内设计课程的数量，室内设计专业的两年制专科学历会被工作室和那些雇佣销售助理和室内设计师的零售商店所接受。通常，一个两年制的学历，不带其他专业的学士学位，是不足以获得大型室内设计或多专业室内设计公司的雇佣的。当然，一些公司会雇佣一个有室内设计两年制专科学历并在设计或其他相关领域有多年全职工作经验的人。

现在，两年制专业要求至少有 40 个学期学分或 60 个季度学分的室内设计及其相关课程，以满足 NCIDQ 的考试资格要求。不是所有的两年制专业都提供这么多课程。要记住那些法律上要求室内设计师注册或者认证的州和省无一例外地要求通过 NCIDQ 的考试得到执照。然而，管辖机构可能要求四年制的学位才能获得法律注册，或者是获得 CIDA 认证的专业。目前已经获得 CIDA 认证的两年制专业似乎正在失去认可，除非它们在随后的认证审查时能满足 CIDA 的特定要求。因此，重要的是，核查你所在州或省的注册机构、学校或 NCIDQ，因为参加考试所要求的学历条件会变化的。

第一学年中，要求一些介绍性的室内设计课程，如基础设计、色彩理论、家具史，纺织品和制图。大部分两年制专业要求有一些通识教育课程，尤其是英语、数学、科学和其他通识教育课或选修课。然而，重点是为专业做准备。

第二学年的重点课程，如 CAD、空间规划、商

数据

根据 CIDA 的记录，大约有 115 个获得认证的室内设计本科专业和 15 个获得认证的非本科的预科专业。到 2003 年，协会将不再认证预科水平的专业。当那些专业需要重新得到认证时，它们将不得不寻求在课程的专业水平上获得认证。约 20000 名学生加入了这些被认证的专业。约有 500 名全职教师、350 名兼职教师和 800 名教辅人员来讲授这些课程。在许多学校，室内设计是一个快速成长的专业。无法精确估计在 CIDA 统计数据以外每年有多少学生加入这些专业；可能有几千人。许多学校提供了各种室内设计专业。这些专业从为打算在零售商店做销售人员的学生提供的几节课程，到可能培养学生在室内设计公司工作的两年制专科和本科专业。

业实践、住宅和商业室内设计工作室项目以及材料。鼓励或要求开设能使学生通过解决项目问题发展在空间规划和家具规格设计方面的能力的选修课程。当然，大部分专业还要求学生学习建筑和安全规范及机械系统。另外，大部分两年制专业要求学生完成一次实习。

已经完成室内设计两年制专科专业的学生可以转到四年制本科专业去。四年制专业可能要求两年制专业不包含的附加的通识教育或其他专业课程。通常还会要求转学制的学生提交一份作品集来证明其在室内设计课程中的技能掌握或整体表现。

近年来，许多两年制专科专业开发了被称为"2+2"的特制专业。这意味着，学生可以前两年在社区大学学习室内设计专业的课程，经批准后，再进入一所提供四年制室内设计专业的州立大学通过一个特制的专业完成后两年的学习。有时，后两年的课程也可在社区学院通过电视直播、互联网或者由来自大学的指导老师讲授并在社区学院开设的课程来提供。此选项为那些无法前往另一个可能远离家庭或工作的校区的学生提供了灵活性。

教学，一个职业的选择

LEYLAN SALZER，文学硕士
华盛顿州立大学
斯波坎，华盛顿州

你为什么成为一名室内设计师？

▶我一直在寻找一个我热爱的职业。室内设计给我带来了挑战和兴奋。每一个项目都是一个复杂的设计问题，需要研究、团队合作，及创造力。所有这些都让我喜欢，并给我带来动力。

你是如何选择获取你室内设计学历的学校的？

▶我获得了华盛顿州立大学的硕士学位。这是华盛顿州唯一能提供这种学位的学校，并且，其本科专业是获得认证，并拥有良好声誉的。

作为一名学生，你面临的最大挑战是什么？

▶我从商务转到室内设计。将我的思想过程从严格的分析转换到分析和概念是很困难的。一旦我做了转变，我认为，拥有两种技能具有很大的优势。

对你的教育经历，你最满意的部分是什么？最不满意的是什么？

▶找到了一个让我热爱的职业，是目前为止在我的教育经历中最让我满意的部分。我在工作室花了很长时间，至今仍想留在那里，因为创造有质量的作品让我感觉很棒。

你觉得，实习对学生的教育经历有多重要？

▶实习是关键。在学术和职业间存在着巨大差距，实习是填补这一空白的非常好的方式。在4年的学校教育中你可以不看一套施工文件。然而，这是工作的重要方面。施工文件的基本知识会让学生在寻找就业机会时更适销对路。

你未来5—10年的职业目标是什么？

> 最近，我的目标已经改变。我曾经走在成为项目经理的轨道上，现在我又回到了学术界，教授室内设计。如果我决定追求教学生涯，我未来5至10年的目标将是，获得副教授职位，并重点研究学生如何利用计算机技术来加强而非削弱创作过程。

你会给那些想要成为室内设计师的人什么建议？

> 要在这个行业取得成功，你必须热爱你的工作。这是一项艰巨的工作，需要充分的承诺。如果你对你的工作感受强烈，就很容易保持承诺。

哪些人或哪些经历对你的事业影响重大？

> 每个项目都在以不同的方式影响我，这就是该行业的伟大之处。每一个新的项目和我所工作的团队都会带来一系列新的需要解决的问题，这给我提供了无限的学习机会。

室内设计的研究生教育

室内设计的研究生教育对这个行业的许多人来说都很重要。大部分寻求研究生学历（硕士和博士）的人是因为对教学感兴趣。在大概50家提供室内设计研究生教育的研究所中，有8家提供博士课程。提供室内设计研究生教育的研究所名单可以从室内设计教育委员会（IDEC）的网站：www. idec.org 上得到。IDEC 的联系方式列于"室内设计资源"中（见第297页）。

研究生阶段的教育通常倾向于研究。重点是在一些如人类因素、装饰艺术历史及环境设计等课题领域完成论文或博士研究。大部分培养计划允许有个性化的设计，也许还包含实践领域，如设施规划和设计、照明设计、为特殊人群设计以及专业实践。

有些从业者想要在大型设计公司提升职位，并寻求商务管理或组织管理方面的硕士学位（而非室内设计的学位）。这些在商业管理、市场营销及组织行为学方面的、以商务为主并来自商务学院的学位，提供了更深层次的背景，大型设计公司常常发现这些学位对他们的高级设计和管理人员很有价值。

教育家

Robert J. Krikac，IDEC
华盛顿州立大学，
普尔曼，华盛顿州

你的设计实践或研究专长是什么？

➤认知与沟通，特别是，写意的素描。

你为什么会成为一名教育家？

➤从项目转向学术奖金——出版和创造性的努力。从这么多年的实践中，我发现执行项目涉及的事情（图纸、模型及与项目有关的文件），比传统的研究和写作更容易。我很幸运，有一个支持与承认创新奖学金的政府，以及在传统意义上是优秀学者的同事。

你会给那些想要成为室内设计师的人什么建议？

➤确信这个专业有某些激发你热情的东西。有时候，它是唯一能让你起床去办公室迎接新的一天的动力。

设计师获得成功所需的最重要的技能是什么？

➤弹性和坚持的组合。弹性，对于处理具有持续变化本质的设计项目是必须的；坚持，要完成一个项目就需要坚持。

你的设计专业的目标是什么？

➤我们专业的目标是培养具有批判性思维的毕业生，使其拥有识别和创造性解决设计问题所必备的技能。

一名好学生有哪些特质？

➤对于工作的激情，并能理解那些批评的评语只针对工作本身。理解教授只是一个指导者，而不是一个答案库，必须通过学生对于题目的调查和探索来获得答案。弹性和坚持。

你怎样帮助学生进入工作市场？

➤一般地，通过灌输给他们对于建设环境的激情和好奇。尤其是，一系列的跨学科的项目类型课程作业；理论、历史和实践的各个方面；体验式学习课程；旅行；以及从业者的互动。我们的教员有大量的实践经验和理论经验，并且能把课堂经验和实践联系起来。他们能向各个层次的学生演示专业人士是如何使用饰面材料的。

当今，室内设计师的考试认证和执照颁发有多重要？

➤如果室内设计师希望成为被人尊敬的专业人士，这两个步骤是至关重要的。

NCIDQ 考试

美国室内设计资格委员会（NCIDQ）是一个成立于 1974 年的私人的、非营利性组织。它的主要目的是发展和执行为专业的室内设计从业者提供证书的 NCIDQ 考试。NCIDQ 考试是最被州和省级监管机构认可的执业能力考试，在那里，从业管理和许可证作为专业能力的最小指标存在。ASID，IIDA，IDEC，和 IDC 专业协会也要求希望达到最高会员资格的会员通过这个考试。

通过利用一个被广泛接受的标准化考试，室内设计师更容易得到执照互认。这意味着，如果一个室内设计师在一个州获得授权（或注册或认证），他（或她）将极有可能在其他州从业，因为所有目前已经立法的管辖机构接受 NCIDQ 考试作为执照标准的一部分。然而，互认取决于各个州的规定，并不会自动授予。

为什么一个非常受尊重并被广泛接受的执业能力考试很重要？任何职业的标准之一是管理一项测试专业能力的考试。建筑师必须通过注册建筑师考试（ARE）才能成为注册建筑师；律师必须通过律师资格考试；医生必须通过医疗委员会的考试；会计师必须通过考试才能成为执业会计师。对室内设计师来说，通过 NCIDQ 考试类似于一个职业的里程碑。

虽然不断更新和管理考试是 NCIDQ 的主要任务，但它对室内设计行业还负有其他责任。通过研究和讨论，它还有助于确定公众的健康、安全和福利问题；帮助定义、研究和更新专业所需的知识体系；以及分析考生的表现。此外，NCIDQ 还负责记录维护证书持有者的信息，记录从业者的继续教育学分，以及与作者合作开发单一主题的专著。

现在的考试集中于两天，共有三个部分，包括多项选择题和实务。多项选择题部分测试考生有关设计过程各个方面的业务知识。实务部分要求考生做出一套设计方案，并画出平面图等其他常见的设计图或文件。

要参加考试，考生必须有六年的教育和工作经历，包括至少两年的室内设计学习。从 2009 年 1 月 1 日起，要求考生必须有三年的室内设计教育和三年实质上的工作经历——"实质上"是因为现在的工作经历要求已被描述成"×× 小时的工作经历"，而不是连续多年的全职工作经历。这样做是为了适应学生在毕业后不断变化的上学和工作方式。从 2008 年 1 月 1 日开始累积考试资格所需工作经历小时数的考生，须在 NCIDQ 证书持有者、持牌或注册的室内设计师或提供室内设计服务的建筑师的指导下完成这些工作经历。当然，要求可以改变，你应该将你对你的资质的特别问题向 NCIDQ 提出。

帮助考生准备考试的课程和材料都可以获得。可以从 NCIDQ 获得包括实务部分在内的学习指导。ASID 还为考生提供一个名为"专业人员自测练习"（STEP）的课程。这是一个集中在周末开课的学习课程——面向任何协会或联盟的考生——内容涵盖考试中的实务和多项选择部分。一些社区学院也提供学习工作室。

不论专业室内设计师是希望在有注册制度的州或省工作，还是希望加盟一个专业协会，完成 NCIDQ 考试应该是他们所有人的目标。考试是对能力的衡量，同时关系到你的设计教育，并向潜在的客户表明你是一个专业人士。

NCIDQ室内设计体验课程（IDEP）

由 NCIDQ 几年前开发的一项课程叫"室内设计体验课程（IDEP）"。它是一项控制计划，致力于确保入门级设计师掌握经过验证的广泛经验。不是所有的入门级设计师都能在他们工作的第一、二年获得广泛的经验，因为工作分配是根据设计公司的需求做出的。当研究生和设计公司同意加入 IDEP 计划时，入门级设计师可以获得商定的丰富经验，这有助于其准备 NCIDQ 考试。当然，它不是取得考试资格所必需的。

根据 NCIDQ 所述，"IDEP……认识到课堂和工作场所之间的差异，为正规教育和专业实践之间的必要过渡提供了一种结构。"[2] 当然，学员与他们的上司或老板一起在工作场所工作。培训期间，他们还得找一个专业设计师做导师。该导师不能是学员的老板，甚至也不是其工作场所的人。导师可在中立的信任气氛中提供有价值的职业咨询。

参与 IDEP 课程有几个要求。重要的是，你要审查这些要求，并在毕业前与你的大学导师和任何潜在的雇主讨论该课程。有关该课程的信息可从 NCIDQ 的网站 www.ncidq.org 上获取。

继续教育

　　与任何专业一样，室内设计师必须与其工作的设计领域的最新的技术、商业、法规和信息保持同步。做到这一点的方法之一是通过参加继续教育单元（CEU）的讲座和工作室。一些管辖机构要求从业者有一定数量的继续教育单元，才能更新他们的执照或认证。ASID 和 IIDA 也都要求从业者有 CEU 学分才能继续保留在组织中的资格。

　　CEU 研讨会及工作坊根据主题和大纲的不同，长短不一（见下页"继续教育单元"）。研讨会可以短至1 小时，参加者可获 0.10 CEU 学分。例如，室内设计师可以参加 1 小时的关于市场方面的讲座。另一个关于更广泛市场主题的工作室可能会持续 3 小时，可得 0.30 CEU 学分。一个为期一天的有关马克笔渲染法的研讨会可以得到 0.60 到 0.80 CEU 学分。

　　个人可以通过几种方式参加继续教育研讨会和工作坊。专业协会在全国会议上提供各种课程。地方分会面向本地会员安排研讨会。主要交易市场，如 NeoCon 会议，以及 6 月在芝加哥和 10 月在巴尔的摩的贸易展，提供了大量的继续教育研讨会。函授课程使不能够旅行的室内设计师能在方便的时候学习。从业者也可通过私人研讨会提供的网站获取课程。

　　这些研讨会由室内设计师、建筑师、教育家和协会成员授课。课程是由独立机构——室内设计继续教育协会（更多信息见对面页）来审查。

　　根据完成讲座的情况，设计师需要填写递交给 NCIDQ 的表格。登记所完成的课程对于那些在每年都要求有一定的 CEU 学分以保留法律注册的辖区工作的设计师特别重要。一些雇主要求雇员登记所完成的课程来得到补偿基金。

私人住宅：客厅
Charles Gandy，FASID，FIIDA，
Charles Gandy 公司，
亚特兰大，佐治亚州
摄影：ROGER WADE

设计师可以通过参加学院级别的课程来提高技能或增加新的知识领域。例如，不寻常的是，从业者参加学院级别的商业课程以获得硕士学位或者简单地增加他们在商业领域的知识。然而，学院级别的课程可能不能取得 CEU 学分。

继续教育单元（CEU）

讲座被室内设计继续教育协会（IDCEC）接受。该协会的核心成员是：

美国室内设计协会
加拿大室内设计师协会
室内设计教育家协会
国际室内设计协会

组织的代表审查被提议的研讨会，以确保它们满足室内设计专业的标准和需求。这样一来，由经验丰富的讲授者授课的各种技能和知识水平的研讨会和讲习班，是获得 IDCEC 批准的唯一课程。由于每个成员组织可能有自己的研讨会批准名单，所以有大量的研讨会被批准。然而，不论提供课程的 IDCEC 组织是哪家，室内设计师都可以获得研讨会的学分。研讨会的重点在于广泛的室内设计实践领域的知识、技术和能力。

在以下领域的特别课程也被接受：

- 理论和创造性
- 室内设计（如设计过程、通用性设计和空间规划）
- 室内设计教育
- 设计方向
- 技术知识（如照明、声学和织物）

- 规范和标准
- 沟通体系
- 商业和专业实践
- 伦理
- 历史和文化

教育家

Dennis Mcnabb，ASID，IDEC
休斯敦社区学院／中心学院
休斯敦，得克萨斯州

一名设计师获得成功所需的最重要的技能是什么？

❯沟通。

你会给那些想要成为室内设计师的人什么建议？

❯做关于该专业各个方面的家庭作业。

你的设计专业的目标是什么？

❯训练学生在尽可能短的时间内被雇佣。

一名好学生有哪些特质？

❯有组织性，精力集中，意志坚强。

你怎样帮助学生进入工作市场？

❯给他们提供在这个专业得到工作所需的技能。

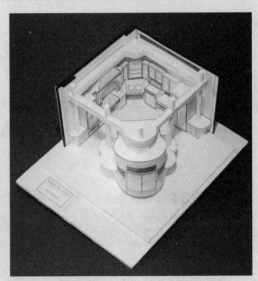

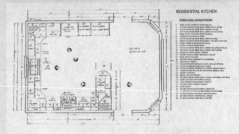

上，无障碍厨房模型
Bev Newman 作品，ASID 联席会员，原休斯敦中央社区学院学生
休斯敦，得克萨斯州

中，平面图
Bev Newman 作品，ASID 联席会员，原休斯敦中央社区学院学生
休斯敦，得克萨斯州

下，样本版
Bev Newman 作品，ASID 联席会员，原休斯敦中央社区学院学生
休斯敦，得克萨斯州

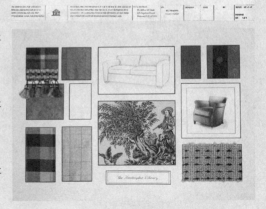

当今,室内设计师的考试认证和执照颁发有多重要?

> 我对于这个问题的感觉很复杂,但不得不说,从室内设计的很多方面来说,它对这个行业的未来至关重要。

你为什么成为一名室内设计师?

> 我总是想要去创造。我很早就发现了我的天赋,它引导我走向室内设计。我总是很有激情地去创造能使人们感到舒适和喜欢的空间的环境。

教育家

Sue Kirkman, ASID, IIDA, IDEC
哈林顿室内设计学院
芝加哥,伊利诺伊州

你会给那些想要成为室内设计师的人什么建议?

> 找一所很好的学校,它以行业需求为基础打造专业化的课程体系,其师资由具有学术证书的专业人士组成。

一名设计师获得成功所需的最重要的技能是什么?

> 关注和理解人类的行为和人们的所需所想。设计师需要仔细聆听,了解客户的真正需要和关注点,然后解决问题。

你的设计专业的目标是什么?

> 用系统的知识和经验来教育学生,使他们为高于设计行业的入门级职位做好准备。

一名好学生有哪些特质?

> 专注和良好的课程预习。注意所有事情的细节。很强的时间管理能力及团队和个人能力。

当今,室内设计师的考试认证和执照颁发有多重要?

> 由于我们处理健康和安全事宜,并且这些事宜影响人类的状况——我们如何移动、感觉、理解和发挥作用等等——重要的是,室内设计师具有做这些决策所必需的教育、经验和训练。

实验设计:钢制桌
Pawel Witkowski 作品
哈林顿室内设计学院学生
芝加哥,伊利诺伊州

实验设计：带桌双人躺椅
Natalie Schebil 作品
哈林顿室内设计学院学生
芝加哥，伊利诺伊州

你怎样帮助学生进入工作市场？

❯所有学生都要求参加至少 300 小时的被批准的、与一个实习课程相配套的实习，该实习课程包括工作的各个方面，如目标设定，为 NCIDQ 作准备，专业组织，就业问题（性骚扰、面试、简历和与客户合作）。学生还应学习一个关于作品集的课程，该课程可以帮助他们确定和精简他们的作品，并利用技术来定制它。

你为什么成为一名室内设计师？

❯以独特的方法运用我的创造性来应对室内空间问题；为客户解决问题来改善他们对室内空间的使用；满足对空间使用方式的好奇心。

教育家

STEPHANIE A. CLEMONS，博士，FASID，FIDEC
科罗拉多州立大学
科林斯堡，科罗拉多州

- -

作为一名室内设计师和教师，你面临的最大挑战是什么？

❯我非常非常热爱教书。我的学生绝对精彩，并令人惊讶地关心个人，他们努力工作并设计实现空间。在设计时，他们真正关心人类、这个地球以及未来的几代人。我最大的挑战是在大学的政治环境中工作。有创意的设计师在一个等级分明、结构性强的环境中定位自己有点困难。对这一事实，我总是暗自发笑。

你为什么会成为一名教育家？

❯我认为，同目前 99% 的设计教育家一样，我是通过后门进入职业生涯的。我曾经实践过设计（并非常喜欢它），还通过了 NCIDQ，当时，附近的大学邀请我去上设计课。我喜欢用我的创造力去塑造，更好地为学生提供信息。每个学生都有一个不同的三维故事。我发现我喜欢尽可能多地提出教学建议。我还发现，教学生对我来说是真正的"高"。当我们在教室里接触，共同享受学习的过程及讨论的话题，对我来说，这几个小时很难"倒下来"。我的学生是梦幻般的，他们的热情是会传染的。

你的设计实践或研究专长是什么？

❯我的研究专长是将室内设计的内容注入 K-12 年级。

一名好学生有哪些特质？

▶工作勤奋，关心细节，良好的沟通，有创意，正直的人，有道德，三维想象能力，团队合作，喜欢人类。

你怎样帮助学生进入工作市场？

▶我们为学生提供最好的教育，以及我们能够提供的资源，分享行业的价值观，与我国顶尖的网络化设计专业人士联系，鼓励他们承担风险，走向生活，而不是等待它的来临。

室内设计师获得成功所需的最重要的技能是什么？

▶由于他们能够设计，清晰的沟通技巧是必不可少的。图形、交谈和书面沟通技巧至关重要。

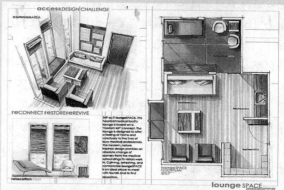

上，三维电脑绘图
Joshua Brewinski 作品，科罗拉多州立大学设计和营销系学生
科林斯堡，科罗拉多州

中，项目图纸
Jessica Sommer 作品，科罗拉多州立大学设计和营销系学生
科林斯堡，科罗拉多州

下，CAD 效果图
Sarah Fogarty 作品，科罗拉多州立大学设计和营销系学生
科林斯堡，科罗拉多州

商业，接待设施：食物和饮料

Corky Binggeli，ASID
室内设计经理
Corky Binggeli 室内设计公司
阿灵顿，马萨诸塞州

作为一名室内设计师，你面临的最大挑战是什么？

> 由于我有我自己的，一个人的公司，而且在家里的办公室工作，所以我无法交流信息、反馈设计问题，也得不到大公司所能提供的支持。在波士顿建筑中心（BAC）工作后，我建立了一个设计师朋友的小圈子，大家聚在一起交流工作信息，谈论我们的工作。我仍然与他们保持联系。我也从我的 ASID 会员中得到了利益，它给了我设计关系的广阔的网络。我还与另一位设计师克里斯汀·奥里沃（ASID 会员）发展了亲密的关系；我们共享资源，有时一起做项目，有时互相推荐客户，在假期时互相替班，一直享受我们的友谊和精神支持。

是什么带你进入你的设计领域？

> 当我在波士顿建筑中心的时候，我开始对餐厅设计感兴趣。在离开后不久，我见到一位刚刚开张一家餐厅并想找一位学生设计师来得到免费设计的人。我得到了那个工作，但也坚持要了一定的费用。在马萨诸塞州沃尔瑟姆市的 Iguana Cantinain 项目做得很成功，还获得了一定的名气。这主要是由于我和我的三个朋友一起做的 28 英尺长的机器蜥蜴。这给我带来其他同类型的项目和其他客户，我走上了自己的道路。

在你的职位上，你的首要责任和职责是什么？

> 我喜欢做每一样事情，从市场营销到设计、施工图、记账和归档。我的丈夫基斯·柯克帕特里克帮我做一些兼职，安排一些当地的艺术家在我客户的餐厅展示他们的作品。我每学 期在文特沃思技术学院或者芒特艾达学院教一门课。我还写了一本书《室内设计师的建造体系》由 JohnWiley&Sons 出版社出版。

工作中令你最满意的部分是什么？

> 我喜欢项目的类型以及与我一起工作的客户。他们大部分是创业的餐厅、发廊和健身中心的业主或经营者，还有酒店人员。我和决策者的关系倾向于一对一的关系。我的大部分客户都是努力工作、喜欢他人的精力旺盛的人。项目都富有创造性、高能见度，并可快速完成。虽然我喜欢与大家一起工作，但是我也需要独自的静处时间。与客户的接触和我的设计办公室的隔绝之间的平衡刚刚好。我在休息时可以和我的猫一起玩。

零售：Linear Aveda 沙龙与水疗，波士顿，马萨诸塞州
Corky Binggeli，ASID，Corky Binggeli 室内设计公司，阿林顿，马萨诸塞州
摄影：Gregg Shupe

工作中令你最不满意的部分是什么？

> 最不满意的部分是有时工作太多，有时又不够多，还有些客户迟迟不付钱。不停地向别人要钱一点也不好玩。

在你的专业领域，设计师最重要的品质或技能是什么？

> 聆听客户口头或非口头的叙述他们的优先权和所关心的事。虽然我喜欢跟从我自己的创作思路，但我会试着将我自己抽离出来，真正发现客户想要的效果。我不会总是按照客户所希望的方向——他们付钱请我，是为了我的专业和经验——但我会密切关注他们的概念和业务重点，并在那一点上诠释我的工作。他们的商业成功是我将来工作的基础，因此我尊重他们的观点和预算。

哪些人或哪些经历对你的事业影响重大？

> 我认识很多有自己公司的建筑师和设计师，发现他们花大部分的时间来得到新工作、联系客户、管理雇员和他们的办公室，而真正的设计工作却假以他人。意识到我要开始自己的事业后，我决定要组织我的公司结构，以便我能做自己的设计工作。我有雇员来做其他类型的工作。我知道我不喜欢招聘、管理和开除员工。如果为大公司工作，我可能得到更多的钱；如果加入较大的团队，我可能承担较大的项目，但是我更喜欢弹性和独立的方式来达到我可以做任何事情的目的。

上，零售：Linear Aveda 沙龙与水疗，波士顿，马萨诸塞州
Corky Binggeli, ASID, Corky Binggeli 室内设计公司，阿林顿，马萨诸塞州
摄影：Gregg Shupe

下，招待空间：Appetito 餐厅，波士顿，马萨诸塞州
Corky Binggeli, ASID, Corky Binggeli 室内设计公司，阿林顿，马萨诸塞州
摄影：Douglas Stefanov

室内设计教育对当今的行业有多重要?

➤对于商业或住宅设计师来说,一个本科学位是当今市场所必需的。根据技术、全球竞争及国际市场情况,一所被认证的学校所提供的技能是强制性的。我们的发展速度比我们的想象要快得多,设计师必须跟上技术的变化,不断了解最新的研究成果和建筑规范的问题。

Mary Knopf, ASID, IIDA, LEED-AP

➤非常,非常,非常重要和正确的教育。确保它是CIDA认可的,并能让你得到在合同设计、建筑和生命安全规范、最新技术方面的综合知识,以及批判性思维的坚实基础。

Rabin Wagne, ASID, IDEC

➤室内设计师的教育在当今非常必要。没有一位室内设计师能被我的公司聘请做任何职位,如果他们没有或不再攻读这一领域的学位的话。我个人有该领域的理学学士学位,获得NCIDQ认证,并在住宅和商业领域拥有承包商执照,每年,我还会选修继续教育课程。

Debra Himes, ASID, IIDA

➤室内设计教育非常重要。你需要在学院里学会所有的基础。

Rita Carson Guest, FASID

➤没有我的室内设计学历我不会成为一个建筑公司的合伙人。设计是复杂的,它需要批判性思维和分析能力。

Sandra Evans, ASID

➤这绝对是至关重要的,你必须用任何可能的办法得到它。我是正规的室内设计教育坚定的信徒。但是,在打下基础后(再有一些经验和NCIDQ证书),你需要跟随一位好导师来工作。经验,加经验。实践,再实践。

Bruce Brigham, FASID, ISP, IES

➤设计师处理的问题,以及理解它们所需的知识基础都在增加。我们工作的事项的复杂程度也在增加;因此,教育基础非常重要,这样你才能旗开得胜。教育还给了你时间去确定工作的形式和实现创造过程的方法。

对于所有设计师来说继续教育的重要性怎么说都不过分。我们的知识基础正在以一个日益增加的速度被淘汰。它必须持续发展。

Sari Graven, ASID

➤教育是非常重要的!且继续教育是必须的,这样才能确保专业人士为客户提供最新的信息。我不能想象没有专业室内设计师的建筑行业。

Jennifer van der Put, BID, IDC, ARIDO, IFMA

➤准备好专业,以满足市场的需求,教育是关键。室内设计界必须接受研究和教育的重要性,以确保其在行业中的地位。

Linda Sorrento, ASID, IIDA, LEED-AP

由于这个专业，尤其是我的专长——医疗领域，要求大量的技术知识，以及非凡的沟通和 CAD 技能，所以教育比以往变得更重要。

Jain Malkin，CID

作为一名教育家，我的观点倾向于一个 CIDA 认可的室内设计专业的学历。它可以引导入门级室内设计师走向成功。

Stephanie Clemons，博士，ASID，IDEC

极其重要。培训人是非常密集的劳动，且代价昂贵。如果一家设计公司选择申请职位的人，他们会选择具有最佳的技能和规范与材料知识的人才。良好的教育可以节省培训时间，并使人更直接进行生产。知识基础越好，给年轻的设计师带来的优势越大。

Sally Howard D´Angelo，ASID，AIA 联席会员

教育是我们行业的脊梁。

Robert Wright，FASID

至关重要。我们必须支持被认证的设计专业，并带领有兴趣的人选择 CIDA 学校。装潢师、规格设计师和潜在的"设计师"削弱了设计界，并降低室内设计领域。我们只聘请接受了符合 CIDA 标准的全面教育的设计人员。这不应该有其他任何方式。离开那儿，并获得一个被认证的室内设计专业的学历。它给我的生活带来了不同的世界。

Annette Stelmack，ASID 联席会员

不幸的是，不足够重要——当我们用空间规划代替设计的时候它失去了它的作用。

Neil Frankel，FIIDA，FAIA

对当今的行业，室内设计教育至关重要。我相信，系统的教育对于推进个人目标的实现，以及提高你的信用度至关重要。

Linda Santellanes，ASID

我不能强调优质的教育对行业未来的重要性。

David Hansan，RID，IDC，IIDA

餐厅：宴会厅。William Peace，ASID
Peace 设计公司。亚特兰大，佐治亚州
摄影：CHRIS A. LITTLE

❱教育给我们提供了知识，还有希望帮助我们开发智慧。教育给了我们变得弹性的工具——使我们适应性更强——能够适应新挑战和利用新机遇。这就是当今行业的生存之道。

M.Joy Meeuwig，IIDA

❱变化的技术和今天快节奏的商业环境都决定了教育的重要性，以便为客户提供最好的产品、技术和原则。

Beth Kuzbek，ASID，IIDA，CMG

❱随着现在对专业执照的关注越来越多，教育更加重要。但是教育的质量也同样重要。"专业人士"是一个称谓。专业人士和装潢师所具有知识和经验是不同的。装潢师主要关注利用色彩、纹理和饰面来改善环境的美观。专业的室内设计师也做这些，但更加关注场所的功能、安全和效率。专业人士影响人们的工作方式。

Leonard Alvarado

❱获取基本知识技能的能力为建立一个完整的职业生涯奠定了基础。认证的室内设计专业的正规教育是获得这一基础的唯一途径。没有它，我不相信你能成为一个称职的、合格的室内设计师，无论你的专长是什么，也无论你是否有天才。

David Stone，IIDA，LEED-AP

❱教育是最重要的——并能使人应用所学过的技能。那些通过经验学习的人可能可以学好一种工作，但是不能成为富有创新问题的解决者。他们只能学习成为解决方法的应用者——重复来自经验的反馈。

Linda Isley，IIDA

❱是必要的——给那些只挂着他们的招牌的非专业人士留下的时间不多了。公众越来越意识到，真正的设计师应该有一个设计教育。

Linda Kress，ASID

❱极其重要。我告诉所有的学生，他们至少要获得一个 FIDER 认证学校的室内设计学士学位。一个专科学位将不再适用。（我在开始我现在的教育工作之前就对学生说了这些。）

Lisa Whited，IIDA，ASID，IDEC，迈阿密 CID

❱室内设计教育对我们的行业和职业来说非常重要。该专业需要更多、更好的有准备的入门级专业人士，期望有重要的实习、出国旅游形成的世界观、通识教育研究奠定的坚实基础，以及设计理论和原则的知识和应用。

Beth Harmon-Vaughn，FIIDA，AIA 联席会员，LEED-AP

❱非常重要；它是设计的将来。所有的设计学科的合作开始于设计教育的早期，它将提高我们在公众中的形象。

William Peace，ASID

❱我相信它是非常重要的。在现在的经济状况下工作机会更少了，因此要找工作的人之间的竞争更激烈了。一个扎实坚固的教育是必须的，尤其是在设计和技术技能方面。

Susan B. Higbee

❱知识的体系正在迅速成长，我认为由没有学历的人提供的设计服务很快将变得没有价值。

Suzan Globus，ASID

❯室内环境不仅仅提供遮挡。设计既能提高生活质量，又具有治疗的作用。作为设计师，我们可以通过设计把压力和烦恼从人们的生活中消除。美感总是很重要的，设计教育提升了我们创造宁静、有效的空间的能力，同时参与我们今天所面对的哲学和环境安全的问题。

Sally Thompson，ASID，AIA 联席会员

❯我相信至少需要四年，当然伴随着我们的职业还要进行继续教育。

Janice Carleen Linster，ASID，IIDA，CID

❯教育对职业的生存是必要的。作为专业人士，我们的责任是保护公众的健康、福利和安全。理解这些，从教育开始。我也是一名在大学教授室内设计的兼职讲师。我觉得教育对我们的行业是多么重要啊。

Kristin King，ASID

❯通过系统的室内设计教育所获得的知识非常宝贵，它是任何职业的基础。但是，由于室内设计行业的不断发展和扩大，室内设计从业者的教育不能停留在毕业。随着资源、进程和规范要求在不断变化，室内设计师必须承诺终身学习。

Lindo Elliott Smith，FASID

❯教育是最重要的。竞争很激烈，准备得更好的人，将成为更成功的那一个。教育是抽奖中的另一张彩票。你的彩票越多，中奖的机会就越多。

Charles Gandy，FASID，FIIDA

❯室内设计教育非常重要。这个复杂的行业有许多

方面远远超出了美学。法规、材料、工作流程体系、成本控制，以及实现设计的实际过程使过程的复杂程度远远超过了以往任何时候。因此，一个好的设计教育是如今的室内设计师获得成功的重要基础。

M. Arthur Gensler Jr.，FAIA，FIIDA，RIBA

❯影响是巨大的。如果我们想成为专业人士，我们必须有一个一致的、高质量的教学计划，并跟随今天越来越快的进步速度不断变化和发展。

Donna Vining，FASID，IIDA，RID，CAPS

❯教育设计师是我们行业未来一代设计师发展的关键。我们最终会在很多州获得许可，并开始真正的专业道路。但是，我们必须永远对没有受过教育的设计师设计项目（尤其是商业项目）的能力关上门。公众的健康、福利和安全每天都在我们做出的决定中受到威胁，没有受过教育的设计师使我们专业的信誉受到损害。

Juliano Catlin，FASID

❯我认为这是非常重要的。教育为你的事业打下基础，并添砖加瓦。

Lourie Smith，ASID

❯重要极了！如前所述，室内设计行业正在不断推行执照认证，这将在未来的岁月里成为设计师资格的约束条件。如果没有适当的教育，年轻的专业人士难以在该领域起步，也越来越难获得 NCIDQ 认证。

Shannon Ferguson，IIDA

❯重要。但专业协会应在他们之间建立更紧密的

联系。

Michael Thomas，ASID

❯教育和尊重专业人士非常重要。已经有太多自称设计师的人做出了可怕的决定和利用他人的经济。他们真的影响了行业的形象。

Lisa Slayman，ASID，IIDA

❯我们需要通过证明室内设计师"意味着商务"，以及拥有能帮助我们得到尊重的学历，来提高我们的信誉。

Lindo Isley，IIDA，CID

❯这是为我们专业设置高标准的关键。通过NCIDQ考试是必须的。

Patricia Rowen，ASID，CAPS

❯非常重要。我也觉得实习课程非常有用。在学校时，我甚至主动请缨去清理一家建筑公司的办公室。

Jo Rabaut，ASID，IIDA

❯这是必要的。这就是为什么CEUs（继续教育学分）对继续你的教育有多重要。这个领域不断变化，你需要保持同步。我还去家居市场及K / BIS（厨房 / 浴室设备展览会）定期查看产品流行趋势。

Susan Norman，IIDA

❯室内设计教育虽然对行业和市场需求有点敏感，但是非常重要的。室内设计教育在业界的影响短期内并不明显，但长期来说，教育经过实践，影响是巨大的。

James Postell，辛辛那提大学副教授

❯我无法说尽，教育是最重要的。一所在专业中融入建筑，甚至工业设计，并伴随合作经验的学校可以为学生的未来奠定坚实的基础。

Colleen McCafferty，IFMA，USGBC，LEED-CI

❯我相信它为新的设计师创建了一个强大背景。我可能不会考虑没有室内设计或建筑学历的新候选人。

Jane Coit，IIDA 联席会员

❯至关重要。随着技术数据的扩展，客户对专业知识的需求也随之扩展。

Marilyn Farrow，FIIDA

❯室内设计教育在过去十年发生了变化，但变化的速度不够快。在现实世界中，有很多观点和个性冲突。设计专业的学生要学会欣赏别人的观点，能够按照计划，带领团队，解决纠纷，或说服团队采纳你的意见。这些技能很难在大学讲授与学习。虽然将设计教育的各个方面纳入四年的设计教育越来越具挑战性，大多数专业严重缺乏商务方面的技能和课程。我说这话是在完成商务和设计两个学位时。下列技能跨越两个学位，但我相信它们证明了在设计界需要商业技能：

设计和创意：构思、解决问题和市场营销。

一般业务：评估产品和材料，进行比较，执行清单和检查，解决道德困境，以及获取计算机技能，如Microsoft Excel，PowerPoint 和数据库管理系统。

会计核算：费用跟踪、记录保存、招投标、预算和

成本估算。

　　与公众互动：沟通、展示、营销和品牌。

　　管理：协调项目，监督员工，了解资产和负债，做出深思熟虑的决策，节省企业（客户）的资金。

Laura Busse，IIDA，KYCID

　　❯设计师每天作出决定，如果不了解情况，可能危及公众安全。这使得正式的专科以上学历非常关键，并且，设计师永久地承诺整个职业生涯继续学习至关重要。

Lindsay Sholdar，ASID

　　❯行业比以往任何时候都需要训练有素的室内设计师。我的背景是一个受过教育的专业设计师，这是我在Knoll 工作的关键。

Lisa Henry，ASID

　　❯关键的原因有两个：为了获得室内设计师执照，我们需要分析目前的室内设计教育的课程和不足。

Nila eiserowitz，FASID，AIA 联席会员

　　❯在我看来，教育比以往任何时候都重要。随着专

业化的推进，设计师们必须成为这方面真正的"专家"。因此，很多领域在项目中互相作用，产品以疯狂的步伐不断变化，并且，公众的认知提高了他们的预期水平。教育还为道德和业务实践设置了标准。如果公众觉得委屈，他们也不怕打官司。

Sharmin Pool-Bak，ASID，CAPS，LEED-AP

　　❯伴随当今设计行业的竞争，教育是设计师无法放弃的宝贵资产。今天，信息灵通的客户有很高的期望，常常要求设计师具备特定的证书。这些证书只能通过提供设计证书或学位的学习机构来获得。

Teresa Ridlon，ASID 联席会员

　　❯教育是必要的。我们期待毕业于 CIDA 认证专业或类似专业的设计师，我们偏爱有一个不低于四年制的室内设计专业学位的室内设计师。当在美国某些州申请执照时，室内设计师需要提供能证明其完成被认可的大学的学位课程的文件。我们期待设计师具备参加 NCIDQ 考试的资格并获得明尼苏达州的执照——或者，已具备这两个条件。此外，我们期待已通过 LEED 考试的室内设计师。

Rochelle Schoessler Lynn，CID，ASID，LEED-AP，AIA 联席会员

注释

1. Council for Interior Design Accreditation. 2006. "Professional Standards." http://www.accredit-id.org/profstandards.html.
2. National Council for Interior Design Qualification. 2008. "What is IDEP?" http://www.ncidq.org/idep/idepintro.htm.

第 3 章 工作机会

　　室内设计师在各式各样的环境中工作。有些人在小公司里仅和几个人共事。很多设计师发现在大型室内设计公司工作有很多优势。你甚至愿意作为销售助理或设计师加入零售店铺。尽管不可能确切知道，但有一大部分室内设计师为自己工作。室内设计职业的精彩之处在于它提供了适合各种兴趣和能力的选择。

　　你选择的工作环境应适合你的兴趣和个性。很多室内设计师从小公司起步，在那里他们有机会学习项目管理和经营管理。也有人更愿意在大公司工作，他们知道，他们可能只是大海里的小鱼，但能获得非常宝贵的经验。你可能痛恨销售，却喜欢设计。在这种情况下，小工作室也许并不是明智的选择，因为它们的主要收入来源在于产品的销售。

　　如果室内设计是你的第二职业，一旦你为其他人工作一段时间从而获得一些实际工作的经验后，你也许更乐意自己独立工作。然而，获取作为独立从业者的工作机会应谨慎一点。由于室内设计行业的复杂性，在获得经验之前就开始独立从业是不明智的。为他人工作一段时间有助于你学习该行业的经营知识，同时获得设计及与客户打交道的经验。有关经营和管理项目的其他信息将在随后的章节中讨论。

　　本章介绍的各种方式并不是室内设计师可以想到的全部工作环境。这些是最常见的类型，以及大多数入门级室内设计师寻找其第一份工作时的场所。考察这些选择，以及在第 4 章所讨论的专业领域，当你开始你的室内设计职业生涯时，你可以找到最适合你目标的综合环境。

室内设计和经济

　　室内设计对经济的影响重大，并出现了大幅增长。《室内设计》（Interior Design）杂志调查了每年前100家最大的室内设计公司。本研究报告开始于1978年，并在1月发行的杂志中报道。调查结果显示了很多有关这些巨头的信息，以及室内设计和这些大型设计公司的工作和对经济的影响。2008年的一篇文章对1978年第一份报告的信息与目前的信息进行了比较。例如，1978年的商品和服务的中间值为1000万美元，而2008年的价值是2.89亿美元。[1] 目前，前100家公司的专业服务费总额已超过24亿美元，有近11000名设计人员。[2] 与2003年1月发布的信息相比，该100家巨头企业的专业服务费总额接近14亿美元。[3]

　　除了那些在大型设计公司工作的室内设计师，还有很多人在不超过5名员工的小公司上班，或者独立从业。还有很多室内设计师在与建造行业的相关领域工作，如在特殊产品零售业（如家具和灯具商店）从事销售。鉴于该领域有那么多从业途径，因此，通过隶属于被公认的协会的室内设计从业人员数量来估计他们的人数会更容易些。然而，因为很多专业人士并不参加这些组织，所以这个数据并不准确。

　　根据美国劳工部（www.bls.gov）的人事统计，到2005年末，"室内设计师"这个职业名称代表了超过50000份的工作，远远超过2001年的30000份工作。[4] ASID报告称，在美国大约有55000名室内设计师从业。[5] 据美国劳动统计局2005年统计，室内设计师的平均年收入为47000美元。其中10%收入低于23800美元，10%收入高于75800美元。[6]《室内设计》杂志2008年1月刊发的"室内设计100强"中提到的数据更高些。负责人和合伙人的平均年收入为142000美元，设计师为65000美元，其他设计人员为48000美元。[7]

注释

1. Judith Davidson. 2008. "30 Years—Interior Design Giants." *Interior Design*, January, 118.

2. Davidson, 2008. "30 Years—Interior Design Giants," 118–162.

3. Judith Davidson. 2003. "Interior Design Giants." *Interior Design*, January, 139–158.

4. U.S. Department of Labor, Bureau of Labor Statistics. 2007, May. Occupational Employment Statistics: Occupation Identification number 27-1025. www.bls.gov.

5. American Society of Interior Designers (ASID). 1998. ASID Fact Sheet: Economic Impact of the Interior Design Profession. Washington, D.C.

6. U.S. Department of Labor, Bureau of Labor Statistics, 2007, May. Occupational Employment Statistics: Occupation Identification number 27-1025.

7. Davidson, 2008. "30 Years—Interior Design Giants," 162.

轻型商业和住宅

Sally Howard D'Angelo，ASID，AIA 联席会员
S.H. 设计公司总裁
温德姆，新罕布什尔州

作为一名室内设计师，你面临的最大挑战是什么？

▶这是一个开放的行业，有很多选择不同专业领域的可能性，所有这些都需要花几年时间来学习。我面临的最大挑战是选择自己的专业设计领域。对尝试不同领域内新的富有挑战的项目的渴望驱使我不断发展自己。这使我保持创造源泉，但同时也导致项目缺乏系统性和赢利空间。设计师需要采纳更实际的方式，在一个专业化的领域内发展专长，提高效率。拥有自己的公司使我能兼顾不同的方向。我尝试兼顾这两个方面。

是什么带你进入你的设计领域？

▶我热衷于处理问题，设计方案，并实施设计。我之所以自己创业，是因为我希望能全程跟踪项目，从合同到最终付款。为了控制整个过程，我选择小型或中型项目，这样从头到尾管理起来比较容易。我喜欢商业设计项目的高效率，精确的预算和时间表，快速的设计决定。功能性和高效率通常是最主要的目标，而形象上的改观则是令人兴奋的副产品。同时我也喜欢为住宅客户服务，他们希望针对现存问题寻求更好的解决办法，并亲自介入。这些项目进展较慢，需要客户投入大量精力，但往往在协作中能得到非常有创造性的解决方案。

教师休息室：中央天主教中学，劳伦斯，
马萨诸塞州
Sally Howard D'Angelo，ASID，S.H. 设计公司
温德姆，新罕布什尔州
摄影：Bill Fish

上，私人住宅：主人浴室改造
Sally Howard D'Angelo，ASID，S. H. 设计公司
温德姆，新罕布什尔州
摄影：Bill Fish

下，Nesmith 图书馆：儿童剧院，温德姆，新罕布什尔州
Sally Howard D'Angelo，ASID，S. H. 设计公司
温德姆，新罕布什尔州
摄影：Bill Fish

工作中令你最满意的部分是什么？

》向客户汇报一个有创造性并满足功能需要的方案，而他之前可能根本没想到这种可能性。这一刻所有艰苦的工作都是值得的。我是瞬间的英雄。

工作中令你最不满意的部分是什么？

》我最不满意不断重复的设计。真正有创造性的方案需要时间，有些情况下根本没有足够的时间来发展方案。我很难控制自己停止设计。

在你的专业领域，设计师最重要的品质或技能是什么？

> 假设你是一个有才华的设计师，作为一个小设计公司的业主，你必须喜欢和人们在一起，并总是和他们打交道。无论是致力于商业还是住宅项目市场，你都必须意识到客户对项目的最终目标，该项目将如何为他们的生意或住宅提高价值，以及改善他们的生活方式或业务功能。你一定要想方设法了解他们的目标，并为这个目标做设计。

哪些人或哪些经历对你的事业影响重大？

> 我的专业协会 ASID 在我的职业发展中起了重要作用。它在这个行业的各个领域，甚至是整个设计领域给了我强化教育和培训。我代表该协会在全美各地旅行，参加各种指导委员会，讨论各式各样的问题。参与得越多，从中获益也越多。它为我打开了职业生涯中很多新的大门，让我遇到了各种类型有才华的协会成员，是他们帮助并教导了我。

职业决策

当你开始确定你要在这个行业的哪个领域工作时，你将面对很多的决定。决定在住宅或商业的室内设计，以及任何的专业领域工作，是一个职业决策。你是否有兴趣设计私人住宅，或者酒店、医院、图书馆、办公室，以及高级生活设施？虽然设计这些不同空间的过程是一样的，但为每个空间建立功能完善的室内空间的要求是不同的，并会影响你的职业决策。

你希望去工作的公司类型是另一个你必须作出的决定。有些公司几乎不招收入门级设计师。而有些公司则欢迎你成为其中的成员。在考察特定的工作环境之前，让我们先讨论通常需要考虑的各种因素。

这些因素之一是公司的规模。首先是独立从业者，他们独自工作或有一名助手。一个独营执业者可能偶尔会利用学生的实习和一些做兼职的助理。其次是小型公司——不超过 10 名员工的公司。中型公司的员工在 10—25 人之间。大型室内设计公司的员工在 25—50 人之间。提供室内设计、建筑、工程和景观设计等综合服务的跨行业的设计公司的员工可能会超过 100 人。

在小型或中型的公司工作，有一定的优势。这两类公司通常能比大型公司给你提供更广泛的工作经验，尤其是在你职业生涯的开始阶段。中小型公司的员工要处理项目的方方面面，因为公司内可用来负责的人手较少。公司业主或负责人会让你很快介入项目，给你意料之外的工作经验。当然，这意味着你给公司带来的技能必须是高品质的。

　　大型公司能提供广泛的经验，但有一定距离。在一家非常大的公司里，你在第一年能做的有可能仅仅是微不足道的重复性工作，比如选择材料样板。在大型公司，入门级设计师要花更多的时间才能得到负责重要项目的机会，除非他有非凡的才能或经验。有些大公司，根本不聘用入门级设计师，或者仅仅招聘高级设计师的助理职位。对入门级室内设计师来说，高效率及创造大量的可收费的工作时间带来巨大的压力，这是评价设计专业人员的关键因素。

　　收入是另一个通常考虑的因素。与其他很多行业相比，室内设计行业的收入并不算高。"室内设计和经济"（见第 100 页）中的信息阐明了这个重要问题。如果公司的收入来源主要是设计服务费，那么室内设计师通常领取确定的工资。同时兼顾家具等产品销售的室内设计公司或带有室内设计部的零售商店常常会以佣金为基础付费给设计师，或者，可能是一个较少的薪金加佣金的组合。这意味着，你的收入依据你向客户推销的家具或其他产品的数额，而不是基本工资。佣金的模式有可能会带来比工资更高的收入。佣金收入会伴随风险，也就是说，你必须不断地销售商品，以赚取佣金。对很多人来说，为了使佣金收入实际上更有利，需要花一定的时间来获得足够的向客户推销的技能。

　　小公司也能有自己的优势。其佣金比较低。这意味着，工资及员工福利（如医疗保险、退休金和分红等）很少或没有。一家小公司可能无力支付你 NCIDQ 的报考费或其他专业协会的年费——尽管他们鼓励员工参加考试并获得会员资格。大公司鼓励他们的员工参加 NCIDQ 考试，并常常会支付继续教育研讨会或短期培训的费用。基于很多因素，小公司的设计声誉往往趋向于家居设计，可能还意味着有限的去不同地方工作的机会。

　　你必须意识到无论在什么类型的公司工作，无论你进入哪个设计领域，你都必须不断学习。这通常被称为"交会费"—— 当然，这与支付给协会的会费是不同的。无论何种规模，大多数公司都不会一开始就让入门级设计师独自为客户工作。你必须保持耐心，学习和获得足够经验，才能使你的业主增加对你的信心，放心让你为客户服务。

　　在做你自己的职业目标规划时，记住你必须找到合得来的同事，以及不断学习和成长以保持动力的机会。如果你希望迅速成名或为有名望的公司工作，你需要规划你的职业道路，谨慎地培养能被大型跨行业设计公司欣赏的技能。如果你的目标是未来拥有自己的小公司，那么很多种类的公司和专业都适合你工作，在那样的工作环境中你能获得技能知识，以帮助你创业。当你明白你希望在这个行业获得什么时，你就会决定去哪里获得职位，以带领你到达最后的目标。

在商业室内设计领域寻找职位

SHANNON MITCHENER, LEED—AP, ASID 联席会员,
IIDA 联席会员
阿克伦大学研究生,
设计专业：商业室内设计
MATRIX A.E.P
塔尔萨, 俄克拉何马州

你是如何选择获取你室内设计学历的学校的？你获得了什么学位？

❯我选择学校的决策首先也是最重要的是，取决于它是否是一个 FIDER/CIDA 认可的专业。科罗拉多州立大学（CSU）的设计专业还借助施工管理专业（全国一流的专业之一）纳入了施工课程。我觉得这对我的学业来说是非常重要的元素，可以了解建筑环境的逻辑。他们的设计专业还包括手绘素描训练、CAD 和 3D 软件技术培训、为了理解设计程序方面知识的广泛的研究课程，以及推广的经验，这使我很容易地选择了 CSU。我在 2006 年 5 月以优异成绩毕业，并获得室内设计专业理学学士学位。

作为一名学生，你面临的最大挑战是什么？

❯我知道，作为一名学生，我最大的挑战之一是构造细部，尤其是定制设计的木制品、定制的隔墙和水体特征。这些建筑外观，仅通过创造性的想象来设计，没有预算限制或材料限制。作为一名学生，极具挑战性的是，查看"图形标准"的节点，了解一个典型节点如何建成实物，然后在没有真正了解那些必要构件的情况下尝试自定义这些节点，以实现你的梦想。这个过程，我发现，在一个协同工作的环境中要容易得多。

你是如何选择你工作的公司的？

❯我一直为一家集建筑师、设计师和工程师于同一个协作环境中的全方位的公司工作。我对建筑环境的各个方面都感兴趣，并且，我很幸运地以几乎所有的设计途径与经验丰富的专业人才一起工作。我有机会问任何我不明白的学科的问题，并因此学到了很多东西。我每天都在学习新的东西，我很尊重我的同事教我的知识。

在你工作的第一年，面临的最大挑战是什么？

❯我作为一名年轻设计师面临的最大挑战，也是我的工作最让我喜欢的部分。对于每个项目，我们的挑战是要令真正的客户满意。在校期间，我们的任务为我们提供了一个拟定的计划清单，如果你愿意，并且其中的大部分成果让我们满意，并符合计划书所列的每项要求，我们的项目就是成功的。

能够真正理解客户的规划要求至关重要。通常，我们的客户认为他们知道自己需要什么，但如果我们了解他们正试图实现的特定功能，可以为他们开发一个完全不同的解决方案，这可能比他们之前的方案更有效。也有很多时候，由于预算限制或空间约束，他们的规划只是一份无法实现的愿望清单。考察规划轮廓，并通过他们需要的功能（而不是他们要求的条款），以创造性的方式满足他们的需求是我们的工作。在项目中度过的每一天，我都在学习这一切。

如果你还没有参加 NCIDQ 考试，你是否打算参加？为什么？

> 是的，我计划在未来一两年内参加 NCIDQ 考试。我觉得，作为这一领域年轻的专业人士，NCIDQ 为我们提供了成就感，没有人可以声称自己是专业人士，除非他们自己通过了考试。这不仅使其他专业人士，也使公众意识到，我们的工作所需的教育、经验和技能，而这些并不是每个人都能拥有的。

你是否在你的学校加入了 ASID 或 IIDA 分会？为什么？

> 是的，我在 ASID 的 CSU 学生分会及州分会都非常活跃。我在大学一年级时加入了学生分会，并成为当时的宣传主席，且一直延续到大二。在我大三那年，我成为 2006 年 ASID 面向科罗拉多州董事会的学生代表，以及科罗拉多州分会的社区服务项目和学生事务委员会的委员会主席。对我来说，当我作为设计领域一名新的专业人士继续我的旅程时，ASID 将继续作为一个重要的联系。最近，我加入了 IIDA 得克萨斯—俄克拉何马州分会，这让我有机会参与为协会服务和联网的机会，并且我非常高兴能够继续做。

作为一名学生，加入这两个组织都很棒，并且，我欠 ASID 科罗拉多州分会和国家 ASID 分会总部很多感谢，感谢它们对我迄今为止的设计旅程所做的贡献。

你认为实习对学生的教育经验有多重要？

> 这是非常有益的。我的实习让我有机会学习如何做实际项目的设计工作和真正的预算，以及在协作环境中与建筑师和工程师一起工作。这教会了我大量的有关设计过程、机械系统、可施工性等方面的知识。它也可以让学生有机会体验设计的各个领域，选择他们可能希望追求的专业领域。我的实习也是我第一次接触最新的产品材料、饰面、家具及固定装置的时候。许多实习生将负责材料库，这项任务让我充满感激。它让我有机会遇见行业中的代表，并获得新产品的信息，这些信息通常不会在许多学校的环境中获得。我在实习期间建立的网络是我获得我第一和第二份工作的关键。

独立设计公司

独立室内设计公司，又称工作室，可能是向室内设计师开放的最常见的工作环境。在这里，负责人可随意选择任何专业领域，向他们的目标客户群提供设计服务，同时制定规格，甚至出售产品。独立设计公司的规模可大可小，从一个独自工作的独立从业者到拥有众多员工的大型设计公司。他们可能会高度专业化，只为某类客户（如高端住宅室内设计）服务，也可能更具综合性，在两个或多个专门设计领域提供服务，比如一家既能设计小型旅馆和饭店，又能设计办公空间的公司。

通常这些公司在经营中承担设计师或产品规格定制者的角色——即他们为项目规划和指定产品，但不直接把产品卖给客户。设计师/产品规格定制者提供第5章所述的设计过程各阶段的室内设计服务，合同管理阶段中的某些任务除外。这些公司的客户可以自己向独立供应商购买产品或采用招标方式征求所需产品和安装服务。

还有些独立设计公司在提供室内设计服务的同时出售相关产品。商业室内设计师倾向于成为设计师兼产品规格定制者的模式；住宅室内设计师通常向他们的客户出售产品并提供室内设计服务。这种差别可能影响公司组织和管理的诸多方面，无论其规模大小，同时这也会影响你对工作环境的选择。例如，对于在设计师/产品规格定制者类型的公司中工作的设计师来说，向客户收取其90%的工作时间费用非常重要，因为公司的收入主要来源于设计费。

在人数有限的小型独立室内设计工作室工作有一个重要优点：通常你会比在大公司工作的入门级同僚要更快获得直接负责项目的机会。当然，与那些在大公司工作的入门级设计师一样，在小公司工作的入门级设计师也是在公司领导的指导下工作的。依据公司负责人的声望和经验，小型独立公司的项目也许不像大公司的项目那么大和令人兴奋。有些人却认为，如果公司能不断接到大项目，一家定制高端住宅室内产品的公司也能令人兴奋。不论项目大小，小公司是积累经验的好地方。

值得一提的是，（小公司的）负责人或（大公司的）设计总监对公司提交的设计成果负责。其他设计师做的项目工作总会被仔细考察，并反映负责人的个人风格或公司的一贯风格。了解该工作环境的特点非常重要，因为你的设计构思可能被高级设计师否决，这对于想要决定项目概念和方案的设计师来说非常痛苦。

对于设计师/产品规格定制者类型的公司，通常付给室内设计人员固定的工资。那些同时出售产品的公司中的设计师的收入，一部分来自向客户销售产品的佣金。如果你拿的是工资，那么工资的数额是固定的，与工作的小时数无关。如果你的一部分收入来自佣金，那么收入数额可能依据销售额的不同有很大差别。佣金制通常能获得更高的收入，但同时也需要承担更大的风险。你需要花时间锻炼销售技巧和开拓客户的基础才能，以获得等同于工资的佣金水平。

　　各种规模的独立设计公司都需要具有针对设计全过程的经验和学历的员工。设计公司的专业领域（如接待设施项目）也非常重要。此外，熟练掌握 CAD 技术、处理各类任务的能力，以及对项目管理的理解等是任何规模的独立设计公司所期望的。也许你需要花上两年或更多的时间才能完全承担项目责任。

高级住宅和商业

Robert Wright，FASID
Bast∕Wright 室内设计公司负责人
圣迭戈，加利福尼亚州

私人住宅：入口。Robert Wright，FASID
Bast∕Wright 室内设计公司，圣迭戈，加利福尼亚州
摄影：Brady Architectural Photography

在你的专业领域，设计师最重要的品质或技能是什么？

❭ 用第六感聆听并正确解读客户的需求。在美学和设计这些主观和个人化的领域，有些客户沟通起来很困难。

作为一名室内设计师，你面临的最大挑战是什么？

❭ 我挑战我自己以及我的设计员工，永远把客户的需要放在首要和中心的位置。我们是否真的倾听了客户的需要？我们是否回应出正确的解决方案？我们是否超越了最初的设计目标？我希望能看到满意的客户。

是什么带你进入你的设计领域？

❭ 我在职业中逐步发展最终走进了住宅设计领域。住宅项目让我有机会以最私密的方式接近客户。我知道一个功能完善、美观宜人的家能给生活的各个方面带来改观。

你的首要责任和职责是什么？

❭ 我拥有这家设计公司。我负责监督行政管理工作，同时必须知道所有项目的进展情况。我一天中大部分时间和客户在一起。花很多时间在电话上，或者在高速公路上。

哪些人或哪些经历对你的事业影响重大？

❯有几个人对我产生了比较大的影响。我的第一个老板 Hester Jones 教给我百分之八十我现在还在从事的工作。包括经营管理的所有方面，以及如何处理人际关系和如何合理组织设计汇报演示。她介绍我进入 ASID，这个组织一直是我事业发展的主线。我的第二份工作在 Navelle Lewis 合伙人设计事务所，接触到设计深化的过程和项目管理。我还非常敬仰 Parron Hall 室内设计事务所的老板 Larry Herr。他值得所有员工尊敬。

我的事业从得克萨斯州的休斯敦开始，那时正赶上 20 世纪 70 年代的石油价格暴涨。很多国际知名的建筑师和设计师都在得克萨斯州做项目。在我事业的好时光接触到了最好的设计。

旅行也非常必要。我尽量在旅行中兼顾业务和游玩。每到一个地方，都为我的项目吸收新的设计细节。一个好的设计师必须懂得研究市场并参加研讨会，了解行业的发展状况。

工作中令你最满意的部分是什么？

❯这是双重的——在一个完成的项目中看到非常满意的客户和健康的赢利空间。

工作中令你最不满意的部分是什么？

❯当我作为公司老板不能在面对客户的工作和行政职责之间找到平衡的时候，最不满意。

上，商业总部：典型的工作区
Robert Wright，ASID 和 Kellie McCormick，ASID，
Bast/ Wright 室内设计公司，圣迭戈，加利福尼亚州
摄影：Brady Architectural Photography

下，商业总部：办公区花园
Robert Wright，ASID 和 Kellie McCormick，ASID，
Bast/ Wright 室内设计公司，圣迭戈，加利福尼亚州
摄影：Brady Architectural Photography

是什么促使您创建自己的设计公司？

▶我创建自己的公司之前，已经是一间公司的合伙人，有在多种类型的设计公司工作的经验。我怀孕时，终止了合伙人关系，我面临着自己开公司的机遇。这个时机对我来说刚刚好，这样我可以用更多的时间在我儿子比较小的时候陪伴他。鉴于我创建和管理合伙人公司时所得到的经验，我有足够的技能去开创我自己的事业。
Terri Maurer，FASID

▶在我刚开始学习设计课程的时候，我已经知道我要开我自己的设计公司，在我真正付诸实践之前，这只是时间和经验的问题。建造一些会取得成功的东西是一种与生俱来的愿望。
Greta Guelich，ASID

▶我本质上喜欢打造一些东西，为他人工作无法提供这样的机会。此外，运行自己的设计事务所使我在照顾家人方面有较大的灵活性。
Debra Himes，ASID，IIDA

▶由于我丈夫的工作机会，我不得不从一个州搬到另一个州，因此我自己做了老板。当你经常搬来搬去的时候，你很难在一个公司做到比较高的职位，但你很容易获得各种经验，这些经验有助于培养有益于顾问工作的综合知识。
Marilyn Farrow，FIIDA

▶室内设计最棒的一点就是我们能够在专业上不断进步。很多年以来我受雇的公司从小公司变为国际公司。现在我决定做一个独立从业者，并已开张了自己的设计公司。虽然必要时我仍然会跟其他团队合作，但在现阶段我非常享受这种给自己打工的自由。在我们开始自己的事业的同时，我们又有机会在多个领域（医院、酒店、商店、公司、住宅、政府）进行多方面的尝试，这难道不令人振奋吗？
Barbara Nugent，FASID

▶我创建自己的公司有两个原因：1）1968 年，在市场上没有一家设计公司允许设计者提供专业服务而不是推销产品；2）我希望能够把我的工作生活和我的家庭生活整合在一起。
M.Joy Meeuwig，IIDA

▶我在寻求新机会的过程中开创了自己的企业。我希望能超越在蓬勃发展的企业中就业的安全性，并引导自己步入成功轨道。我想利用自己的独特技能，并有能力获得项目，这些项目让我感觉能发挥我的能力，并使我成为一个更好的设计师、商人和让我自豪的专业人员。
Lindsay Sholdar，ASID

▶我从没想过要当一个企业的老板。
Beth Harmon-Vaughn，FIIDA，AIA 联席会员，LEED-AP

▶促使我开办自己公司的因素有：可以设计自己想设计的东西、可以控制自己的环境，可以有些弹性，还有可以得到税率优惠和公司利润。
Linda Santellanes，ASID

▶在我几次下岗后，触发了我开创自己公司的念头。我观察到大公司的反复无常。我决定，我想创造性地控制项目及因为拥有自己的公司所带来的灵活性。其指导思想是："我能做得比别人更好"，而你有信心做到这一点。
Laurie Smith，ASID

❯创作自由、问责制、收入，及作为一名设计师的灵活性。

Kristin King，ASID

❯我们搬到了约有 50000 人的密歇根州的一个县。我需要在本州的这一地区受聘，开创自己的工作。

Patricia Rowen，ASID，CAPS

❯与许多设计师一样，我从之前不再适合我的需要的职业转到了室内设计行业。我选择做公司业主，部分原因是因为我所在的郊区的地理位置及家庭的状况；另一部分是因为我渴望控制自己所选的项目，以及控制我自己的时间。

Sally Howard D′Angelo，ASID，AIA 联席会员

❯我一直在寻求改变就业状况，而不是转到另一家公司，我决定是时候尝试有我自己的公司。

David Hanson，RID，IDC，IIDA

❯实习时我扮演了住宅设计师，这强烈地鼓励我进一步来做这份职业。与它一样艰苦——而且是非常艰苦——它发掘了我从未想过的要独立创业的动力。它彻底让我变成了一个对规定有伟大信仰，并能超越自己能力履行职责的人。

Keith Miller，ASID

❯啊——主要是，对自由的渴望。我知道，我能做到这一点——而且有经济支持——我认为，这时候我可以想工作几天或几小时都可以，并在我愿意的地方、时间和方式，用我的名字来创造设计。是的，这就是我所有的想法。

Marilizabeth Polizzi，ASID 联席会员

❯可能是独立的个性。

Drue Lawlor，FASID

❯自由和负责任地设计是我开创我自己的设计公司的动机。

James Postell，辛辛那提大学副教授

❯我想这将很有趣。我认为那是我个人自然发展的结果。我曾在一个零售设施中工作，离开后去了一个设计工作室。对我来说，工作室基本上是一个人的企业，而我的收入用来支撑别人的工作室。我所处的特定情况不太支持办公室的员工、助理等方式。那儿需要采购和库存样品，但我的脑子里没有概念，并且仍然没有，与事实出入的是，我在我一个人的企业中，需要完成所有的功能。

Sharmin Pool-Bak，ASID，CAPS，LEED-AP

❯在厨房陈列室工作时，我有机会为 Viking 家电经销商完成设计和配饰。在单独设计厨房四年后，我对完成住宅项目的热情被点燃了。在我走出去自己创业前，我决定到一家室内设计公司工作。我并不总是赞成他们的设计理念；因此，几个月后，在潜在客户的鼓励下，我决定开展自己的业务。现在我已开业五年，并且非常幸运，我所有的工作都是基于客户的推荐。

Teresa Ridlon，ASID 联席会员

❯我的孩子们。我需要比传统的公司可以提供的，更大的灵活性。

Maryanne Hewitt，IIDA

❯负责和总量控制业务的每个环节。

Sue Norman，IIDA

建筑设计公司

很多建筑设计公司向他们的客户提供室内设计服务。公司越大，越可能包含室内设计部。大多数情况下，室内设计师做的项目与建筑设计公司的项目相关。在较大的建筑公司内，室内设计服务通常是单独提供的。这意味着，该项目的获取可能与建筑设计部无关。

室内设计部在不同规模的建筑设计公司中有着不同的地位。寻找直接负责项目的机会的室内设计师比较愿意寻求那种要求在被聘为室内设计师前有几年的专业经历的公司。当然，一个有特殊才能的人总是更容易在中小型建筑设计公司中获得入门级设计师的职位。大型跨专业的设计公司通常更多地聘用经验丰富的设计师来负责项目。当他们雇佣入门级设计师时，通常会提供高级设计师的助理职位。助理通常参与定制材料规格、绘制各种节点大样，如橱柜详图或项目的其他局部详图。他们能够编写必要的文件，及在学习设计师在公司的实际工作的同时帮助高级设计师。当然，入门级设计师需要参与团队工作、掌握 CAD 技能，及处理多项任务。

在建筑和室内设计公司，高级设计师——又称为项目设计师——创作整个项目的构思和方向。高级设计师同时监督其他设计师，领导团队完成项目所需的所有文件。同时，高级设计师主要担任同客户的直接联系——出席会议、接听电话、协商设计构思，以及随时告知客户项目的进展情况。如果你开始在建筑设计公司工作，那么，只有在证明你的设计和管理项目的技能之后，你才会被赋予直接与客户合作进行项目设计的责任和机会。再者，根据公司规模的不同，这个过程可能要花两年或更长的时间。

建筑设计公司的收入通常仅仅来源于设计费。因此，室内设计师的生产能力非常重要。建筑设计公司的设计师通常有责任拿他们百分之九十，甚至是百分之百的工作时间向客户收费。像刚入门者一样有条不紊地缓慢工作，会被当作没有工作效率。由于公司收入来源于服务收费，所以通常付给设计师固定工资。不同的公司，可能会有额外的福利，包括医疗保险、报销专业协会年费和继续教育研讨会的费用等。

商业——金融设施、教育设施、卫生保健及高级住宅

Sandra Evans, ASID
Knoell & Quidort 建筑设计公司总裁
菲尼克斯, 亚利桑那州

作为一名室内设计师, 你面临的最大挑战是什么?

❯作为室内设计师我面临的最大挑战是书写读懂客户需要和梦想的计划书。计划书完成后, 面临的挑战是教育客户对预算及其知识的敏感性, 否则会缺乏对适合该项目的室内设计的关注。

是什么带你进入你的设计领域?

❯我们公司的建筑项目的根基在于住宅设计。尽管我们的很多项目涉及商业、银行、教育、卫生保健和工业设施, 我们仍然极大程度上涉及私人住宅的设计。

你的首要责任和职责是什么?

❯我的职责涉及空间布局规划, 确立设计构思(风格、年代、色彩), 家具设计, 制定装潢和陈设规格, 以及协调业主、承包商和供应商之间的关系。

工作中令你最满意的部分是什么?

❯我对我的工作最满意的是, 当客户告诉我完成的项目给他们的生活方式带来了深刻影响的时候。

工作中令你最不满意的部分是什么?

❯我最不满意的部分是选择配饰和设计窗帘。

私人住宅：起居室
Sandra Evans, ASID,
Knoell & Quidort建筑设计公司,
菲尼克斯, 亚利桑那州
摄影：Jim Christy

私人住宅：大客厅与厨房
Sandra Evans，ASID
Knoell & Quidort 建筑设计公司
菲尼克斯，亚利桑那州

在你的专业领域，设计师最重要的品质或技能是什么？

> 设计师要具备的最重要的素质是倾听客户，并在客户的想法和观念与建筑物缺乏关联的时候保持开放的心态。交际手段需要知识和耐心。我试图在不指责客户的审美能力的同时教育客户。例如，在设计礼拜陈设中，关键是要创造充满活力的元素，表达对宗教的崇拜。

哪些人或哪些经历对你的事业影响重大？

> 我在 Knoell & Quidort 建筑设计公司的工作经历，尤其是 Huge Knoell 和 Phil Quidort 的作品和正直的为人，给我鼓舞，对我的事业有重要影响。

零售设施设计

John Mclean，R A
John Mclean 建筑和工业设计事
务所总裁和设计总监
怀特普莱恩斯，纽约州

作为一名室内设计师，你面临的最大挑战是什么？

> 零售设施设计是一项巨大的挑战，因为它涉及三个人类主要努力的领域——质量、成本和时间的技巧和才华。零售设计在内容上具有综合性。它集建筑、空间组织、灯光、展览和贮藏空间设计、售货点标牌以及图像和商店标志设计为一体。

　　由于我还是一名工业产品设计师，我的教育背景让我从大规模生产以及标准化设计方案的角度来思考。这些设计方案通常要和不同的场所相结合，例如大型商城、带状商城、小型城市临街店面及专卖店。设计中需要考虑这些变化的因素，在富有活力的框架内迎接不同项目的设计挑战。

商业零售：电子时装礼品店，Woodbridge 中心，
伍德布里奇，新泽西州
John Mclean，RA，AIA，怀特普莱恩斯，纽约州

你为什么成为一名室内设计师？

❯这是我从事建筑和工业设计实践的自然结果。
我全盘考察每个项目。这类设计更应当被称作综合设
计。综合设计让场所的各个方面看起来自然有机——
从建筑到室内及景观。

是什么带你进入你的设计领域？

❯从小以来，店面设计就是我灵魂的一部分。零
售设施设计的目的就是在于吸引或诱惑顾客进入商
店，然后创造一种让顾客愿意掏钱购买的空间氛围。

我还记得小时候 Bohack 超级市场的店面设计。
其立面由奶油色瓷釉金属板构成，上面用浮雕的方式
写着红色的店名。值得记载的是，这个商店是由 SOM
公司的 Gordon Bunschaft 设计的。

在 20 世纪 80 年代以前，超级市场的设计水平并
没有什么好名声。因此当我以前合伙的公司有机会设
计一个超级市场时，我已经准备好了迎接这个挑战。
非常荣幸我能带领这个团队。

商业零售：电子时装礼品店，Woodbridge 中心，
伍德布里奇，新泽西州
John Mclean，RA，AIA，怀特普莱恩斯，纽约州

你的首要责任和职责是什么？

❯我是管理和指导设计的负责人。

工作中令你最满意的部分是什么？

❯我职业生涯里最满意的部分是，有机会利用我在训练中获得的创造才华。能够成功完成项目带来的挑战是很大的回报。

工作中令你最不满意的部分是什么？

❯回答这个问题最好的方式是知道优秀的设计必须有经济的可行性来支持。因此，非常重要的是，专业人士必须把他的职业看作一个持续进行的项目，必须平衡质量、时间和成本。

在你的专业领域，设计师最重要的品质或技能是什么？

❯一名设计师体现出来的最重要的素质和技能应该是不断寻求为每个项目带来新的创意和概念。标准化的设计可以转变为在一个主题上的不同变化，而不仅仅是静态的重复。这是我在设计电子产品专卖店中遵循的设计道路。最后的结果是与众不同却有识别性的店面设计。

哪些人或哪些经历对你的事业影响重大？

❯弗兰克·劳埃德·赖特告诉我们，设计对个人或社区的生活都非常重要。密斯·凡·德·罗一直在商业领域从事综合性的设计实践，他给大型企业带来建筑和设计的美学观念。埃罗·沙里宁延续了现代主义的精神，告诉我们建筑和设计之间不仅仅只有风格上的联系。另外，还有路易斯·康富有诗意的设计尝试。

家具零售商

室内设计师另一个常见的工作环境是家具零售业。许多家具零售商直接向顾客（如 Ethan Allen 公司）或通过百货公司（如梅西百货公司）来销售家具。百货公司可能也有在家具部门之外工作的室内设计师。那些直接向住宅客户售卖高价、高品质产品的百货公司，为需要设计服务的顾客提供室内设计师的协助。这对于喜欢住宅领域的室内设计师来说是个有吸引力的工作环境。在百货商店和家具或其他的专业商店的室内设计部工作的机会，对准备开始职业生涯的入门级设计师来说，是非常不错的地方。然而，在大多数情况下，入门级设计师将在家具或专卖店担任更有经验的设计师的助理工作。

在家具零售商店或百货商店中工作的经验丰富的室内设计师一般有入门级设计师作为助理。因为很少有零售商愿意让年轻、没有经验的室内设计师直接面对客户，这些设计助理帮助高级设计师绘制草图、初步设

计平面图和开发色彩搭配方案。通过
这些途径，他们学习有关家具商店的
设计师的工作要求和如何面对客户的
有价值的课程。在大型零售和百货商
店工作的室内设计师也有可能使用办
公助理，帮助完成文件处理。

从很多方面来看，家具零售行业
的室内设计师的职能类似于小型工作
室业主，或者是独立从业者。然而他
们的工作目标是出售商店内提供的商
品，而不是市场上所有能得到的产品。
在有些公司，设计师不能出售商店以
外的任何产品。这是在独立的室内设
计事务所工作和在家具零售商店工作
的最大区别。

设计师的收入通常由小部分的基
本工资，和大部分同产品销售额相关
的佣金构成。很多零售商不收取提供室
内设计服务的设计费，因此设计人员
的所有收入来源于产品的销售。所以
在这个环境中工作的室内设计师必须
乐于销售。由于室内设计助理的职务
不负责销售产品，公司支付他们一定
的工资，有时可能支付一小部分佣金。

法律办公室：Alston & Bird LLP. 门厅
Rita Carson Guest，FASID
Carson Guest 有限公司
亚特兰大市，佐治亚州
摄影：Gabriel Benzur

为制造商工作

LISA HENRY，ASID
KNOLL 有限公司建筑和设计经理
丹佛市，科罗拉多州

是什么带你进入你的设计领域？

❯在 Knoll 公司，我联系到一个令人难以置信的 Florence Knoll 遗产的规划单位，它在 20 世纪 50 年代奠定了现代办公室规划的基础。我于 1997 年走进我的第一间 Knoll 办公室，并且立马知道有些不平常的事将发生。平面、网格、家具的细部，以及家具以美妙的方式在支持它的建筑中与建筑相得益彰。这是一个诱人的召唤！

在你的专业领域，设计师最重要的品质或技能是什么？

❯我发现，不断的学习是最重要的素质。发生在全世界，尤其是商业，以及室内设计领域的变化，要求设计师永远不停地学习。阅读有关地球、人口、经济和技术方面的信息，对于向客户表达有意义和确切的想法是必要的。

你的专业领域与其他领域有何不同？

❯我们不是一个传统的设计实践。我们研究公司情况，然后确定他们的办公家具和办公环境需求间存在的差距，再与最具创意的设计师合作，以 Knoll 的视觉语言为背景来设计作品。

在你的职位上，你的首要责任和职责是什么？

❯我为设计师和建筑师把脉，并在他们与 Knoll 间，以及 Knoll 的资源与他们间建立联系。

工作中令你最满意的部分是什么？

❯我喜欢在任何时候对各种各样正在开发的项目进行工作。我也特别喜欢建立人与人之间的联系。例如，正在寻找工作的设计师，或正在寻找实习或第一份工作的学生常会给我打电话。由于我所做的工作，我知道很多不同的设计公司以及他们的工作类型。我可以帮助求职者找到适合其兴趣的企业。

工作中令你最不满意的部分是什么？

❯当我将我的心灵投入为我们公司赢得项目的努力却失败的时候。老实说，我感到失望，因为我知道，有些可能引起我们意见出入的地方没有沟通好。

哪些人或哪些经历对你的事业影响重大？

❯我在学校的一位导师说，永远不要对表达自己的机会说"不"。我理解他的意思是，我将从跟随领导或业务的机会中学到东西，即使它看起来，可能不是最好的时机，或者有不这样做的另一个原因。我学会了说"是"，并找到了把它做好的方法。因此，我学到了很多，并不留遗憾。

作为一名室内设计师，你面临的最大挑战是什么？

❯我最大的挑战是领先于数量惊人的新信息，以保持领先的学习状态，然后决定哪个领域是真正重要的，并胜任，和掌握它。

办公家具经销商

办公家具经销商是指专门从事办公产品销售的零售商——听上去很明显，难道不是吗？这类公司的名称最早源于专门销售由一家或两家专业家具制造商（如 Herman Miller 公司、Haworth 公司和 Steelcase 公司等）制造的办公家具的商店。在大规模的家具销售量的基础上，他们通过同一家或几家制造商签订专卖合同，而成为"经销商"。办公家具经销商主要从事定制家具规格和销售那些同他们有协议关系的制造商的产品，但同时他们也销售其他种类的适合办公和其他相近的商业室内环境的家具和产品。

很多这样的公司设有室内设计部。项目主要涉及企业办公室和专业办公室，如金融机构、法律事务所、医疗诊所及类似的办公建筑。这些设计师很少设计餐厅、酒店、零售商店或私人住宅。室内设计师主要从事由家具销售人员介绍到公司的项目。有时候大型经销商的室内设计部也会寻求不是由公司内部销售人员获得的项目。

办公家具经销商为入门级室内设计师提供了良好的工作环境。从中，你能学到很多有关空间规划和设计、同客户打交道，以及团队合作的知识和经验。这样的工作环境常常被当作去很多从事其他商业设计领域的室内设计公司或建筑设计公司的跳板。应聘的主要标准包括优秀的空间规划技巧、CAD 知识，以及对招标过程的理解。在办公家具经销店工作的室内设计师还必须乐意参加团队协作，因为通常要同销售人员合作提供设计解决方案。

大部分办公家具经销商的室内设计师的收入来自工资。有些报酬允许小部分同某些特定产品的销售相关的佣金。例如，办公家具经销商或许会根据客户购买的家具附件的销售额来支付设计师一部分佣金。

办公家具经销商

JANE COIT，IIDA 联席会员
VANGARD 概念设计所设计总监
圣莱安德罗，加利福尼亚州

是什么带你进入你的设计领域？

❯如果我进了一家建筑和设计公司，将有较好的收入。另外，我也希望在公司环境中工作。

在你的专业领域，设计师最重要的品质或技能是什么？

❯我有两个：注重细节而不影响生产效率，以及与团队的沟通和合作能力。

你的专业领域与其他领域有何不同？

❯我们专长于指定家具和创建企业环境的空间规划。

在你的职位上，你的首要责任和职责是什么？

❯为项目创建系统的家具规格和 AutoCAD 图纸。会见我们的项目团队和客户，以了解最终用户的需求和欲望，打造家具解决方案，及家具空间规划。与我们的团队合作，以便在给定的时间框架内满足客户的预算。

工作中令你最满意的部分是什么？

❯在安装后看到项目，令人满意，尤其是当客户真正感到快乐时。我很享受规划空间和解决问题方面的事情。我将它看作"先进的积木"。

工作中令你最不满意的部分是什么？

❯有一段时间，你要做的就是指定家具，并且不能离开你的办公桌。我们还做了很多有困难的重新配置的工作。

哪些人或哪些经历对你的事业影响重大？

❯当我在大学时去了欧洲是真正的开始——它真正打开了我的设计世界。在芝加哥的生活也给了我巨大影响，并且我最初的几份工作是在住宅设计和灯具方面。在这家住宅公司工作后，我知道我想在商业设计领域工作，因为它个人因素较少。

作为一名室内设计师，你面临的最大挑战是什么？

❯捕获所有的细节。有这么多的细节，这么多可能出错的地方。每一个项目都有新的挑战。另外，这也是我喜欢工作的原因。我一直在学习。

你会给那些想要成为室内设计师的人什么建议？

❯他们需要知道，它不只是挑选织物和饰面。室内设计也不如大多数人认为的那样光鲜。我提醒他们，他们可能不会赚很多钱，但可以过上体面的生活。就像其他任何职业一样，它有好的时候，也有坏的时候。我还建议他们，与几位设计师谈谈，了解一下设计师的典型工作。

全球舞台上的室内设计

当你读这本书时，你会看到美国之外完成的设计作品。有些设计公司获得所在地或州以外的项目是很平常的事。在大多数情况下，只有大型设计公司有机会在全球舞台上设计项目。通常，这些室内设计师附属于有机会设计该建筑的建筑公司。多年后，一些高度专业化的小公司也能在他们的领域获得美国以外的项目。互联网使任何规模的公司都有机会在全球舞台上被发现。

在美国以外地区做项目的室内设计师必须准备以不同的方式完成很多任务。例如，美国的规范要求可能并不适用于国外，因为其他国家可能有更严格的要求。其他国家采用公制测量系统，而不是在美国常用的序数系统。文化上的差异会影响色彩的选择、材料的规格，甚至空间规划的选择。

虽然英语是全世界共同的语言，希望在国外进行设计工作的设计师可能会发现学习一些国家的语言很有用。非常重要的是，设计师要意识到，卖方，也就是美国的室内设计师，必须适应客户的文化需求。同样重要的是，在国际商务中，设计师应学习和遵守当地在商务和社会地位方面的习俗。这有助于弥合与客户的文化关系。

在其他国家设计项目是非常令人兴奋和具有挑战性的。这也将非常苛刻。如果你有兴趣在国外环境中工作，你会希望确保你在大学中获得语言技能。你也想尝试参加提供国外设计服务的室内设计和建筑设计公司的面试。这可以很容易地通过企业的网络搜索来确定。这些讨论有助于你决定课程要求，它可能超越你所在学校正常的学术要求。这会帮助你给自己定位，以便有机会加入在全球舞台上提供室内设计服务的公司。

商业设施：教育设施、政府机构、公司、医疗保健

MARY G. KNOPF, ASID, IIDA, LEED—AP
ECI ／ HYER 公司主管／室内设计师
安克雷奇，阿拉斯加州

是什么带你进入你的设计领域？

❯在一个 28 万人口的小城市工作，设计师往往是个通才，而不是你能在大城市见到的那种专家。这需要对继续教育、研究，以及很多不同地区流行趋势的兴趣。其好处是能够不断迎接新的挑战和各式各样的客户群。

在你的专业领域，设计师最重要的品质或技能是什么？

❯在小社区里的设计师必须能解决几个专业领域的问题，以便在业务中生存。你需要有对知识和学科的渴望，不断倾听、观察、研究和学习。同样重要的是，要了解你何时需要用其他学科来提高你的能力。

你的专业领域与其他领域有何不同？

❯要在一个人口较少的地区当商业设计师，设计师必须享受新的挑战，并具有对知识的渴求。所需的技能集中了专业的各个方面：空间规划，细部设计，颜色和饰面选择，产品研究和规格定制，以及，可能是最重要的，沟通和人际交往能力。

在你的职位上，你的首要责任和职责是什么？

❯作为一家小型公司的主管，我不断享受在提供设计服务的同时管理其他员工和项目，以及寻找新的项目和客户。我们公司是一家建筑和室内设计公司，有 12 名建筑师和 3 名室内设计师。我们的管理层有 4 位主管——3 位建筑师和 1 位室内设计师。我们分割了管理职责，并在很大程度上依赖于 3 位神奇的技术支持人员。我们在所有项目中利用这两个学科的技能。

高级中学：图书馆。南安克雷奇高中。安克雷奇，阿拉斯加
Mary Knopf, ASID
ECI/ HYER 公司，安克雷奇，阿拉斯加
摄影：Chris Arend

工作中令你最满意的部分是什么？

❯商业设计不完全是魅力和艺术。许多项目要求认知上的创造力，以享受有效空间规划中的几何体，或使大部分预算有限的租户得到改善。最令人满意的经历是，我们的客户欣赏我们所创造的东西。他们对一个全新面貌的兴奋之情，表明他们理解和欣赏创造这一他们试图追求的最终结果所需的技能、教育和经验。

哪些人或哪些经历对你的事业影响重大？

❯当我从大学毕业时，经济正处于衰退期，我的求职电话，大部分以遗憾收场。公司在裁员的过程中；他们不打算雇用新员工。我的许多同学从未实践过室内设计，因为经济的原因，他们被迫在其他领域找工作。我坚持着，并因此幸运地在联邦政府的总务管理局（GSA）找到一个职位。GSA正处于裁减机构持有房地产的过程中。经过一些测试项目后，我的经理愿意给一位年轻的设计师很大的责任。该职位包括租赁和设施管理中的交叉训练，这两者对于我在物业管理公司的工作非常宝贵。该职位磨练了我的空间规划能力，并让我游遍了四个州，其中包括阿拉斯加，在那里我终于决定要安家。

作为一名室内设计师，你面临的最大挑战是什么？

❯在室内设计领域有很多挑战。我想说，最大的一个是要克服作为一名"室内装饰师"的感觉，并教育其他专业设计人员和客户理解其中的区别。另一方面，还有人将我误以为建筑师。由于我属于一家建筑公司，并在经验上处于高级水平，我经常要纠正这些误解。这有点轻率，但是一个通过澄清这些相近专业的差异和特征来提高该领域认知度的机会。

高级中学：楼梯。南安克雷奇高中。安克雷奇，阿拉斯加
Mary Knopf，ASID
ECI/ HYER 公司，安克雷奇，阿拉斯加
摄影：Chris Arend

设施规划和设计

另一类工作环境是大企业内部的规划和室内设计部门。Best Western、微软、美国银行等很多企业雇佣设施规划和管理的专业人员作为其内部的室内设计师。在这种工作环境下，室内设计师负责企业设施的空间规划和室内设计。当企业有多家分公司时，其设施规划和设计的员工通常会参与所有地方的分公司的设施规划。某些情况下，他们可能会和外界的独立设计师合作。这些工作甚至会带有国际色彩，因为很多大型企业在美国本土以外设有分公司和设施。

入门级设计师很少有机会获得这样的职位。大多数情况下，这些公司需要经验丰富的室内设计师。设施规划需要多种设计技能，室内设计师必须熟悉设计过程中的每个阶段。然而，为企业工作的室内设计师通常不负责实际的产品采购，因为企业有采购部门专门从事产品采购。

相对于独立的室内设计公司，在企业工作的室内设计师通常会获得更高的工资，以及更优厚的医疗保险、退休金和休假待遇。企业的室内设计工作通常需要大量的出差旅行。从你的角度看，为企业工作有利也有弊。经常性的旅行会给负责美国各地或世界各地的企业项目的室内设计师带来帮助。

独立从业者的工作环境

很多室内设计师在为他人工作一段时间后，会决定自己创业。这些室内设计师通常被称为"独立从业者"，即，他们独自一个人工作。很多室内设计师开始自己创业成为企业家，是因为同样的原因：他们期待有机会做自己的老板，并收获拥有自己的公司所带来的荣誉（及承担相应的责任）。

独立从业者通常仅仅从事某一特定的设计领域。对独立从业者来说，要在多种室内设计领域提供服务难度较大，因为他是独自工作。根据独立从业者的设计专业和技能，他也许会认为有必要把一部分工作任务分包给其他室内设计师或专业人员。例如，当要求画施工图时，独立从业者可能会将 CAD 制图外包。当然，独立从业者也会同供货商或技术工人签订合同，以购买产品或安装部件，如墙面材料和地板。

独立从业者必须随时准备从事室内设计实践中的所有活动。这意味着，他们必须做市场营销来获得客户，就服务内容准备合同或协议，绘制必要的图纸和为所需产品定制规格，为客户推荐或安排所提供的产品。此外，独立从业者还要负责运营所需的所有簿记和文件工作。他们必须准备与商品购买或项目服务、计费、向供应商付款等活动相关的文件。

独立从业者的工资来自公司的收入——即，如果公司的收入超过所有经营成本，就可以支付给自己工资。当然，在家庭工作室工作的独立从业者的经营成本最低。然而，想在项目中获取足够的利润需要有优秀的经营控制和管理。很多独立从业者发现，必须花大量的时间来保证新的客户、提供室内设计服务及经营管理，这使得他们每小时获得的收入要低于其为他人工作所得到的收入。或许要经过几年时间，独立从业者才能开始获益并达到满意的收入水平。

独立从业者的办公地点根据其业务目标的不同而不同。大多数独立从业者通常在家办公。也有一些人在综合办公楼里租用办公空间。这种情况下，室内设计师会与其他设计公司共用前台和会议室，只租用适当大小的独立办公空间。这比租用办公套间要省钱，同时也意味着不必雇佣多余的员工。还有一些从业者选择在商业办公环境或零售空间里办公。对室内设计事务所来说，任何类型的商业环境都比家庭办公室显得更有实力。但是在目前的市场环境下，在家里办公也被广泛接受。

最终，独立从业者会发现自己有足够的项目，需要聘请助理。独立从业者雇佣的第一个员工通常是兼职的簿记员或兼职的办公助理。也许，事务所会发展壮大至需要更多的设计人员。这时，通常有必要将事务所搬到商业办公环境，因为很多城市不允许住宅区内设置的家庭式公司雇佣正式的员工。

准备创建自己公司的室内设计师必须意识到，这是一门生意。要获得成功和发展——即使只是年收入的增长——独立从业者的公司都必须和雇佣员工的企业一样来规划和经营。公司老板必须采用与所有公司一样的规划与组织的经营技术。不这样做，就意味着经济上的灾难，如果客户提起诉讼，还会对室内设计师的声誉造成伤害。

室内设计师可以在很多领域获得就业机会。"室内设计相关职业"（见第 127 页）介绍了几种非纯粹的室内设计岗位。

高级住宅

- -

Greta Guelich，ASID
Perceptions 室内设计公司老板
斯科茨代尔，亚利桑那州

- -

是什么带你进入你的设计领域？

> 尽管我所受的教育倾向于商业市场，并且我一直以为自己会成为一名商业设计师，但是我偶然在住宅设计公司得到了一份工作，并真的很享受这个领域更具创造性的方面。

作为一名室内设计师，你面临的最大挑战是什么？

> 最大的挑战是其他人能够按时提交他们在项目中的部分。供货商总是保证能够按时交货但是他们往往会延迟。

你的首要责任和职责是什么？

> 作为一个公司老板，我要干很多事情。我会见客户、设计空间、寻找产品、汇报项目、订购产品，并监督安装。我发现要用太多时间来运作公司而不是做设计。

工作中令你最满意的部分是什么？

> 工作中让我最满意的部分是，最终，当我完成所有工作时，整个空间看起来很漂亮而且很好用，并且客户也喜欢。

上，私人住宅：客厅
Greta Guelich，ASID
Perceptions 室内设计公司，斯科茨代尔，亚利桑那州
摄影：Mark Boisclair

下，私人住宅：休憩处
Greta Guelich，ASID
Perceptions 室内设计公司，斯科茨代尔，亚利桑那州
摄影：Mark Boisclair

哪些人或哪些经历对你的事业影响重大？

❯我在内布拉斯加州大学四年级时在一间建筑公司的实习对我的职业生涯有很大影响。该公司的合伙人将我引入了设计领域的真实世界。他们允许我参加他们与客户的会议，以及为他们的演示和项目绘制图纸和效果图。

室内设计教育对当今的行业有多重要？

❯不论哪个行业，教育对于为专业工作做准备和培训来说，都非常重要。对于即将获得注册资格的室内设计师来说，就更重要了。

工作中令你最不满意的部分是什么？

❯工作中最不让我满意的部分是保证公司正常运营的部分——那些为了保持公司运作所必须完成的文书工作，例如销售税、工资税、季度税，还有所得税报告。

在你的专业领域，设计师最重要的品质或技能是什么？

❯在住宅设计领域，最重要的品质是聆听。设计师能够聆听并理解客户对设计的需求非常关键。能用草图勾勒设计创意或概念，对于确保设计师的想法与客户一致，非常重要。

室内设计相关职业

开发商：开发住宅物业的建造商有协助购房者选择内饰材料的顾问职员。商业物业的开发商不太可能有设计职员，因为商业物业的租户或买家一般聘请自己的室内设计师来协助选择材料。

产品设计：室内设计师也许会为客户创建作为项目一部分的定制设计。设计师在某些时候也许有为制造商创造新产品的工作机会。

政府机构：联邦政府有涉及政府办公室和设施的规划和设计的机构。州政府可能还有协助本州设施设计的设计人员。

独立机构：有些组织或机构（如美国绿色建筑委员会）和专业协会（如 ASID 和 IIDA），在某些职位上聘用室内设计师。

新闻和媒体：一些室内设计师另觅工作，为报纸、杂志和其他媒体报告和撰写有关室内设计的文章。

教学：大专院校聘请室内设计专业人士教授室内设计课程。一般来说，高等学历要求全日制教学。

历史遗址和博物馆：对历史感兴趣的室内设计师可能会在历史遗址（如弗吉尼亚州的威廉斯堡）或博物馆发现就业机会。对于此类地方的工作，需要在历史或博物馆研究方面的额外的课程。

住宅改造

POOL—BAK SHARMIN, ASID, CAPS, LEED—AP
HARMIN POOL—BAK 室内设计有限责任公司老板
图森市，亚利桑那州

是什么带你进入你的设计领域？

> 我所在的市场趋于住宅设计。我觉得我已经适应了，并有了与客户打交道的个性。我引导他们，并希望他们感到最终的产品是他们所认同的——但当某些功能无法正常工作，或在他们的预算内时，我必须告诉他们。客户始终不明白"no"的含义，但我的责任是，当他们的期望与提供的现实有所不同时，要提醒他们。

在你的专业领域，设计师最重要的品质或技能是什么？

> 在房主和承包商／建造商之间存在大量的平衡工作。在我的工作中，我需要解决与双方的问题。我有大量的词汇，并理解建设的过程。解决与客户和供应商二者间问题的能力不断提高，并需要能够研究对策，反馈，有时用来研究，有时用于现场。

你的专业领域与其他领域有何不同？

> 我有一家小公司。我经常在工地上，而不是在办公室里。不断地保持平衡。跟踪当前项目，并预先计划即将到来的同步项目。除了规划和设计工作，商务也是日常工作的一部分——记账、确定规格、订购和跟踪订单。

在你的职位上，你的首要责任和职责是什么？

> 我是我的办公室大部分活动的唯一提供者。我是独立执业者／设计师／企业业主。我监督所有的活动。我做最初的客户访问、确定项目的范围、为项目协调合适的供应商，以及指定所用产品的规格。我根据客户的期望协调设计的理念——并尽我所能向客户传达最终产品的样子。我还要订货，跟踪订单，向供应商付款，以及找客户收费。我做了一些簿记、税务和制图的工作。

私人住宅：主人房
Greta Guelich, ASID
Perceptions 室内设计集团有限责任公司
斯科茨代尔，亚利桑那州
摄影：Mark Boisclair

工作中令你最满意的部分是什么？

❯当然，最满意的部分是发现"啊哈"的解决方案。有时它是定制了完美的产品，有时是使整个项目得以完成的最后的细部或装饰。但对我来说最好的是，找到一个解决困难的空间规划问题的方案，从而解决所有需要我来解决的问题。

工作中令你最不满意的部分是什么？

❯进度延误及达不到客户预期是迄今为止最令我难办的。我已尝试改善我的沟通过程，以解决这些问题。在一个任务上，我要与许多不同的供应商和分包商打交道——如果他们其中一个延误或出问题，其他人也会受阻。当这种情况发生时，整个作业有时似乎要停顿下来，并且客户希望我能回到正轨上来。当某些事不受我的控制时，是令人沮丧的，比如，当一种产品库存缩减，或我不能按照其他供应商的时间表立即提供解决方案时。这些延误会在客户端带来更多问题，几乎超越其他任何我能想到的。客户疲乏不堪，厌倦了无休止的工作——在他们眼里，他们有时会忽视改造可以花多长时间。

哪些人或哪些经历对你的事业影响重大？

❯我仍然记得大学里我最喜欢的教授之一，Robert L.Wolf（IIDA），他是我在艾奥瓦州立大学时的导师。我还记得有一天在他的课上，他分配给我们一个大项目。由于同一天，在另一门室内课程中也分配了任务。大家都开始表达自己的意见，就是在短期内负荷太重（实际可能至少需要三至四个星期！），我们很肯定所有这些不该一次性加在学生的肩上。他提了一个简短明了并一直持续至今的观点："你的客户不会在意你是否有另一个期限，你必须让他们觉得他们的项目是最重要的项目，因为它是他们的。"

我所做的一切使我确信，我从不跟任何人说："我不能做你的项目，处理你的问题，等等。因为我有太多别的事情要忙。"

作为一名室内设计师，你面临的最大挑战是什么？

❯作为一名独立执业者，我尽量平衡一切。我必须学习让自己更多地去依赖别人。然而，客户假定并依赖于我知道发生了什么事，并会监管全程。我不断努力，以确保下一项业务不因时间的限制而受到影响。

求职工具

在室内设计中寻找机会需要一定的工具和策略，这是每个潜在求职者及新员工必须利用的。一份专业的工作，需要不同于那些在高中和大学期间获得的兼职岗位的心态。求职面试时，必须在求职信和简历中传达具体和关键的信息。由于室内设计是个创造性职业，必须通过能够反映求职者掌握了什么及设计公司可如何使用其技能的作品集来反映求职者的创造能力。

下一节讨论起草简历和汇编你的作品集。有关如何准备求职信、简历和作品集的贴士提供了有关其所含内容及格式和表述的重要基础。本书最后的参考资料列出几个可以帮助你的、附有详细信息的选项。你在这里所见的室内设计专业人士的意见将提醒你，在雇用设计人员时设计师应具备怎样的条件。

求职信和简历

在室内设计行业求职的最初阶段必须准备的两个文件是求职信和简历。

求职信应与简历相伴，并将你介绍给潜在的雇主。它是用人单位在读你的简历之前首先要读的。求职信应表达你的兴趣和在室内设计方面的能力，并以这样的方式来建立对你的兴趣。然而，求职信不能太长，最好别超过1页。

求职信通常由三到四个段落组成。第一段就你为什么联系用人单位提供一个简单说明。它也需要有一句话，建立对你的兴趣。第二和可能的第三个段落应突出你的经验和技能。这些段落不必涵盖你的一切。详细内容可以放在简历中。最后一段为你获得回应或请求预约创建一种方式。

最有效的求职信是个别处理的，而不是"针对它可能关注的人"。花时间找出你要联系的人。信必须书写流畅，具有完善的拼写和语法。它应该是打印的——千万不要手写——应使用标准的商业信函格式。当然，室内设计是一个创造性领域，所以在您的求职信和简历的布局和设计中可以有些创意。要考虑两件事：（1）你别希望太有创意（第二种观点，据说来自教师或室内设计师）；（2）你希望你的简历和求职信保持标准信件的大小，以便它们能恰当地存档或被扫描后在线申请。

简历是你在室内设计行业与就业相关的工作和个人经验的总结。与求职信相结合，简历提供了快速浏览你在室内设计领域对雇主有用的经验和技能的途径。因为它是一个总结——通常不超过一两页——与工作经验、学历、特殊技能及某些个人信息相关的信息必须简洁。

无论你是学生还是专业人士，你的简历都应包含这些指定项目：

- 个人联系信息
- 职业目标（学生）
- 职业生涯综述（专业人士）
- 教育经历
- 工作经历

你应该用你的个人电话号码或电子邮件地址来求职——而不是你的工作电话号码或电子邮件地址，即使你目前的工作与室内设计领域无关。其他个人信息，如婚姻状况、服务记录、宗教信仰和参与的社区服务等，不应包括在内。因为这些信息可能不自觉地使雇主歧视你。

对于入门级的设计师，放在简历顶部的职业目标声明是关注的焦点。它指明了你想为雇主提供什么和为自己实现什么。它引诱潜在的雇主阅读简历的其他部分。你会使用一些动态的句子来展示你能给公司带来的或你想在室内设计领域做到的。如果该声明太一般，雇主可能会觉得你并不知道自己想要做什么；如果太具体，你可能会将自己排除在考虑的职位之外。

专业人员使用"职业生涯综述"，而不是"职业目标"。该综述是一份简短声明，说明你做了什么，以及你将如何帮助雇主。这是一份职业经历简介。

当然，你需要列出你的教育信息。学生可能想简要列出所修课程，以帮助雇主了解你所受教育的质量。如果你求职所在地区的用人单位不熟悉你的学校，这是特别有用的。专业人员应强调工作经历而不是教育经历，并将工作经历部分放在教育经历之前。

入门级设计师的简历应简明扼要并包含关键信息。工作经历通常以时间倒序排列（目前或最近的工作排第一）。这种格式被称为"编年简历"，是最常见的简历格式。每个位置通常显示为：工作日期、公司名称、地点、职位，及职责简述。该简述应简短明了，说明你所在职位的成就和责任。请确保你的条款涉及在你所申请的室内设计职位所需的技能。对于你能做什么，必须始终保持诚实，因为简历中的不诚实最终会被发现。另外，要精炼求职信和简历的格式和内容，可参阅"室内设计参考文献"（第310页），访问您当地的书店，并咨询能获得创建求职材料信息的许多网站。可以从 ASID 和 IIDA 的网站，以及 www.careersininteriordesign.com（一个专门提供室内设计职业信息的网站）上获取信息。另一个提供职业信息的网站是 www.Monster.com。

公共设施／医院、公司

BETH HARMON — VAUGHN, FIIDA, AIA 联席会员，
LEED—AP
GENSLER 公司办公室主任
菲尼克斯，亚利桑那州

是什么带你进入你的设计领域？

> 我对空间和物体的设计感兴趣。我在高中时是学艺术的学生，并且知道我想追求设计领域的职业生涯。

在你的专业领域，设计师最重要的品质或技能是什么？

> 一名成功的室内设计师最重要的素质是换位思考——理解客户的需要、世界观，以及对环境／空间的需求。

你的专业领域与其他领域有何不同？

> 我是一名室内设计师，而不是一个多面手。不过，我觉得内部环境的设计是室内设计师，而不是任何其他学科的职权范围。我们根据一个人或一组人的需求，由内而外地设计；我们很好地理解人们在空间中如何使用、移动、生活和工作。

在你的职位上，你的首要责任和职责是什么？

> 我运行一个中等规模的企业，它隶属于一家非常大的设计公司。我雇用和开发员工，为新项目做市场营销，为经济增长和持续改进我们的业务制定战略，解决日常的金融／财政问题（账单、汇总、合同），并通过我们的办公室文化共同努力，创造卓越的设计。

工作中令你最满意的部分是什么？

> 我的工作最满意的方面是，与我的团队和我们的客户共同工作，帮助他们建立对其未来的想象，并看到这些想象变为现实。

哪些人或哪些经历对你的事业影响重大？

> 继续教育提高了我的水平。旅游扩大了我的全球视野。IIDA 的会员身份增进了我对我们专业的理解。实践经验磨练了我的客户关系和设计与管理技能。

作为一名室内设计师，你面临的最大挑战是什么？

> 不断地与其他设计专业的团队成员合作，并帮助他们理解室内设计师为客户和我们的项目带来的独特价值。

室内设计作品集

对所有室内设计师来说，另一个必要的求职工具是作品集。作品集是你拥有的设计技能的可视化记录。拥有并提交作品集的目的是展示你掌握了你所申请的工作所要求的技能。其中收入哪些作品是个非常重要的决定，因为它不可能包括与学生或专业人士的技能和经验相关的每个项目。

对学生来讲，选取的作品应重点关注公司的需求，同时展示多方面的技能。例如，如果你向住宅设计公司求职，那么作品集中的大部分作品应与住宅项目相关。但是，你也可选取其他类型的项目，尤其是当这些作品所表现的技巧在你的住宅项目作品中未能充分展示时。

作品集的组织应展示你已完成或有能力完成的最好的作品。对于找第一份工作的学生来说，作品集中的所有内容都必须是他或她能力范围内最优秀的作品。作品集通常包括以下内容：

- 草图
- 空间平面
- 家具布置平面
- 色彩搭配

- 施工图和设计说明文件
- 透视图
- 项目的照片、幻灯片或印刷品

私人住宅：客厅
Perceptions 室内设计集团有限责任公司
斯科茨代尔，亚利桑那州
摄影：Mark Boisclair

有一定工作经历的设计师应当在作品集中展示已完成的项目。雇主希望看到已完成项目的照片，和设计文件的样品，后者说明了设计师对技术技能的掌握。

作品集必须有较好地编排。在长达一个小时的采访过程中，招聘者也许只会花 10 至 20 分钟看求职者的作品集。有机地组织内容，尽可能用最有效的方式来讲述你的故事。作品集的开端应选取与招聘职位密切相关的作品。如果你在家里做足了工作，了解了公司的相关情况及其对应聘者的需求，你的作品集会编排得更好，也能使你本人显得更有条理。

作品集永远没有完成的时候。当你提高了技能，或者完成了更多令人兴奋或有意思的项目时，可以把不重要的作品替换掉。专业人士会用照片不断记录他们完成的项目，以开拓其目标市场，并收入作品集，为将来新的工作机会做准备。因此，获得你能达到的最好质量的照片非常重要。尽管现在数码照片非常流行，但也可让专业的建筑摄影师来拍摄项目照片。

你能描述一下求职者的最佳作品集吗？

➤一本好的作品集包含与我的目标市场（办公室、小型医疗办公设施和养老院）相关的几类项目的作品，一个或两个颜色和饰面样板的作品，一些 CAD 图纸，一些手绘的图和字，粗略的草图，以及某些能展示求职者的创造力和解决问题的能力的东西。其格式应便于观看和操作，并且一目了然，否则，我还得要求求职者留下它，直到我有时间看它。

Terri Maurer，FASID

➤是刚从学校出来吗？要充分显示他们的沟通、技术和设计的能力。

Bruce Goff，ASID

➤最佳作品集应在 9 英寸 ×12 英寸的作品集中包含展现其各方面才能的作品，包括图纸、平面规划、素描、透视图、色彩样板及已完成项目的照片。求职者可以随作品集附带其最好的色彩样板，或在他们的作品集中收入色彩样板的彩色照片。9 英寸 ×12 英寸的规格对面试来说较为简洁。

Greta Guelich，ASID

➤最佳作品集向我展示了求职者方方面面的技能。我喜欢看早期的项目是否被感动，然后看其后的项目是否有发展。织物、饰面和家具的选择同样重要。作品集的编排告诉了我求职者的很多信息。基本上，作品集应是对年轻设计师的技能的简单而坚实的介绍。

Charles Gandy，FASID，FIIDA

➤作品集应代表一个人做过的最好的作品，包括有代表性的施工文件、图纸、效果图、客户计划，及已完成项目的照片。换句话说，要简单明了。

Sandra Evans，ASID

➤不同种类的、良好的、清楚的作品，精确的图纸，符合逻辑的布局（不矫揉造作的），素描的能力，必要的建筑印刷品。

Pat McLaughlin，ASID

➤作品集应包括能说明设计师在项目中所任角色的作品样例、项目范围的概述和色彩样板的数码照片或实际样例。此外，推介信会有额外的好处，如果它们能说明设计师的公信力和与人合作的能力的话。

Leonard Alvarado

➤一些速写作品，几个空间规划和概念设计的作品，和几套图纸。还有色彩和材料的样板，既可以是实际样板，也可以是照片。

Melinda Sechrist，FASID

➤包含设计师参与的项目，诚实地描述他或她个人在项目上的作用，通过项目来证明其在开发设计方案中对客户目标的理解和响应。

Marilyn Farrow，FIIDA

➤大多数求职者带来一个糟糕的作品集，其中很少有高级项目，并有大量的残次品—— 一个折中的任务组合，

它只提供了一点点洞察设计师或建筑师在现实世界中的能力的信息。我喜欢看到大量高级项目，它们不是垃圾，能真正体现求职者做过些研究，智慧地思考过解决方案，并以优美的方式描绘出来。此外，优秀的表达能力非常重要。

Jain Malkin，CID

➤最佳作品集有手绘的草图、渲染图、学校项目或实际工作的照片、AutoCAD图纸、一套施工图及说明书，以及在提交的每个项目中设计师将哪些部分放在一起的简要说明。

Linda Santellanes，ASID

➤作品集应该表现出你解决问题的过程和逻辑。我们更有兴趣了解你处理问题的方法，然后才是漂亮的图片。我们关注你在完成项目的过程中创造的结果。如果你有擅长的专门领域——例如，绘图或制作演示文稿——我们也愿意看到。展示一个能表现你处理小型和大型项目的手段的小范围的项目。

Sari Graven，ASID

➤对我来说，作品集不是最重要的事。最佳的作品集是整齐的、有组织的，并能显示多样性及设计过程的主要方面。

Donna Vining，FASID，IIDA，RID，CAPS

➤我们期待大量多样的项目类型、技术经验、素描、参考文献及组织。

Fred Messner，IIDA

❯作品的汇编,说明什么是成功的,什么可能得到改善。

Sally Nordahl,IIDA

❯我期待创造性思维,广阔的多个领域的实践知识。我期待基本的表达能力,尤其是求职者提出意见的能力。我期待对行业的热情。

Linda Elliott Smith,FASID

❯作品集应是对求职者技能的简明表达,并重点关注设计公司所需的工作类型。

Linda Sorrento,ASID,IIDA,LEED-AP

❯一个美学和技术的完美平衡。AutoCAD 和文档技能必不可少,并有很好的设计范例的演示技巧和精美的简历。

Robert Wright,FASID

❯作品集呈现精美、创造性和工作中的自豪感。虽然一系列的基本技能是最起码的要求,我更倾向于把更多重点放在如何说明他或她的作品集,而不是它的实际内容。

Suzan Globus,FASID,LEED-AP

❯在各类项目中的经验。CAD 的经验。作品集中引人注目和令人兴奋的项目(这就是你所说的"最佳",

对吗?)。来自前雇主的良好推荐。从有信誉的机构获得的良好教育。

我认为,即将毕业的学生应该去做任何能让他们获得经验的事情——并且,可能的话,在一种以上类型的公司实习。

Linda Kress,ASID

❯对入门级职位,应结合艺术功课(手绘作品)与技术文档的能力(CAD 和手绘图纸)。对于其他职位,应提交广泛的项目工作职责:手绘图纸、手绘草图、描图工作、材料样板 / 选择、计划文件、已完成项目的照片,等等。这些作品必须以合理的尺寸有机地编排。并非所有的作品都必须是原件,但必须对它们进行专业的拍摄。

David Stone,IIDA

❯作品集应该体现广泛的技能,而不只是漂亮的图片。

Rosalyn Coma,FASID

❯不。我很抱歉,但它可以有太多东西。对入门级设计师来说,我喜欢看原创的设计作品和有趣的演示文稿——CD-ROM 或网站都很好。对经验丰富的人来说,我想看到其已完成项目的影像,以及任何他们可能有的尚未建成的项目,并且,最好以有趣的格式。

Beth Harmon-Vaughn,FIIDA

求职面试

正如你所料，工作面试是个关键时刻，你可以在其间给人留下美好印象，并说服雇主你是唯一适合填补其工作空缺的人选。那一刻，取决于你出现在办公室或工作室之前的、建立在你的简历印象基础之上的形象。请记住，你只有一次形成第一印象的机会。这意味着最初那几分钟的每件事，从如何迎接接待员，到你穿什么衣服和如何握手，都可以让你在面试机会中加分或减分。

不要将面试当作与潜在雇主单独的互动。面试是一个有准备才开始的过程。对一个专业的室内设计职位，你需要在实际面试前做好准备，以便你将它变成积极的经验和机会。首先，确认你的预约，并确保你知道如何去办公室。复习你对雇主所做的功课，清楚企业需要什么，做什么，以及你该如何融入该公司。然后，为即将到来的面试，检查你的作品集，如果需要就重新编排。最后，对面试官可能会问你的问题，做好心理准备。

即便室内设计是一个创造性的行业，求职面试时，你的外观也不要过于时髦或随意。即使你知道该公司的业务着装风格是休闲型的，你的服装也应该是保守的，即，男人，西装加领带；女人，套装（或礼服）加外套。当然，住宅设计公司更接受较时尚的装扮，而商业设计公司一般都比较保守。

求职面试对大多数人来说是个紧张的状况。每个人在面试前都紧张。但是，你的准备应该会帮你在等待面试官时放松自己。有些公司实际上故意让你久等。这看起来似乎有些残忍，但这个想法是要看你对压力的反应。接待员随后会报告你的紧张或烦躁程度。所以，放松身心。阅读一本杂志，尽量不要摆弄你的作品集或手袋。入门级设计师在他们试图获得第一份工作时更紧张。还有一件事：当潜在的雇主迎接你时，应起立并准备握手，但要等待他来握你的手。

有些公司采用团队面试或多重面试。在团队面试中，一人主导面试，然后再由公司其他成员向你发问。团队面试在大公司是最常见的。你也可能会遇到多重面试。这意味着，该公司可能会在同一天面试几个有潜力的员工，随后再约见其中几位做更深入的访谈。多重面试也是大公司可能采用的模式。如果你申请去一家小型设计公司，你很可能直接被业主面试，除非面试进展顺利，且他们有可能为你提供一个职位，否则你不会碰到除接待员之外的其他员工。

当你接受面试时，不要引起个人问题、争论或好像你在乞讨工作。如果你被询问是否曾经被解雇，无论如何，你需要诚实，并说出事实。简单介绍一下情况，而不要使其成为焦点。有些面试官会问尖锐的问题，来考验你在压力之下的反应。诱惑可能会引起争辩，但不要让这种情况发生。尽可能保持冷静，并专注于你的强项，因为它们与工作相关。

你可能会被问到的问题是：

你为什么要去 ABC 公司工作？

你对我们公司了解多少？

请告诉我你在这个行业的资质。

请告诉我你自己的情况。

你以前的经历与这个职位的联系有多深？

你的长处和短处是什么？

当采访即将结束时，你会想问有关薪酬和福利的问题。如果你了解该公司为该职位面试了几个人，就一定要问清楚，他们将于何时做出决定。如果你得到了报价，准备好说"是"。如果提供的薪酬水平或工作类型与你的预期完全不同，可以要求过一天再做决定。然而，当你获得职位时，请不要让雇主等待一天以上的时间。如果你喜欢这份工作，但还有另一个面试，并希望等到那次面试，那么你可以要求过一天再做决定。如果你喜欢这个报价，请致电取消预约。所有的面试都要跟进一个简短的感谢。这是一种礼貌，很少有人涉及，即使他们应该。

面试导航中还有很多其他策略。参考文献中所列的几本书可以帮你解决具体的问题。

电子求职策略

越来越常见的是，大型室内设计公司使用电子手段来寻求或资格预审潜在的员工。公司还会在公司网站和招聘网站上发布空缺职位信息。求职者可以浏览网站，搜索潜在职位的信息。学生，及 ASID、IIDA 或其他组织的专业成员，可以为潜在的空缺或发布自己的简历搜索协会的工作库或工作服务网页。

电子简历的样式和格式必须简洁。适合印刷简历的花哨的字体、图框、图形等格式方法对电子简历来说，可能是灾难性的。保持文件的简单，以便接收的公司正确地读取简历。如果该公司（或工作库）使用搜索程序，采用与行业相应的关键词，就能将这样的简历挑选出来。

如果用电子邮件发送你的简历，请将它放在邮件的主体，而不是作为附件。很多公司都害怕附件可能伴随的病毒。由于垃圾邮件的泛滥，许多接收者将无法打开陌生人的电子邮件。与设计公司联系，以确认他们是否接受以附件发送简历的电子邮件，是个好办法。

无论你使用电子邮件，还是传真，请务必随你的简历发送一封求职信或注解。盲目发送或滥发你的简历，将把你挡在门外。你不会向邮局寄送不带求职信的简历，对电子邮箱，也是这样。

雇用新的设计师时你会考察哪些方面？

❯热情，专业，人才，个性。
Janice Carleen Linster，ASID，IIDA，CID

❯我会考察设计师天生的查看全局图和在框架内做出决定的能力。漂亮或新颖的解决问题的方案的创造性几乎不同于以功能、价值和美学的平衡为基础的方案。
M. Joy Meeuwig，IIDA

❯学历，人际交往能力，及良好的设计眼光。它们将如何融入员工团队。
Debra May Himes，IIDA，ASID

❯我期待具备卓越的创意和技术技能的人。他应该喜欢学习，并能很好地代表我的公司。
Linda Santellanes，ASID

❯近30年来，我一直在设计和建筑公司工作，其中的项目团队方式一直很规范。因此，聘请室内设计师时，我总是考虑我现有员工的技能和经验，并希望新员工能提供互补的技能，以便我们有一个平衡的项目工作团队。例如，如果目前的员工以细部设计为主，那么，我可能需要

一个设计全局图的人，如果目前的员工的空间规划能力较强，那么我可能会寻求在色彩、材料和饰面方面有特长的人。如果目前的员工缺乏良好的汇报或演讲技巧，那么，良好的口头沟通能力可能是面试时最让我心仪的。我关注的是，有一个成熟的团队，其成员能协同工作，并相互学习。

尽管需要一支伟大的团队，但在设计竞争、文件处理、电脑操作和解决问题方面的能力也是必需的。
Barbara Nugent，FASID

❯我自然而然地相信，信誉良好的学校的毕业生知道设计的过程。新毕业生和从业者的作品集展示了他们与我们公司和客户的期望相对应的创作水平。
Jennifer van der Put，BID，IDC，ARIDO，IFMA

❯成功完成设计教育的人。特点包括：有才干、创新、自制、敬业、精力充沛、善于沟通、大胆和有纪律性。有兴趣背景的人也常常被考虑，如，喜欢旅行并有很多爱好的人。
Alicia Loo，CID

❯我首先考虑设计才干和技术技能。但是，我最期

待愿意学习和成为团队成员的人。

Beth Kuzbek，ASID，IIDA，CMG

❯我首先看重的是学历，以及参与专业协会、推销自己的能力和通往 NCIDQ 考试的途径。专业的表现，及结构严谨、界面良好的作品集也很重要。 CAD 知识和三维设计技能也越来越重要。

Juliano Catlin，FASID

❯常识——以及良好的沟通能力，良好的心态，积极，及真正专注于客户服务。表达、提炼、成熟和幽默。

Lisa M.Whited，IIDA，ASID，IDEC，CID 迈阿密分会会员

❯图形和口头沟通的能力。激情。

Neil Frankel，FAIA，FIIDA

❯面试时良好的沟通技巧，好的作品集，好的智力，及 AutoCAD 方面的竞争力。因为我喜欢教学，所以我不介意当时缺乏经验的人。但我的公司雇用我，是因为我年纪较大并有丰富的经验——他们需要能够处理客户关系的人——而不是仅仅将漂亮的饰面样板放在一起的人（不是说饰面样板不重要——我们今天刚刚收到来自一位商业客户的赞美，他真正喜欢使用我们为促进其将要在他们的神学院所做的工作而准备的饰面样板）。有时，我们公司会寻找计算机绘图方面的专家——其口头沟通技巧并不比作品集和能力更重要。所以，答案是：一切取决于公司当时的需要。

Lindo Kress，ASID

❯基本的 CAD 技能、个人设计的表现技能、良好的职业道德、技术知识及热情。考察专业经历（实习情况）也很好。

Fred Messner IIDA

❯四年制学位；FIDER 认证。

Teresa Sowell，ASID，IFMA

❯同理心（对客户的需求）、完整性（精度是非常重要的）、团队合作精神（与同事和项目团队成员）、沟通技能（口头和书面的），以及，当然，最重要的条件：高水平的基本设计技术（空间规划、材料和饰面的选择、细部设计、制图、素描和 CAD）。

Jeffrey Rausch，IIDA

❯有能力定义问题，清晰地表达方案并付诸实施的人。解决问题的能手。愿意挑战现状，接受新的思想和做事方式的人。灵活幽默的人。

Sari Graven，ASID

❯有良好的沟通和逻辑思维能力。AutoCAD 是一个先决条件。

Suzan Globus，FASID，LEED-AP

❯招聘时，我们首先考察设计才能，但几乎同等重要的是沟通能力，而不仅仅是绘图能力。最重要的沟通技巧是口头沟通的技能。

M. Arthur Gensler Jr.，FAIA，FIIDA，RIBA

❯具有良好的沟通能力和愿意努力学习和工作的人总会作出贡献，但特定的岗位需要特定的技能。例如，CAD 经理与项目经理或项目设计师就需要不同的技能。

Rita Corson Guest，FASID

办公室：多媒体演讲室
Terri Maurer，FASID，
Maurer 设计集团公司，阿克伦，俄亥俄州
摄影：David Paternite

▶愿意倾听和学习，且态度积极的人。

Sally Nordahl，IIDA

▶智慧、激情、卓越的设计能力、素描技能和 CAD 技术。

Nila Leiserowitz，FASID，AIA 联席会员

▶我期待有开放心态的设计师，他应该愿意学习，灵活，并愿意尽一切把工作做好。

Greta Guelich，ASID

▶有进一步发展的态度和意愿。

Donna Vining，FASID，IIDA，RID，CAPS

▶人品。与我的良好互动。扎实的设计感觉——没有噱头，只有扎实的设计。但是，人品是真正的关键。

Charles Gandy FASID，FIIDA

▶首先，我期待有良好的心态。我可以教人技巧，却很难纠正不良的心态。天堂对我来说，就是发现一个

已经具备医疗设施经验的人，但这是非常罕见的。

Jain Malkin，CID

▶首先是领导能力，然后是才干。

Rosalyn Cama，FASID

▶我们期待具备技术技能和强烈的职业道德——团队合作精神的人。

Linda Isley IIDA

▶我期待对专业的执着，其中包括室内设计的学历。如果他目前还没有参加考试获得认证，我期望他正在通往考试的路径上努力。此外，我期待他有良好的人际交往能力。

Linda Elliott Smith，FASID

▶毕业于 FIDER 认可学院的学位（最好其室内专业设在建筑学院内，且为五年制的），在好公司或跟好导师做的实习，在国外旅游或工作的经历，及其他的东西。"其他的东西"可以有很多。我曾经与世界级的登山运动员、艺术家、厨师、飞行员合作——"其他的东西"

通常给人以超出其设计教育和经验之外的平衡和尺度。

Beth Harmon-Vaughn，FIIDA

❯作为一位独立执业者，我是招聘过程以外的一种。但如果我聘请新的设计师，我会寻找可以做很多事情的人，不只是设计一个项目。他们可以做更多的事，来帮助业务顺利地进行，如创建合同和文件，订购和催货，及其他对公司更有价值的事。如果你仔细想想，聘用一位只想设计项目的新设计师只能为我做一点点，因为一个小企业主，除了成倍的文书工作，还有很多不得不做的业务工作。我愿意找一个能分担工作，并有能力在我不在时承担所有基础性工作的人。

Terri Maurer，FASID

❯我考察三个基本技能：沟通能力，与他人合作的能力，及创作能力。

Linda Sorrento，IIDA，ASID，LEED-AP

❯才干，人际交往能力，渴望提高并享受旅程。

William Peace，ASID

❯能量、热情和对设计的激情。但这并不会走得很远，除非你加上优秀的书面和口头技能，责任感和完整性，以及强有力的设计作品集。个人在大学的表现几乎可以告诉你，他未来在专业领域将会有怎样的作为。他有没有参加课程？是否按时完成作业？是否参加课外活动？旅行了吗？工作了吗？我想与了解他在学校情况的人谈话——也许是一位教授，或者是其他的学生。

Robert Wright，FASID

❯教育、经验、创造力，以及向机构内的其他人推销自己和自己的想法的能力。

Leonard Alvarado

❯当然，我想要一个有创造力的人。我最感兴趣的是，他们的训练和生活经验。我寻找获得 FIDER 认证专业学位的人，以及有旅行或其他扩大教育基础的经历的人。职业道德也很重要，因为这个人必须对企业收入做出贡献。

Sally Thompson，ASID

❯首先是对设计和人的热情，还有 AutoCAD、创意设计、色彩和组织的技能。

Sandra Evans，ASID

❯自我激励。

Pat Campbell Mclaughlin，ASID

❯一个有四年制学位的、受过教育的设计师，他能绘图（手绘草图和 CAD 图），有良好的心态，并愿意做任何需要做的事情。

Melinda Sechrist，FASID

❯与我对话的能力，对行业的责任（使你总想知道得更多），以能够很好地反映我的工作和我的公司的方式与我的客户联系的能力。

Michael Thomas，FASID

❯沟通技能，技术技能，设计技能——以这样的顺序。

Bruce Goff，ASID

在现在的公司工作，你最享受的是什么？

❯客户！从事高级住宅方面的设计在绝大多数情况下意味着，你会和一些有趣且富有创造力的人一起工作。这些人通常做事果断，且非常尊重设计师的角色。
Charles Gandy，FASID，FIIDA

❯我拥有它！因为我是一间小公司的老板，我的日程表可以比较弹性，这允许我参加一些外面的组织。
Greta Guelich，ASID

❯我喜欢独立设定我的步伐和日程表，不需要请求对方批准才能按照设计概念推进或探索其他方法。
Terri Maurer，FASID

❯我喜欢在项目和对我们社会很重要的主题（如可持续发展）上与我们公司广泛合作。
Beth Harmon-Vaugh，FIIDA，AIA 联席会员，LEED-AP

❯当然，拥有自己的公司使我每天喜欢去工作，但我也努力为我的员工和客户创造一个快乐的气氛。也许，除了富有创意之外，我做得最好的一件事就是建设了一些东西。我想这就是我的全部。我喜欢建设好的项目、好的客户业务关系，以及我的企业。
Debra May Himes，ASID，IIDA

❯我在一间大的建筑公司工作。8 个合伙人和所有的建筑师都将室内设计看作是一个完全独立的专业。他们尊重室内设计的整个过程，并承认它的价值及在完善建筑设计上的重要性。
Jennifer van der Put，BID，IDC，AEIDO，IFMA

❯遇到很棒的客户并同很棒的人一起工作的机会。我发现团队合作是项目中最让人享受的部分。
M.Arthur GenslerJr.，FAIA，FIIDA，RIBA

❯我拥有它！我已经参与了一些有趣的项目而且很享受和我的绝大部分客户共同工作。
Melinda Sechrist，FASID

❯我很高兴作为 Associates III 公司的一分子 27 年多，这是一家在住宅室内设计领域不断创新、充满活力且由女人掌管的公司。
今天，当我走向我的下一个企业时，我喜欢培养自己的创业精神，追随自己的梦想——可能性是无限的。
Annette Stelmack，ASID 联席会员

❯我有一个很好的团队，他们支持我，也支持我为客户所做的工作。
Michael Thomas，FASID，CAPS

❯作为一个高级设计师，我享受与那些高级决策者的共同工作。当你能够和公司的真正领导者交谈的时候，你好像可以看到项目的实现。
Marilyn Farrow，FIIDA

❯我最享受欢笑。它出现在员工以及我们合作的设计团队的创造力和友情中，也出现在客户的信任、忠诚和快乐中。
Suzan Globus，FASID，LEED-AP

教会家具：圣查尔斯伯的神龛。凯特林，俄亥俄州
James Postell，辛辛那提大学建筑与室内设计学院副教授
辛辛那提，俄亥俄州
摄影：JAMES POSTELL

❯我享受作为一个团队来合作和解决问题的能力。
我在一家有4位建筑师和2位室内设计师的小公司工作。
当受到最后期限的压力时，我们都会加快步伐，并帮助
我们的同事按时完成项目。我观察到，小公司显得合作
更多，而较大的公司总是给每个员工指派特定的职责，
且不会发生太多交叉。我为从事体育及运动领域的工作

的团队提供我的建议。作为一个年轻人，我对集体项目
（如排球或篮球）的喜爱，远超过越野跑。
Lauro Busse，IIDA，KYCID

❯项目的大小。
Teresa Sowell，ASID，IFMA

❯对专业的尊重。
Nila Leiserowitz，FASID

❯我对我现在的公司最满意的地方是由合伙人和雇
员所营造的专业氛围。我和一个管理得很好的小公司签
约。他们有尊重雇员和客户的氛围。他们不仅从重复性
业务中获取了大量的工作，而且很享受他们的工作。合
伙人着力营造一种氛围，使员工们对他们取得的成果非
常自豪，并且使他们理解这些成果是从哪里来的。
Linda Santellanes，ASID

❯我为我们完成的工作和得到的成功而感到骄傲。
我喜欢看着我们的新设计师发现自己并建立自信。他们
有许多需要学习的东西。
Robert Wright，ASID

❯我享受由我的同事和我工作的环境所激发的灵感。
Linda Sorrento，ASID，IIDA

❯与出色的客户一起工作的机会。
Rita Carson Guest，FASID

❯它是我自己的公司。这给了我为客户需求制定产

品规格的独立性和自由度，而不是某个人来要求我制定
规格，以满足销售额或销售要求。

Sally Thompson，ASID

> 我喜欢，是因为我可以按自己所想来努力工作，
同时能花自己需要的时间来陪伴家人，而无需向我的老
板要求休息时间。

Maryanne Hewitt，IIDA

> 我真的很喜欢与客户互动并解决问题。

Lisa Slayman，ASID，IIDA

> 我是独立顾问。我可以住在巴亚尔塔港，任华盛
的 ASID，在香港和中国做我的工作，我所有的时间在
西雅图、巴黎、洛杉矶、马利布、北京和香港与设计团
队成员合作。有什么不喜欢的？

Bruce Brigham，FASID，ISP，IES

> 大部分的工作时间都是令人兴奋的。我们有非同
一般的工作环境，以及能提供大量进行创造性和超前性
设计机会的客户。

Jain Malkin，CID

> 在 Hixson，我们有一个强大的团队环境，并且，
在那儿，我们可以通过在我们的建筑、室内设计和工程
领域的合作学到很多。有个好的团队，你可以通过合作
和分享"大脑的两侧"来提出一些伟大的方案。此外，
我们公司有"不断进步"的承诺，它使教育对每个人都
很重要，并且，它反过来回馈公司和我们的客户。

Colleen McCafferty，IFMA，USGBC，LEED-CI

> 因为它是我自己的公司，所以我很喜欢它。我创
建公司的目标是，做伟大的设计工作，能处理技术项目，
有良好的合作和工作的乐趣。

Jo Rabaut，ASID，IIDA

> 我的公司现在基本上只有我，因为我已经把公司的
经营转向了另一个方向：书写和提供教育课程。我仍然和
一些长期客户维持关系，并在他们需要时为他们工作。

Linda E. Smith，FASID

> 公司的国际地位使其能在广大的地区接触到大量
不同类型的项目，从本地小型的政府项目，到大型的、
国际的、全方位服务的项目——以及有能力致力于区域
机场、本地赌场、高档银行、小儿心胸外科 ICU 医院、
建造在中国的公司办公室，以及中亚地区的大学校园。
这些项目结合了我各种类型的同事，无论是在当地的办
事处，还是在整个公司，它们提供了广泛的兴趣，以保
持"老狗"的快乐。

David Stone，IIDA

> 我在科罗拉多州立大学教书。我有卓越而勤奋的
学生。我愿意待在教室里向他们学习。这是我最享受的
部分。

Stephanie Clemons，博士，ASID，IDEC

> 室内设计专业最棒的事情是你可以进入其他产
业，而你在教育和经验中所得到的原则可以帮助你在各
种尝试中脱颖而出。我现在工作的制造企业与全美国的
室内设计师和建筑师合作，以寻求在他们的项目中使用
我们产品的机会。这个工作使我一直处于建筑设计领域，

办公室家具代理商：Arbee Associates 总部意见交流区。盖瑟斯堡，马里兰州
室内设计：Gensler 公司（华盛顿特区）与 Arbee Associates 公司合作
摄影：Kevin Beswick

并让我参与了上百个项目，且和许多有趣又令人兴奋的建筑师与室内设计师合作。

Beth Kuzbek，ASID，IIDA，CMG

❯ 我太喜欢我们这儿的设计师团队了。我也喜欢在过去几年里我们公司所转入的高级市场。它对我们的团队正合适。

Jeffrey Rausch，IIDA

❯ 在这里我太快乐了！我为一些正直、智慧、幽默且辛勤工作的建筑师工作。他们的幽默使我们的工作环境充满欢笑。虽然他们开玩笑称我为"室内装潢师"，但是他们已经看到我的价值，并感谢我的工作完善了他们的项目。但我最喜欢的是，我可以做各种工作。有时我做那些通常的事——家具、饰面、设备、家具列表、

饰面列表等。另一些时候，我会见客户——迎接挑战，确保客户愿意和"Lotti，Krishan & Short 公司"合作。还有一些时候我出差去做市场调查或跟我们的市场部经理一起做汇报。这就是竞争给人们带来的兴奋。我还经常绘制室内立面图——我在 50 岁时学习 AutoCAD。我喜欢它！有时我用 AutoCAD 的三维功能结合 Photoshop 做某个空间的小型计算机模型，以帮助我们的客户更容易理解它。我经常与分包商和制造商的代表交谈或参加讲座——在那里经常可以学到一些有趣的东西。我认为，我享受我工作的每个部分。

Linda Kress，ASID

❯ 如果设计师有机会参与项目的各个阶段以提高自己的能力，他们会变得很完美。我享受我的工作，因为每一天都不同。我在各个领域都持续不断地受到挑战，

并能不断提高自己的能力。不需要用日常的工作把自己局限起来或使自己停滞不前。

Leonard Alvarado

> 我为自己的将来做决定的自由和弹性。

Sally Nordahl，IIDA

> 我享受拥有自己公司所带来的自由。当然伴随自由而来的是，对客户、雇员和供应商的责任。

Juliana Catlin，FASID

> 我参与了高档酒店项目。它们的地域、周围环境和类型各不相同：从具有历史意义的地标性酒店，到高端城市商务酒店，再到度假型酒店。

AliciaLoo，CID

> 我必须说，那是挑战带来的刺激感。我们的公司每天都在迎接挑战。我们约有 85 名不同专业的员工，包括建筑师、室内设计师、土木和结构工程师，以及交通和土地利用规划师。这是一个快速、多功能的环境，在这种环境下，客户要求我们有极强的紧迫感及高度的责任感。我们的客户每天都会对设计、预算或完成日期提出难题。我喜欢迎接挑战。

Susan B. Higbee

> 能够借助全方位、多领域服务的总公司的优良资源，作为一个拥有独特文化和独特的室内设计经验的子团队进行运作。

Janice Carleen Linster，ASID，IIDA，CID

> 我喜欢的是：建筑师和室内设计师，以及我们的顾问工程师和景观设计师之间的互动。我很幸运，能在一个小城市工作，它拥有独特的政府和私营部门的大型项目。我们的公司也有机会与许多知名的国际公司合作，其中包括 NBBJ、Perkins &Will、HDR 和 ZGF。这些优秀的学习经历坚定了我留在小城市和小公司所提供的独特性和多样性中的愿望。

Mary Knopf，ASID，IIDA，LEED-AP

第 4 章 室内设计专业领域

很多人认为，室内设计专业分为两个大类：住宅和商业。住宅室内设计主要针对私人生活空间，例如独院住宅、公寓和单元住宅。这一领域的室内设计最容易被想到，因为它得到媒体如此多的关注。商业室内设计涉及企业和政府拥有的多种设施，如医院、酒店、学校、政府办公楼和企业办公设施。

这两个大类涵盖了大量的目标领域。事实上可以说，任何一个专业领域都能成为一种专门职业。专门职业是整个建造工业中高度专业化的，甚至是独一无二的部分。例如，家庭式病房的设计是在商业设计领域内健康保健设施设计中的一项专门职业。第二居所和度假住宅的设计是住宅室内设计领域内的一项专门职业。

不论擅长何种领域，大多数室内设计师或室内设计公司不会仅仅从事单一类型的设计。很多住宅室内设计师偶尔也设计专业办公空间。一名招待空间设计师会从酒店客房转换到企业办公室的设计；一名为办公家具供应商工作的室内设计师经常有机会设计员工自助餐厅，甚至是私人住宅。

经济可以影响室内设计专业人士在专业领域间的转换，并实际上培育了一种以上的方向。在经济强盛的时候，如 20 世纪 90 年代后期，高度专业化的设计师和公司极少从事其专业领域之外的工作，并将其业务模式集中于专业领域，以获得进一步的成功。

然而，当经济减缓时，有策略的设计公司和设计师个人常常会把设计业务扩大到两个或更多类似的专业领域。本章（及本书各章）提到的大多数专业室内设计师主要从事一个或两个专业领域的设计，并能将那些经验应用到各种室内类型中，他们能像其他运转良好的企业一样，适应市场的变化。

自本书第一版出版以来，有些设计领域获得了行业的重视。可持续设计，私人住宅的老年生活设施和就地养老概念，以及住宅的厨房和浴室设计——它们本身就是一个专业领域，在这个行业及我们的历史中有了新的突破。

住宅室内设计

你很可能会因接触到自己的家或房子的空间设计对其产生兴趣而变得对室内设计感兴趣，并购买本书。负责设计私人住宅的室内空间是一项有趣的挑战。住宅室内设计师把他们的专业技能和知识带进既满足客户的家庭、社会和功能需要，又创造美观空间的设计构思中。专业的室内设计师还能理解并运用相应的建筑规范和处理影响住宅空间的安全问题。成功的住宅室内设计师知道如何专业地测试和理解客户的需要和愿望，以帮助客户做出决定，推动项目的完成。私人住宅是非常特定和私人化的项目，因此很多客户很难作出必要的决定。帮助他们做出决定是住宅室内设计之所以吸引很多专业人士进入这一领域的原因之一。

从事住宅室内设计时，专业的设计师可能会致力于涉及整栋住宅的工作，也许从初步规划阶段与建筑师和定制住宅建造者的合作中就开始了。大型的住宅可能要花几个月，甚至几年的时间来完成。尺寸不太复杂但在概念中并非必需的，属于改建项目，如修建一个新厨房或家庭室。住宅设计项目还包括很多直接对住宅进行重新装修的项目。改造项目会涉及改动非承重墙，替换壁橱，重新布置上下水装置及其他设备构件。住宅改造也许会使原房子增加一个房间。必须指出，在某些地区，此类工程必须由建筑师完成。重新装修包括改变墙壁、地板和顶棚的建筑饰面材料。也许会扩展为更换窗户贴脸及布置新的家具。

室内设计师负责确定客户的喜好及室内空间的规划和规格说明，以保证设计满足客户的需要。根据项目的大小，室内设计师可以针对所有的室内建筑元素、配饰及其他在第5章所讨论的设计进程所涵盖的元素，提供不同的空间规划方案、家具布置、色彩样板及外装饰材料说明。地方法规可能会允许室内设计师完成改造项目的施工图，或要求他们和建筑师一起完成施工文件。

典型的住宅设计方向包括：

- 独院住宅
- 共管式公寓
- 联排别墅
- 样板房
- 公寓
- 老年住宅
- 厨房／卫生间室内设计

- 家庭影院
- 住宅古建修复
- 为住宅建造者提供色彩设计
- 家庭办公室设计
- 住宅内的儿童空间设计
- 为身体残障人士做装修
- 私人游艇和船屋

高级住宅设计

Charles Gandy，FASID，FIIDA
Charles Gandy 有限公司负责人
亚特兰大，佐治亚州

作为一名室内设计师，你面临的最大挑战是什么？

> 作为一名室内设计师，我面临的最大挑战是学会倾听客户，确保理解他们的需要和愿望，以便帮助他们得到最好的结果。

是什么带你进入你的设计领域？

> 我发现住宅室内设计领域需要经营方面的尝试。我喜欢和人打交道，并且这看起来是最能发挥我在经营和设计方面特长的领域。

你的首要责任和职责是什么？

> 作为我公司的负责人，意味着我需要确定设计方案，并带领我的合伙人实施这些方案。

工作中令你最满意的部分是什么？

> 到最后看到开心的客户——当他们进入空间时

私人住宅：住宅楼梯
Charles Gandy，FASID，FIIDA
Charles Gandy 有限公司，亚特兰大，佐治亚州
摄影：Ron Rizzo

私人住宅：客厅
Charles Gandy, FASID, FIIDA
Charles Gandy 有限公司，亚特兰大，佐治亚州
摄影：Roger Wade. P

私人住宅：餐厅
Charles Gandy, FASID, FIIDA
Charles Gandy 有限公司，亚特兰大，佐治亚州
摄影：Ron Rizzo

脸上挂着特殊的微笑。

工作中令你最不满意的部分是什么？

❯最不满意的部分是处理每天发生的小问题——但我想这是做生意都会遇到的。

哪些人或哪些经历对你的事业影响重大？

❯我学习并论述了设计大师们——那些设计行业的先驱者的经验。我一直向他们学习并受他们的鼓舞。三十年前，Jack Lenor Larsen 来参加一个校园活动，他告诉我们，他之所以成功是因为他"不断地工作！"这句话启发了我。在我的整个职业生涯中我努力做到这一点，每天起床都问自己"我今天要做到什么？"

当今，室内设计师的考试认证和执照颁发有多重要？

❯至关重要！我们必须确保公众受到保护。有资格的室内设计师对我们每天接触到的人的健康、安全和福利有重大影响。因此，我们应该，且必须通过考试并取得执照。

就地养老设施

　　婴儿潮出生的一代——那些生于1946年至1964年间的人——到2006年开始进入60岁。这些人在生活方式、居住场所及购买能力的选择中面对众多的决定和前所未有的自由。对许多人来说，一个重大的决定是，当他们年老和面对"空巢"或孩子们离开后独自生活，退休及出现健康问题时，要生活在哪里。许多人选择留在他们一直居住的家，这可能会引起改造的需求。由于健康问题，这种改造需求可能通过选择来改变老房子的外观或必要配件。

　　当然，就地养老的概念并不新鲜。它在20世纪得到了前所未有的重视，随着一代人的成熟——婴儿潮一代的父母开始选择退休后留在自己家中。当然，由于健康问题超越了这些业主的承受能力，有些人会转入辅助生活设施，那里为无依无靠的成人提供护理。还有些人意识到，由于健康的问题和限制，需要搬入长期护理设施，在那里他们会获得日常的护理。

　　为希望就地养老的成年人设计或改建住宅，给设计师带来了很多挑战。例如，材料规格的制定需要有安全意识，如在年轻人家里使用的抛光石材地板对中老年人来说是特别危险的。需要用手握住的门把手和水龙头对有中重度关节炎的人来说很难操控。门的宽度和门槛会阻碍轮椅上的或必须使用助行器的人的运动。虽然这些设计变更往往是必要的，但必须巧妙地做。因为那些健康的婴儿潮出生的人往往不愿意被提醒其潜在的健康问题。但我们总要做些什么吧？

　　住宅室内设计师必须对愿意留在自己家里养老的业主的需求保持敏感。重要的是，住宅设计师要尽可能多地学习有关为成年人设计住宅方面的需求和问题。会员和非会员可以通过美国室内设计师协会（ASID）的网站 www.asid.org. 获得其研究资料，也可通过那些任何有兴趣的室内设计师均可参加的国家

就地养老住宅：化妆室。Patricia Rowen，ASID，CAPS Rowen 设计公司，希尔斯代尔，密歇根州
摄影：美国室内设计师协会的 BLUE SKY PHOTOGRAPHY COURTESY

和许多地方分会举办的会议研讨获得学习。

很多设计师的另一个选择是通过美国住房建造商协会（NAHB）成为认证的就地养老专家（CAPS）。根据 NAHB 所述，CAPS 课程"教授在快速增长的住宅改造行业的分支——就地养老的住宅改造的竞争中必不可少的技术、业务管理及客户服务技能"[1]。该课程对于希望专门为愿意就地养老的客户工作的室内设计师来说非常有价值。

高级住宅：一、二级旅游胜地及就地养老

Michael Thomas, FASID, CAPS
设计集团有限公司负责人
丘辟特，佛罗里达州

作为一名室内设计师，你面临的最大挑战是什么？

❯试图平衡工作、项目、收入和现金流。

是什么带你进入你的设计领域？

❯我搬到了佛罗里达州，这里有这个专业领域。

你的首要责任和职责是什么？

❯作为负责人，我的主要工作是保障项目顺利地在员工手上顺序完成，以实现我们为项目确立的设计目标。

工作中令你最满意的部分是什么？

❯当我向客户介绍我们的设计方案，且一切似乎都契合客户的想法时，我最享受我的工作。

工作中令你最不满意的部分是什么？

❯寻找不露面、做卑劣勾当、不及时回电的分包商；在客户气得踢东西以前确保所有的事情都按时完成。不要笑，那的确发生过。

私人住宅：主人房。Michael Thomas，FASID，
设计集团有限公司，丘辟特，佛罗里达州
摄影：Carlos Domenech

在你的专业领域，设计师最重要的品质或技能是什么？

> 超常的沟通能力，包括向客户推销设计方案的能力。

哪些人或哪些经历对你的事业影响重大？

> 我觉得没有什么特别的，只是我得到了很多机会锻炼不同的技巧，因此我有宽泛而不狭隘的经验。这使我有了制胜的武器，因为我对最终必须负责的事都有所了解。

你会给那些想要成为室内设计师的人什么建议？

> 与客户一起确立有深度的设计标准。相信你所提交的方案符合该标准。不要害怕推销你所确信的设计方案。

能否描述一下最佳的求职者？

> 有社会经验的人。并且我发现，这样的人通常都在 30 岁以上。实际上，很长时间以来我都只雇佣比我年纪大的人。现在我老了，他们也是。但是不管付出多大代价，我仍然不愿意雇佣那些刚从学校出来的人。

上右，私人住宅：客厅。Michael Thomas，FASID，设计集团有限公司，丘辟特，佛罗里达州
摄影：Carlos Domenech

右，私人住宅：客人套房厨房。Michael Thomas，FASID，
设计集团有限公司，丘辟特，佛罗里达州
摄影：Jim Robinette，Nothing Negative 摄影公司

商业设施

商业室内设计包括以私人和非营利事业为目的的公共空间的设计。人们普遍认为，公共空间是一般公众都可进入的室内空间，当然，尽管如此，仍可能有一些限制。以营利为目的的空间如：影剧院、酒店，餐厅、商店和病房。政府大楼则是非营利的商务设施。任何类型的商业都可以限制一般公众进入商业设施的某些区域。例如，很多公司的办公室限制员工进入。餐厅一般不会让顾客走进厨房。

不论属于何种领域，所有的商业室内设计都有某些共同关注的问题。商业室内设计项目在执行过程中必须严格遵守建筑、消防安全和无障碍设计方面的法规。这些法规是"联邦、州和地方政府为确保公众安全而确立的法律体系。"[2]这些法规有助于物业所有者、建筑师和室内设计师为员工的工作及公众的使用创造安全的场所。

根据不同的室内设施种类，室内设计师面临的挑战在于，须满足多方的要求。当然，物业所有者在设计决策的制定过程中往往很重要，因为他们确立预算，且常常指定设计项目的方向。商业设施内有员工，他们对该场所设计的满意度往往是商业运营成功的关键。第三个还必须令其满意的群体是顾客、客户、访客及其他该场所的使用者。一家设计粗劣的餐厅即使里面的食物非常好，也不能讨好所有的顾客。

商业室内设计是室内设计中令人兴奋的领域。快节奏，甚至高强度的商业设计项目远比住宅项目要大得多，也复杂得多。为公众创造安全环境的责任相当大。客户对预算往往非常敏感，并且，"更便宜、更好、更快"是商业项目的普遍共识。尽管如此，业界的室内设计师都接受了这个挑战。"商业室内设计专业领域"（见对面页）提供了室内设计师根据他们的市场和经济现状所关注的部分专业领域列表。本章的后续部分将向你介绍住宅和商业室内设计专业领域的选择，以及很多致力于这些领域的室内设计专业人士。

商业室内设计专业领域

企业和行政办公室

下列行业以外的各种尺寸的办公室。

专业事务所

律师事务所

会计事务所

股票经纪人办公室

地产经纪人办公室

卫生保健

医院

生活护理设施

医疗和牙医套房

心理治疗设施

门诊服务设施

医疗实验室

宠物门诊

儿科医疗设施

接待和娱乐／休闲

酒店、汽车旅馆和度假旅馆

餐厅

健身俱乐部和温泉水疗

停车设施

乡村俱乐部

博物馆和画廊

体育综合区

会议中心

零售设施／商业

购物中心

百货商店

专业商店

礼品商店

商品展示推销形象设计

商品展示陈列室

机构

政府办公楼和设施

金融机构：银行和信用社

中小学校

大学

日间看护中心

教堂和其他宗教设施

工业设施

制造业工厂

培训设施

交通

机场

游艇

定制和商业飞机

休闲汽车

可持续设计

可持续设计延伸到所有类型的商业空间及私人住宅。客户越来越需要尽可能小地伤害住户的、健康的环境和产品。对室内设计师来说，无论其属于哪个专业，致力于围绕可持续设计的理论和实践的设计理念，将有巨大的机会。第1章概述了可持续设计的特点。

企业内部空间，可持续设计

COLLEEN MCCAFFERTY，IFMA，USGBC，LEED—CI

希克森公司企业内部空间设计团队领导
辛辛那提，俄亥俄州

是什么带你进入你的设计领域?

＞在企业实体内的室内设计挑战，不会让你失望。那儿总有新的挑战、新的东西要学。每个公司都有自己的特点需要被了解，以便能提供正确的解决方案。场地本身有很多分部，需要用比全寿命周期更长的时间来完善，并且它会不断变化，不枯燥。

在你的专业领域，设计师最重要的品质或技能是什么?

＞对此，我的回答是两个技能，而不是一个。成为一个伟大的听众非常重要，然后是，善于解决问题的人。

你的专业领域与其他领域有何不同?

＞我认为，企业的实体是不同的，因为每一个企业客户都有自己的文化和做生意的方式。设计方案不是剪切和粘贴；它需通过了解公司、用户及与你打交道的人的过程来发展。与医疗保健和机构设计的领域

公司：Lexmark 咖啡厅
Colleen McCafferty，IFMA，LEED-CI
希克森建筑，工程，室内设计
辛辛那提，俄亥俄州
摄影：JIM CROTTY

不同，它在空间规划和材料使用方面的限制较少。它更多的是，通过探索体系和团队合作，来提供正确的解决方案。它不是自负，或尝试最新的潮流；它是做适合那家公司的事，聆听并了解他们，并寻找创造性的解决方案，以帮助他们实现自己的理想。这需要高度理解客户所说的话，并将此信息引导到一个有利于该特定公司的环境。

在你的职位上，你的首要责任和职责是什么？

》作为一个项目的团队领导，我负有项目的责任，其中包括探索过程、"客户声音"审查、计划、空间规划、饰面选择——以及用于成本估算、计划、客户关系开发、工程、建筑、生产和施工管理的团队人员的组织。

作为室内设计部门的团队领导，我的责任是确保我们在我们的领域上的领先优势，知道什么是新的，最近在讨论什么，并分享这些信息。我需要确保我们的其他设计师得到信息，并正在通向部门及个人目标的轨道上。

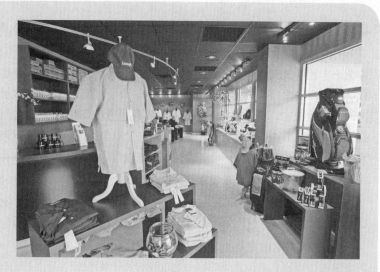

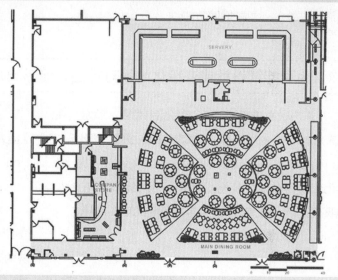

上，公司：Lexmark 公司商店
Colleen McCafferty，IFMA，LEED-CI
希克森建筑，工程，室内设计
辛辛那提，俄亥俄州
摄影：JIM CROTTY

下，平面图：Lexmark 咖啡厅
Colleen McCafferty，IFMA，LEED-CI
希克森建筑，工程，室内设计
辛辛那提，俄亥俄州
摄影：JIM CROTTY

工作中令你最满意的部分是什么？

> 我的工作最满意的部分是，当平面方案出台时，作为一个团队共同合作，创建方案，提交它，实现它，以满足客户需求，并让他们获得满意的结果。出于本能，人并不喜欢改变。当你能与领导小组达成共同的愿景，以强大的沟通工具来实施变更管理，创建一个以工作进程的立场来说是成功的新环境，愉悦用户群，并创造一个崭新的美丽外观，这就是纯粹的喜悦。

工作中令你最不满意的部分是什么？

> 当客户因您的专业知识支付您费用，却不信任你的意见去做对他们来说正确的事，这是我的工作最不让人满意的部分。这成为他们的损失。

哪些人或哪些经历对你的事业影响重大？

> 20 世纪 70 年代初在 Herman Miller 公司的合作经历一直是主要的影响。因为它处于起步阶段，我从一开始就接触到这家公司和其他公司，追踪了对当今企业界有重大影响的家具行业的发展。家具行业一直致力于研究，以形成美国公司的设计趋势。

作为一名室内设计师，你面临的最大挑战是什么？

> 我想，最大的挑战与我仍然留在这个领域的原因是一样的：伴随日新月异的信息，这里有那么多东西可以学习和保持，已达到巅峰。需要全力投入才能成为专家。

你认为可持续设计或老龄化设计对行业有何影响？

> 是巨大的！我积极参与了老龄化设计领域，我知道它在未来几年内将有多大的影响。如果我们从现在开始在新建筑中使用可持续的、高效节能的通用设计标准，将没有必要进行老龄化改造，因为我们已经考虑了所有人。可持续设计很有意义，但我不相信产品制造商会尽一切努力使所有人都负担得起。

Patricia Rowen，ASID，CAPS

> 考虑人口老龄化的设计，将被纳入到我们的项目解决方案中。良好的设计需要包括无形、无缝的解决方案，以解决所有的入口问题、独立的客厅及适用于所有人的通用设计方案。

Robert Wright，FASID

> 室内设计师需要将其视为标准的商业惯例来接受。它们是人类健康的无价之宝，也是室内设计行业的基本价值定位。

Linda Sorrento，ASID，IIDA，LEED-AP

> 在短短几年中，这些问题将不再是可选项或一种"时尚"，它们都将轻易地成为我们做我们的室内设计业务的一个组成部分。

Bruce Brigham，FASID，ISP，IES

> 老龄化设计和绿色设计的浪潮正滚滚而来，但尚未到达临界点。然而，10 年中，这些设计中的趋势将成为我们日常工作的一部分。

Michael Thomos，FASID，CAPS

❯作为关心一切事物及我们环境的人类，可持续设计和老龄化设计是我们责任意识提高的必然结果。我们需要在任何时候都意识到，如何不伤害我们所建造和拆除的物理环境。我们还需要在任何时候都意识到，任何年龄的人都会面临挑战，需要我们有先见之明，设计适用于所有功能的通用方案。

Rosalyn Cama，FASID

❯可持续设计和为老年人设计都需要成为任何设计的固有部分，它将被机械地套用于所有设计项目。

Patricio Campbell Mcloughlin，ASID，RID

❯随着第一批婴儿潮出生的人正在成为老年人，室内设计师需要了解如何设计四世同堂的建筑。

Rita Corson Guest，FASID

❯通用设计是需要的，且室内设计师需要向客户显示其好处。当客户获得可选的方案，并理解其概念时，他们一定会接受将通用设计作为其设计方案的一部分。

Sue Norman，IIDA

❯我们希望，在设计师为了美好社会而解决更多有关设计的社会责任问题的过程中，它们的影响是积极的。拓展与开发新的美学理念相适应的知识基础，加深我们所熟悉的"形式服从功能"的格言，要理解好的设计应无一例外地适用于任何人和任何地方。对行业和设计教育的影响是，有越来越多需要知晓和传授的知识。此外，较为关键的思想需要评估概念及其

在项目中的应用，即，哪些有作用哪些没有？面对营销和广告活动，哪些我们可以相信或信任？以及，专业人士需要怎样的继续教育和为了促进学生的职业生涯给他们传授些什么？

Carol Morrow，博士，ASID，IIDA，IDEC

❯其影响是肯定的。没有资源，我们无从建造和设计，因此，至关重要的是，我们要特别关注可持续发展的产品、服务和资源。随着人口的老龄化趋势，设计将得到改变，以适应特殊人群的特殊需要。

Charles Gandy，FASID，FIIDA

❯至于为老年人设计方面，我们公司证明了，这是一个不断发展的领域。随着所有婴儿潮一代人的退休，对更活跃的社区的需求不断增加。由于越来越多的人关注积极的生活方式和更好的生活质量的事实，"养老院"的寿命正在减少。未来几代的退休人员将要求更多的以社区为基础的家庭养老，有更多的活动、美食，和整体更好的老年人生活质量。

Shannon Ferguson，IIDA

❯我相信，没有比可持续性和适应各年龄段能力的设计更有影响的东西了，因为它们是在设计的各方面都必须从根本上考虑的问题。

David Hanson，RID，IDC，IIDA

❯这不是两个未来的设计标准,而是现在就必需的学科。

Mary Knott，ASID 联席会员，CID，RSPI

❯我相信它有很大影响。我认为，所有的项目，无论类型或规模，都应有可持续发展和通用设计的原则。

Danna Vining，FASID，IIDA，RIO，CAPS

❯希望可持续设计成为美国残障人法案（ADA）的内容。它将成为所有人无需动脑就会做的事。随着我们的寿命增长及婴儿潮一代人的相继老去，老龄化设计将继续增长。

Jo Rabaut，ASID，IIDA

❯我认为，可持续设计对帮助地球是非常重要的，设计专业人员必须开始接受这方面的教育。我还认为，随着婴儿潮一代人的老去，对于影响老人及其生活方式的环境将有非常高的需求。

Lisa Siayman，ASID，IIDA

❯我们迫切希望纠正人类对地球所造成的负面影响，做出负责任的选择，以改善环境，并至少不再造成进一步的伤害。

Katherine Ankerson，IDEC，NCARB 认证

❯即使客户没有特别要求，这两个领域也正变得越来越重要。我们接受和吸纳就地养老及与环境相协调的设计方案的基本原则的能力，极大地影响了我们的自然资源和整体健康。在此基础上，我们较少地投入建设（可持续设计），并会更长期地使用我们的设备（老龄化设计）。无论我们是否意识到这一点，它们都是当今所有设计方案的基本方面，即使它们不是 LEED 认证或专为老年人设计的项目。

David Stone，IIDA，LEED-AP

❯当然，这些都是当今的重要问题。这两个专门领域都有一条很高的学习曲线，并且我们所有人都必须遵循它们去工作。我们作为专业人士，必须成为保护我们所在星球资源的过程的一部分。通过了解我们为项目所选的材料，及继续学习以跟上不断变化的该产品的知识，我们可以做到这一点。婴儿潮时期出生的人占据了美国人口的很大部分，并对产品设计和环境设计有很大的影响。

Debra Himes，ASID，IIDA

❯通用设计在当今社会也非常重要。美国的人口寿命及退休前的工作时间越来越长。通用的住宅和商业空间的设计是一项"要求"，而非"选项"。随着我们寿命的增加，能够改善生活质量的老龄化生活设施的需求越来越多。改善入口，缓解流通性能，并创造一个健康、积极的环境是设计师在这个不断扩大的市场中所起的关键作用。医学的进步可能为这方面的设计创建更加复杂的设计方案。

Mary Knopf，ASID，IIDA，LEED-AP

❯影响非常大。因为它会影响你的设计方式、你指定的产品，以及你审视设计的方式。尤其是因为我们声称，我们影响了消费者的"健康、安全和福利"。但我要强调，我们必须确保进行真正的研究，并在"上车"前拥有坚强的事实和知识背景。

Drue Lawlor，FASID

➤对所有人来说，通用设计是更好的设计。作为一个理念和实践，它应被视为与可持续设计等同的方式，并被贯彻到整个设计流程中。

Stephanie Clemons，博士，FASID，FIDEC

➤我喜欢反过来思考它。室内设计对可持续设计和老龄化设计有巨大贡献，因为室内设计提供了人类与其所处环境间的最亲密的交流。这些较新的专业领域要求所有从业者进行更多的学习，并为新的业务领域创造了机会。

Suzan Globus，FASID，LEED-AP

➤随着婴儿潮时期出生人口中退休人数的增加，老龄化设计在美国是且将继续是一个强大的市场。他们的需求多种多样，且比他们的父辈更苛刻。这将是一代不适用任何模式的积极的老年人。有很多人会一直工作到70多岁，而另一些人会在较早的年纪转为退休的生活方式。由于他们代表大段的人口，加上他们的消费能力，所以推动了我们在退休设施、生活护理中心，甚至死亡设施的设计方式中的许多变化。

Robert J. Krikac，IDEC

➤室内设计师对环境有强烈的影响，并终结于垃圾填埋场。新的并不总是最好的。医疗保健设施将围绕即将到来的人口老龄化的设计。学习它，并掌握它。

Linda Isley，IIDA，CID

➤它既能推动市场，又会给设计师带来新产品和新

机遇。随着医疗保健的改善，老龄化社会将继续在全球扩展。这一不断增长的人口泡沫应对老年人不断变化的需求保持关注。就地养老的趋势可使你的家庭用来应对因年老导致的身体条件的限制，它将带动一个适应多种身体挑战的产业。不断增长的老年人的住宅需求，将迫使日用产品达到新的安全水平。

Solly D´Angelo，ASID，AIA 联席会员

可持续设计的住宅：主卫生间，Lake Pines
Annette Stelmack，ASID 联席会员。Inspirit 有限责任公司，科罗拉多州路易斯维尔市；原 Associates III 公司
建筑师：Doug Graybeal，Graybeal 建筑师事务所（原 CCY 建筑师事务所）
摄影：DAVID O. MARLOW

❯最近的"绿色建筑"的进步影响着整个设计界。我看到越来越多的产品，有很长的寿命，且可以回收并循环利用。

设计老年人住房的领域是独一无二的，因为客户都在努力为独立程度不同的老年人在奢侈的享受和永久性住房之间提供适当的平衡。最重要的是，创建老年人居住社区的客户真的想要一个伟大的设计。为老年人设计的项目中有很多小细节，如照明、地板、走廊和出入口的宽度，但整体感觉至关重要。我喜欢在其中融入明亮的色彩、纹理和材料。

Trisha Wilson，ASID

❯我最近在这两个流程中加入了认证。我定期审查自己处理的设计，将这两大因素几乎纳入我所有的项目中。现在，我的下一步是要全面带领我所合作的承包商达到同等的实施水平。

Sharmin Pool-Bak，ASID，CAPS，LEED-AP

❯这两大领域都需要对一部分设计师加强教育，并具有特定的产品需求。可持续设计将成为设计师定制项目要求的一个组成部分。由于增加了《美国残疾人法案》，在公共厕所内以同样方式回转 60 英寸的空间已成为标准，所以，可持续发展的产品也将有相同的标准。由于现在的人口动态，为老年人设计不同功能的设施（独立生活的住宅、护理设施、老年痴呆症及其他保健设施）是最大的细分市场之一，也是唯一增长的市场。随着越来越多的设计师专注于老龄化设计，我相信，从这些产品中获取的知识和经验将带来更加通用的设计。虽然我

不是一名住宅设计师，但我认为这对住宅建筑市场的影响将比对商业市场更深入。

Laura Busse，IIDA，KYCID

❯为老年人规划和设计是没有道理的。我基本上将这一宗旨贯彻于通用设计中：使所有的空间让所有的人使用，而无需单为一人（或一个群体）提供特殊的住处。

Lisa Whited，IIDA，ASID，缅因州认证室内设计师

❯我相信，室内设计师比其他人更有机会影响我们生活的这些方面。我也不相信，不同时结合通用设计，可以做到可持续设计。要明智地使用我们的资源，我们必须以这样的方式进行设计：我们的设计将满足最广泛的人群。换句话说，设计必须积极主动地为未来人口的老龄化做准备，以便在特殊需要出现时，无需拆除和重建。良好的设计适用于各种年龄和能力的人，且能避免浪费自然资源，并最终降低对环境的影响。

随着我国人口的成熟和我国社会人口的老龄化，我们必须比以往任何时候都更明智地考虑无障碍问题和通用设计。事实上，我们从来不说：这个项目将以通用设计和无障碍原则来设计。这应该是一个执行标准，我们所有的设计都应以适用于最广泛参数的方式来执行。不这样做，就是设计了本质上过时从而无法可持续发展的设计。换句话说，我们在创造艺术，而非设计。

Linda E. Smith，FASID

❯若干年后，可持续设计终于以巨大的方式进入了我们的行业，没有比它更能成为午餐时讨论的主题了。

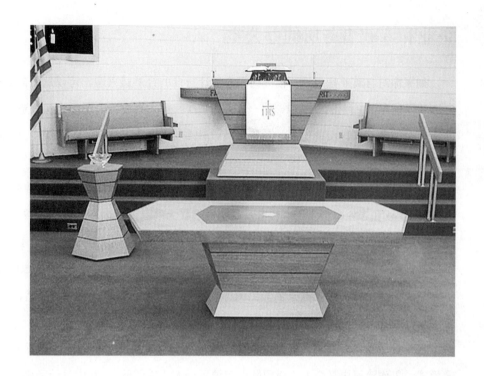

沙漠棕榈长老教会。太阳城西，亚
利桑那州
Sandra Evans，ASID，Knoell &
Quidort 建筑师事务所
菲尼克斯，亚利桑那州
摄影：JIM CHRISTY

越来越多的资源可供设计人员在完成项目时使用，这使我们在负责设计方案时能更好地教育并鼓励我们的客户。随着 76 万婴儿潮的一代进入退休年龄，其绝对数将要求室内设计师为老年人进行设计，无论办公室、医院、疗养院、教育机构，还是住宅。就地养老将成为住宅设计师的关键因素，因为婴儿潮时期出生的人拒绝像他们的父母一样在养老院度过他们的退休生活。

Terri Maurer，FASID

❯ 两者对当今的设计都有重大影响。可持续设计是 LEED（Leadership in Energy and Environmental Design

领先能源与环境设计）的基础，它是目前你所工作的任何政府设施的标准。在华盛顿特区范围，政府项目约占你设计工作的 75% 左右。在此区域，可持续发展不再是一个"影响因素"，而是一个"要求"，设计师必须了解可持续发展的设计方法。

为老龄化人口的设计也很重要。今天的建筑规范已经考虑了残障人士方面的因素，这些因素中，很多涉及人口老龄化问题。此外，医疗保健设施的设计是室内设计和建筑设计中增长最快的领域，部分原因是我们社会不断增长的老龄化人口。

Robin Wagner，ASID，IDEC

企业和专业事务所的办公室

如果你对与商业室内设计相关的室内设计行业的经济感兴趣，可以从面向公众和行业开放的《室内设计》杂志获得信息。1月份，它发布了一份有关100家最大的设计公司的全面报道。除了可以发现都有哪些公司，你还可以阅读到设计费的信息，一些商业设计专业领域每平方英尺的金额，并通过照片获得有关这些大公司所出产的工作类型的概览。

在2007年1月版的此项研究中，办公室设计专业领域给前10家公司带来超过359万美元的室内设计费收入。[3] 企业和专业事务所的办公室领域明显是最大的商业室内设计专业领域。

一名办公设计专业的室内设计师有可能设计通用汽车（General Motors）首席执行官（CEO）的办公室。然后，他也可能负责一家广告公司（甚至一家附近的房地产公司）的一组员工的办公室。一个企业室内项目可能涉及为在公司总部的数千名员工的办公系统规划空间和定制规格。当然，该项目也可能是为主要用办公空间来开展业务的任何规模的企业。

在设计企业办公室时，有几个需要考虑的关键因素。有效规划的一个重要因素是企业内的工作模式和沟通模式。工作流程由某个人（或团队）传给另一人（或团队）。室内设计师必须了解该工作流程，以便成功地准备平面图，并布置个人和工作组的位置。另一因素是了解每个人在每个作业中所需的设备种类。当然，每个人都需要一张书桌——是吗？有些工作可能需要大型的桌子，如用于广告公司的办公桌。有些工作需要多台电脑和显示器的空间。在当今的企业办公室中，大多数员工都需要一张桌子和计算机的空间。有些人还会在他们的工作空间中进行简短的面谈，而有些人只需在会议室进行小组会议。很显然，规划企业办公室时必须考虑的因素只有微量的不同。

企业办公室的设计需要考虑办公室的层次结构；常见的做法是，高级别的员工比低级别的员工有更大和更精心设计的办公室。这是真实的，无论该办公室项目的客户是科技业巨头的CEO，还是在你附近帮人报税的人。地位的差异通过办公室的大小和位置以及其中的家具物品的质量来显示。

办公设施往往是多功能混合的建筑。会议和培训、员工食堂、医疗保健、零售商店，甚至是一家幼儿园的空间都可能位于一栋大型的办公建筑内。因此，办公设施的室内设计专家必须熟悉多种类型的商业空间的设计规范和约束条件，或聘请顾问来协助工作。多功能混合的元素使企业和专业事务所的办公室设计专业令人异常兴奋。他们还必须熟悉办公室中所用的各类产品。正如前面所说，不是每个人都需要基本的办公桌的。在过去的 40 年里，许多写字楼项目已使用由独立板和其他组件组成的办公系列家具，而不是配有标准办公桌的私人办公室。通过正确地确定沟通和工作互动模式，以及空间规划和组件定制来设计该产品，仍然是办公室设计的一个重要组成部分。所有这些因素使得企业和商务办公室的设计成为决定从事室内设计领域的室内设计师的令人激动的挑战。

企业内部空间

NILA R. LEISEROWITZ，FASID，AIA 联席会员
GENSLER 公司董事总经理 / 负责人，
圣莫尼卡，加利福尼亚州

是什么带你进入你的设计领域？

> 我喜欢设计企业的内部空间，因为它涉及设计、策略和商务。

在你的专业领域，设计师最重要的品质或技能是什么？

> 设计才能和聆听技巧。

你的专业领域与其他领域有何不同？

> 我的专业结合策略和设计。我与试图改变其工作环境的客户打交道。

商业：公共区域，ENMAX 公司
卡尔加里，阿尔伯塔省，加拿大
Nila Leiserowitz，FASID，Gensler 公司
圣莫尼卡，加利福尼亚州
摄影：MICHELLE LITVIN

商业：公司咖啡厅，ENMAX 咖啡厅
卡尔加里，阿尔伯塔省，加拿大
Nila Leiserowitz，FASID，Gensler 公司
圣莫尼卡，加利福尼亚州
摄影：MICHELLE LITVIN

在你的职位上，你的首要责任和职责是什么？

> 我的主要责任是平衡客户的设计和商业目标。

工作中令你最满意的部分是什么？

> 与客户互动。

工作中令你最不满意的部分是什么？

> 不了解设计流程的外部顾问。

哪些人或哪些经历对你的事业影响重大？

> ASID。

作为一名室内设计师，你面临的最大挑战是什么？

> 建立我们的专业知识的价值。

商业：公司接待区
McCann Erickson，洛杉矶，加利福尼亚州
圣莫尼卡，加利福尼亚州
摄影：MICHELLE LITVIN

企业办公和接待区

Bruce Goff，ASID，IES
Domus 设计集团负责人，
旧金山，加利福尼亚州

作为一名室内设计师，你面临的最大挑战是什么？

> 与新产品和新技术同步。

是什么带你进入你的设计领域？

> 企业办公和接待设施的业主理解设计师的价值和作用。

你的首要责任和职责是什么？

> 作为设计总监，我监督所有的项目，树立设计概念的方向，和客户洽谈，及管理设计人员。

工作中令你最满意的部分是什么？

> 和客户互动。

上，商业：旅馆房间入口
Bruce Goff，ASID
Domus 设计集团，旧金山，加利福尼亚州
摄影：John Sutton

下，商业：公司办公室午餐厅
Bruce Goff，ASID
Domus 设计集团，旧金山，加利福尼亚州
摄影：John Sutton

工作中令你最不满意的部分是什么？

> 人事管理。

在你的专业领域，设计师最重要的品质或技能是什么？

> 沟通技巧：书写、计算和口头表达。当有人愿意出钱的时候，伟大的设计概念才能真正伟大。

室内设计教育对当今的行业有多重要？

> 千万不要在没有教育背景的情况下尝试在家里从事室内设计——除非你想做小型住宅装饰，或在零售店铺中工作，在那里销售技巧是关键，而非技术技能。

商业：公司办公室可选择的座椅区
Bruce Goff，ASID，Domus 设计集团，旧金山，加利福尼亚州
摄影：John Sutton

法律事务所设计

Rita Carson Guest，FASID
Carson Guest 室内设计公司负责人
亚特兰大，佐治亚州

在你的专业领域，设计师最重要的品质或技能是什么？

> 不仅要有设计才华，还要有良好沟通和理解客户需求的能力。

作为一名室内设计师，你面临的最大挑战是什么？

> 一直以来最大的挑战就是既要赶上不切实际的截止日期——客户需要和期待的结果，又完成优秀的设计作品。

是什么带你进入你的设计领域？

> 当我还是一个年轻设计师的时候，我为一家公司工作，并正好被分配了一个法律事务所的项目。那个设计非常成功，因此我的客户向其他法律事务所推荐了我们。重复的工作，给我们带来了更多的法律事务所项目。在那几年，我开始学习法律事务所的设计，并成为该领域的专家。法律事务所的建造方式与企业办公室不同。技术一直在不断改变法律实践，同此一起成长非常有趣。

你的首要责任和职责是什么？

> 我是公司的负责人和设计总监。我和我们的客户密切合作，把握项目的设计方向，做所有重要的设

计成果演示，并从初期规划到最终实现始终和客户保持紧密联系。我尤其喜欢同我的客户一起处理他们的艺术品收藏，选择、装框并监督艺术品的安装。

工作中令你最满意的部分是什么？

> 我最满意的部分是看到我们设计建造的空间，以及这个新环境令我们的客户有多喜欢，并能帮助他们取得事业上的成功。

工作中令你最不满意的部分是什么？

> 我最不满意的部分是处理年轻设计师的人事管理。

你会给那些想要成为室内设计师的人什么建议？

> 理解这不是一份朝九晚五的职业。总有必须满足的交工期限，以及上班时间以外需要处理的安装工作。如果你想要一份朝九晚五的工作，那就选其他职业吧。

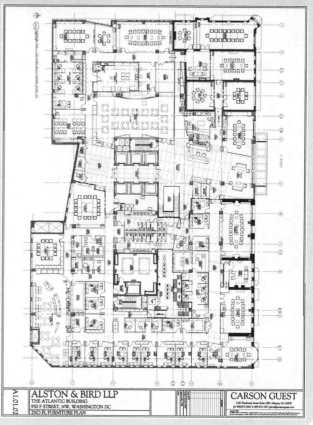

上，法律事务所：Alston & Bird LLP，电梯前厅
Rita Carson Guest，FASID
Carson Guest 有限公司，亚特兰大，佐治亚州
摄影：Gabriel Benzur

下，法律事务所：Alston & Bird LLP 平面图
Rita Carson Guest，FASID
Carson Guest 有限公司，亚特兰大，佐治亚州
摄影：Gabriel Benzur

法律事务所：Alston & Bird LLP，会议室
Rita Carson Guest，FASID
Carson Guest 有限公司，亚特兰大，佐治亚州
摄影：Gabriel Benzur

能否为求职者描述一下最佳的作品集？

❯ 提供能展示你所有技能的多元作品。使你的作品集针对你想要的工作类型。

哪些人或哪些经历对你的事业影响重大？

❯ 我第一个老板教了我很多东西。

通用设计，就地养老，研讨会

DRUE ELLEN LAWLOR，FASID
DRUE LAWLOR 室内设计公司所有者
及教育工程公司（ewi）负责人
加利福尼亚州圣加布里埃尔市，及得克萨斯州达拉斯市

是什么带你进入你的设计领域？

❯ 形成教育工程公司，该公司来自共同参与 ASID 的国家培训计划——"共同"意味着我的商业伙伴和我们的团队成员——以及我们对终身学习的坚定信念。

直到我进入通用设计和就地养老的专业领域，我才知道，在我设计生涯的早期，住宅和商业空间对那些来自能力限制的挑战是有限的。我非常有活力的母亲在她 50 多岁时，被诊断患有多发性硬化症，并最终导致其近 30 年坐在轮椅上。我父亲对他们的住房进行适应性改造，以利于我母亲的使用。虽然有我的帮助，但他是真正的问题解决者，并在许多情况下，创建了之前从未想到过的解决方案。我肯定从我父母那学到了，如果在原来的设计中创建适应所有年龄和能力水平的空间，对任何人来说，生活都将少很多压力。我也开始意识到，好的设计可以对他们的生活在功能和身体方面产生积极的影响，当然，也会对精神

和心灵产生影响。我相信，当我们失去我们的某些能力时，我们所在的空间会造成更大的影响。

在你的专业领域，设计师最重要的品质或技能是什么？

> 聆听和不断地学习。这适用于 ewi 和我的设计专业。每个人都是不同的（谢天谢地！），我们经常试图帮助他们规划未来（如我们试图规划 ewi 的业务，以满足与我们合作的个人和机构的未来需要）。虽然我不能预知未来，但我需要思考什么可以帮助到每个人。做到这一点的最佳途径，就是真诚聆听客户需求，并始终学习新的方法、新的思路，及新的产品。

你的专业领域与其他领域有何不同？

> 就 ewi 而言，我们更侧重于帮助企业和机构建立他们的业务，而不是为他们进行室内设计。虽然我们也为客户提供教育，但当我们这样做时并不销售我们的室内设计技能。相反，我们营销专业的室内设计师，所以我们常常被视为第三方营销商。有些与我们合作的公司和机构同样是真实的。

> 作为通用设计和就地养老设计的专家，我并不将它视为每个设计师都应重视的一个专业。

在你的职位上，你的首要责任和职责是什么？

> 在 ewi，我的职责是市场营销、写作、研讨会的组织和宣讲、演讲、为机构和公司做战略规划，以及与我们的团队合作安排和设定进度。

工作中令你最满意的部分是什么？

> 研究和学习新的信息以分享给研讨会，介绍和演讲，并结识新朋友。

工作中令你最不满意的部分是什么？

> 经常的出差令人厌烦，如同做细部设计工作一样。

哪些人或哪些经历对你的事业影响重大？

> 对 ewi 来说，这将是作为 ASID 国家训练的一部分和作为一个委员会主席所获得的经验。我的父母因为其鼎力的支持和明智的忠告，而成为"影响我的人"。我的第一位室内设计导师 Ann Vonn（ASID）也是"影响我的人"，他成为我的良师益友，并强烈鼓励我考取了 NCIDQ，又加入了 ASID。此外，还有 Charles Gandy（FASID），尽管他也许不记得了，但他为我小小地"开启了一扇窗"，并给了我一点额外的信心。

接待设施设计

住宿设施是接待设施室内设计的一个分支。如酒店、汽车旅馆、度假设施、提供早餐的小旅店以及其他能为客人提供几天到几个星期短期停留的场所。在这个类别中，很多设施还设有娱乐设施，如高尔夫球会所、水疗中心、度假村和赌场，因为有很多住宿设施包括某种形式的休闲空间。接待设施设计的另一个主要分支是餐饮设施。餐厅、小餐馆、咖啡馆、鸡尾酒廊和酒吧、快餐厅及精致的餐厅和休闲室是最常见的例子。大型连锁公司拥有的接待设施，如凯悦酒店和红辣椒餐厅，通常由在公司总部工作的室内设计师承担设计。许多简单的餐馆和小型的住宿设施，如一家提供早餐的小旅店，通常由独立的室内设计公司设计。

接待设施的设计始于详细地研究和开发一个能明确客户所提问题及预期解决方案的设计概念。该设计概念应提供一个整合各个项目要素的总体构思。在错误的地方提供错误的设计概念最终会导致失败——即使设计本身非常完美。另外，在多种类型的商业项目的初步规划阶段，设计构思是室内设计师所提供的常见的设计文件。

住宿设施是客人因短期度假、商务会议、旅游途中而入住或使用的客房及相关室内空间，或作为商务或其他必要业务的临时居所的全方位定义。擅长这类设施设计的室内设计师主要被聘用来设计大堂、宴会厅和会议室、客人登记区、客房，及酒店办事处。

必须谨慎关注构成主要收入并产生住宿设施面积的客房的设计。当然，客房必须有吸引力，并符合入住价格所能达到的预期。然而，房间的规划和客房产品的规格与未来的清洁和维修息息相关，因为与这些基本功能相关的成本非常大。例如，家庭度假设施客房内的椅子上脆弱的织物，将带来困难，甚至昂贵的维修问题。这类问题，及与住宿设施其他公共区域相关的类似问题，是接待设施室内设计专业的关键。

酒店是一个多功能的混合空间。它通常有餐饮区、零售商店，可能还有服务性商店，如美容美发等。其他空间可能包括商务中心、健身房、水疗中心和儿童游乐区等你能想到的设施。如果为公司总部工作，一家设计公司也许具有专业知识去设计所有这些空间，或者，也可能有一个设计师团队参与。

餐馆或其他餐饮设施的室内规划和设计也始于整体概念的开发。一间餐厅是一项昂贵的业务，在做出真正的室内设计决策前，开放和慎重地考虑竞争、预期收益及目标客户非常重要。读者无疑已经观察到，一个餐饮设施包括就餐空间的规划，服务区、厨房及其他后勤区域的位置布局。家具、建筑饰面材料、照明设计及配件的规格设计也非常重要，甚至对餐饮设施的成功有关键性作用。这些物品，结合菜单，实现了业主预期追求的概念。商业厨房极其复杂，通常由专门从事厨房设计的人员来设计。室内设计师负责客人使用的区域，并同厨房设计师一起协调交通流线的组织。

接待设施：酒店，餐厅，俱乐部，温泉水疗设施和赌场

Trisha Wilson，ASID
Wilson 伙伴设计公司负责人
达拉斯，得克萨斯州

作为一名室内设计师，你面临的最大挑战是什么？

❯管理员工。

是什么带你进入你的设计领域？

❯我在得克萨斯大学奥斯汀分校学习设计。毕业后，我到连锁百货商店的家具装修部工作。从那时起，我开始从事住宅设计，然后通过一个住宅设计的客户转做餐厅设计。我的第一个酒店设计项目是位于达拉斯的阿纳托尔酒店，当时我给开发商勇敢地打了一个电话而得到这个项目。

你的首要责任和职责是什么？

❯公司的总体经营，包括对员工、客户和供应商的管理。我要阅读财务报告，监督合同，并且无休止地打电话。我们的六个分部遍布全球，跨越不同的时区。因此，公司没有一小时停止过运作。每年我还要做几个项目的设计工作。

住宿：茶休息厅
日航酒店之皇家公园旅店
日本横滨
Trisha Wilson，ASID
Wilson 伙伴设计公司
达拉斯，得克萨斯州
摄影：Robert Miller

上，住宿：贵宾房，Las Ventanas 酒店，Los，Cabos，墨西哥
Trisha Wilson，ASID，Wilson 伙伴设计公司
达拉斯，得克萨斯州
摄影：Peter Vitale

下，住宿：前厅，Atlantis 度假村，天堂岛，巴哈马
Trisha Wilson，ASID，Wilson 伙伴设计公司，达拉斯，得克萨斯州
建筑师：Watg Architects & HKS 有限公司
摄影：Peter Vitale

工作中令你最满意的部分是什么？

﹥最让人满意的是当我们完成一个漂亮的项目的时候，我们的团队所得到的赞美。客户满意，公众欣赏，确实让我感到开心。

在你的专业领域，设计师最重要的品质或技能是什么？

﹥沟通能力。当然，设计师必须有天赋，但如果你不能表达你的构思和想象，就不会有效果。

哪些人或哪些经历对你的事业影响重大？

﹥首先对我有重大影响的是 20 世纪 70 年代早期得克萨斯州达拉斯市的发展商 Trammel Crow。他冒着极大的风险聘用我这样一个完全没有名气的设计师来设计他的酒店会议中心——Anatole 酒店。这是个令人畏惧的项目，但是在他的支持下，我勇敢地进入并完成了这个项目。第二个对我有重大影响的人是 20 世纪 90 年代早期在南非的发展商 Sol Kerzner。他找到我们设计其位于南非太阳城的 Lost City 宫殿酒店。在当时在装饰艺术和供应商等方面都极其落后的南非，这同样是一个令人畏惧的项目。在他的鼓励和帮助下（他本人也付出了巨大的心血），我们创造了一栋引人入胜的酒店。

商业：办公室、接待设施、卫生保健设施、养老院和零售设施

David F. Cooke, FIIDA, CMG
设计集团有限公司负责人
巴尔的摩市，马里兰州

作为一名室内设计师，你面临的最大挑战是什么？

▶对行业中的转变做规划（包括经济、建筑业行业整体以及室内设计服务的代理经销）。

是什么带你进入你的设计领域？

▶我的导师，兼老板，Chuck Nitschke。

上，餐厅：酒吧 / 休息厅，海洋俱乐部
新奥尔巴尼，俄亥俄州
David Cooke，设计集团有限公司，哥伦布市，俄亥俄州
摄影：Michael Houghton，STUDIOHIO

下，餐厅：平面图，海洋俱乐部
新奥尔巴尼，俄亥俄州
David Cooke，设计集团有限公司，哥伦布市，俄亥俄州

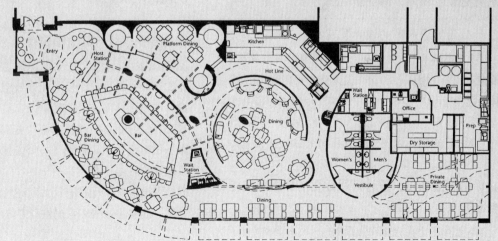

在你的职位上，你的首要责任和职责是什么？

>工作了 30 年，你能想到的我都在做，包括市场营销、设计、规划、协调员工关系，以及对未来行业发展的预报。

工作中令你最满意的部分是什么？

>我喜欢把好的创意创建成为一个真正的项目，并与客户互动。

工作中令你最不满意的部分是什么？

>我不喜欢评价员工。

在你的专业领域，设计师最重要的品质或技能是什么？

>沟通技巧：你能谈话和画图吗？

哪些人或哪些经历对你的事业影响重大？

>没有什么独特的事。有一些，包括非常优秀的客户，IBD（商业设计师协会，现 IIDA）美国分会的主席，参与行业建设（如 NCIDQ、FIDER 和 CMG），访问制造工厂，等等。

商业办公设计、零售设施和餐厅

MARYANNE HEWITT，IIDA
业主，室内设计师
HEWITT 室内设计集团，LLC
杰克逊维尔海滩，佛罗里达州

是什么带你进入你的设计领域？

>我在佛罗里达大学所受的教育影响，使我发展了在商业市场上有效设计所需的技能基础。我喜欢商业办公空间，因为我可以在一个空间中影响较大的一群人，他们通常将花费大部分的时间在该空间中。商业客户通常比住宅客户对自己的空间少些感情，并且我较喜欢这一点。

在你的专业领域，设计师最重要的品质或技能是什么？

>很难确定我的领域最重要的一项素质或技能。这些技能同样重要：设计师具有对如何将建筑体系组合在一起，以及如何有效绘制和深化自己的设计理念以使其被定价和建造的透彻认识，对本地项目预算的意识，以及翻译客户有关将其项目变为现实的谈话的能力。

你的专业领域与其他领域有何不同？

>商业设计师和住宅设计师之间有很多差异。专业的商业办公设计，使商业办公空间具有更多的通用设计体验，从而使企业提供办公福利以吸引高素质的员工。健身中心、日托设施、更衣室、咖啡厅及餐饮服务供应商为员工提供了一个方便的因素，这在当今快节奏的社会中是有吸引力的。这意味着，商业办公的室内设计师，现在有能力超越传统的办公空间设计领域，能够为这些客户提供全方位服务的设计。

在你的职位上，你的首要责任和职责是什么？

❯作为我公司的老板，我的主要职责是确保稳定流入的设计项目，确保我们的产品质量上保持一致，这样，我们的支票会兑现，我们的客户会高兴，并且，我们的员工也丰富了他们的事业，尊重他们自己的个人偏好和可用性。小菜一碟！

工作中令你最满意的部分是什么？

❯我的工作最满意的部分是，工作贯穿形成新空间的难题，从需求大纲编写，到看着它在施工过程中呈现出来。我有两个孩子，我将施工过程视同孩子的诞生。有时，它们同样痛苦。

哪些人或哪些经历对你的事业影响重大？

❯我在 HOK Tampa 的经历对我的设计生涯最具影响。该公司是惊人的。它与顶尖的创意人才配合，是一部运转良好的机器。其中的专业人士都知道它的水准，我很荣幸能成为其中的一员。我从我的同事那学到了很多，并且，因为公司较大，我能在各种各样的项目中工作。

作为一名室内设计师，你面临的最大挑战是什么？

❯作为一名室内设计师，我面临的最大挑战是，当被人称为"装饰师"时控制住自己的舌头。我常常与自己谈判，该如何（甚至是否要）纠正和教育人们的误会。

改建项目：完工后的电梯前厅
Maryanne Hewitt，IIDA，ASID
HEWITT 室内设计集团，LLC
杰克逊维尔海滩，佛罗里达州
建筑师：PBV 建筑公司
摄影：Sue Root Barke

娱乐休闲设施

这些设施是具有挑战性的商业室内设计专业领域，因为它们是多功能的空间，并涉及室内设计的许多专业领域。它的规划和设计是复杂的，往往涉及办公、一定水准的餐饮服务，可能还有住宿（如滑雪度假设施），以及娱乐或休闲活动本身。在某些情况下，该活动可以由许多活动组成，如高尔夫、网球、乒乓球、羽毛球、健身区等。

我们去娱乐休闲场所的目的是为了忘记我们的烦恼，并换取几个小时的快乐时光。或许我们能在电影院或剧院的演出中进入另一个世界。或许我们会去体育馆为我们喜欢的球队呐喊助威。其他娱乐设施还包括赌场、主题公园、高尔夫俱乐部和其他小型体育设施。一个更加专业化的娱乐设施室内设计领域是为电视、广播或电影工作室设计布景和演播厅。

娱乐设施的设计必须严格遵守并密切关注建造和安全法规。业主和设计师必须为众多来到这些设施内的人提供安全的环境。对于体育馆或剧院来说，不能为了让其更吸引人而在安全问题上做妥协。室内设计师在设计露天运动场、赌场和剧院时面临的挑战是既要保障安全，又要吸引顾客光顾。

同大多数商业项目一样，室内设计师只是娱乐场所设计团队的成员之一。由于必须考虑照明、声学、设备系统和结构因素，娱乐场所的设计不可能由室内设计师独立完成。因此大多数专业从事娱乐场所设计的室内设计公司都包含在建筑设计公司内，并且只雇用经验丰富的室内设计师。

接待设施、高档住宅

LISA SLAYMAN, ASID, IIDA
SLAYMAN 设计合伙人公司负责人，
纽波特海滩，加利福尼亚州

是什么带你进入你的设计领域?

❯在我大学毕业时，为一个非常著名的室内设计师工作，他在世界各地做高档住宅的设计。在跟他工作了几年后，我去了一家非常著名的商业设计公司，因为我想看看商业设计的需求。在这些公司工作之后，我决定要进入商业设计的特定部分，并仍然留在极高档住宅的领域。

在你的专业领域，设计师最重要的品质或技能是什么?

❯懂得如何与非常富裕又苛刻的客户打交道，并有能力创造一个不仅被其深深认同，且符合其标准的

体育馆：业主包厢，Jobing.com 体育馆
格伦代尔，亚利桑那州
Lisa Slayman，ASID，IIDA，
Slayman 设计合伙人公司，纽波特海滩
加利福尼亚州
建筑师：HOK，堪萨斯城
摄影：PHILLIP ENNIS 摄影公司

环境。如果你能做到这一点，他们将继续给你项目。

你的专业领域与其他领域有何不同？

❯你得与非常富有、成功及苛刻的客户打交道，他们需要一个这样的设计师：他的作品能反映其自我意识，并创造一些让人们愿意花时间待在其中并一遍遍返回的东西。

在你的职位上，你的首要责任和职责是什么？

❯我作为负责人，要与公司业主或负责向客户沟通和展示所有设计方案的人密切合作，负责所有初步设计概念，并将这些概念传递给我公司里那些不仅能实施这些概念，而且能增加创造力、解决方案及任何必要的细节及图纸的人。我可以肯定，我正穿行和处于所有我们可能用来使我们的设计更完美的新材料、家具及其他新产品的顶端。在行政方面，我负责所有的财务问题、人员问题，并确保我公司在各方面都成功。

工作中令你最满意的部分是什么？

❯我的工作最满意的部分是，当项目完成并看起来很出格时，首次体验该空间的人能喜爱它的外观、感觉和功能。对于所有的辛勤努力和时间投入，你不能再要更好的结果了。

工作中令你最不满意的部分是什么？

❯我的工作最不满意的部分是，处理所有你无法预测的未知事项，及因处理它们而带来的压力。

哪些人或哪些经历对你的事业影响重大？

❯有一位我曾为其做过海滨别墅的客户来我这里，

询问我是否愿意为他所拥有的、位于亚利桑那州格伦代尔市的专业冰上曲棍球队菲尼克斯土狼队的新体育馆做所有的室内设计。

作为一名室内设计师，你面临的最大挑战是什么？

> 做我的第一个 800000 平方英尺（约 74300 平方米）的体育馆，并且知道那儿的房间不能有任何失误，要为数以百万计的美元负责，并实现我的目标：创建一个全国最好的体育馆的内部空间。

你在目前的公司工作，最喜欢的是什么？

> 我的确喜欢与客户互动并解决问题。

上，体育馆：土狼队商店，Jobing.com 体育馆，格伦代尔，亚利桑那州
Lisa Slayman，ASID，IIDA
Slayman 设计合伙人公司，纽波特海滩，加利福尼亚州
建筑师：HOK，堪萨斯城
摄影：PHILLIP ENNIS 摄影公司

下，体育馆：雷克萨斯的休息室，Jobing.com 体育馆，格伦代尔，亚利桑那州
Lisa Slayman，ASID，IIDA
Slayman 设计合伙人公司，纽波特海滩，加利福尼亚州
建筑师：HOK，堪萨斯城
摄影：PHILLIP ENNIS 摄影公司

零售设施

考虑你在过去几个星期里去过的商店。是什么吸引你进入这些商店？你知道它那里有你想买的商品吗？它在临街店面里展示商品吗？空间的室内设计与商店出售的商品吻合吗？

零售设施的室内设计解决了这些问题，甚至，设计师可以帮助零售商出售商品——无论商店的大小及所售商品的类型。商业城内的百货商店和专门商店、独立商店，以及位于社区开放商业街的专门商店都属于这个商业室内设计的范畴。其项目类型如商业区内的一家独立服装店、百货商店的室内设计，及其间的各类商业零售设施。

销售规划对零售设施设计师们来说是个非常熟悉的术语。它涉及促进商品销售所需的所有功能，包括广告、商品的混合组织、一对一的销售、产品展示，及商店本身的室内设计和详细说明。因为销售规划的整体概念对商店的成功非常重要，所以在这个领域工作的室内设计师必须充分理解零售业的运营。

零售商店的平面布局非常重要。展示和存储商品的柜子和箱子（即固定家具）的布局应能吸引顾客进店，并鼓励顾客寻找能够购买的物品。你是否想过，为什么在百货公司内，服装被放在商店空间的两侧，而化妆品、珠宝、饰物等商品往往被放在入口的附近或旁边？你可能会去百货公司买一件衬衫或一条裙子，但将需求多（且往往价格也高）的商品，如化妆品，放在入口附近，会带来额外的销售业绩。那些放在杂货店收银台旁边的小商品，被称为零售业中的冲动商品，它们被摆在那里，以鼓励迅速、冲动地购买，因为在 21 世纪，顾客很难得进杂货店去买一包口香糖。

在零售设施的设计中，商店卖什么商品对其室内的规划和设计有关键性的影响。要吸引顾客走完商店的所有部分，以引发其自觉地购买。商店的规划和室内设计意在让顾客有机会看到大部分的商品。显然，商品的类型影响了商品的展示方式。很多商店设施——展示商品的设备，如珠宝橱柜和衣架——都是由室内设计师专门设计的。防止盗窃的安全措施也很重要。

独立的室内设计公司更有机会接到小型独立的零售商店业主而不是大型连锁商店业主的项目。很多百货商店和连锁的专卖店有自己的室内设计团队，负责设计新的设施。通常由企划人员、室内设计师和销售规划人员共同负责这些商店的室内设计。

零售设施设计和品牌发展

BRUCE JAMES BRIGHAM，FASID，ISP，IES
零售设计咨询公司负责人
SAYULITA 纳亚里特州，墨西哥

是什么带你进入你的设计领域?

❯在我看来，零售及接待设施设计是设计领域最富创意和经验的。零售项目需要严格的品牌发展、室内设计和专业规划、照明设计、平面设计的知识，更别提强大的室内建筑和店面设计的知识了。我不明白为什么有人会想从事其他专业领域。

在你的专业领域，设计师最重要的品质或技能是什么?

❯战略规划。在最后的分析中，就是品牌发展和经验设计的依据。

你的专业领域与其他领域有何不同?

❯卖场规划是一种特殊的艺术和科学。家具设计也是一个专门领域，并且对商店的成功至关重要。还要懂得交通流线、视线、展示设计，创造一个"展开的故事"，掌握非常精确的照明设计知识，并能将图形设计无缝集成为一个室内环境。

漂亮的商店来去随风；经过战略设计、功能规划并拥有有意义的品牌的专卖店是伟大的设计师创造的。使商店兴旺并让客户感兴趣的两件事是：赚钱和品牌建设。

我的工作实际上可以让商店每天的营业额增加一倍。所以，那些真正的零售商并了解我的工作的我的客户，真的很感激我，并能理解为什么我们必须将资金投入到我们所做的商店环境中。

商业零售：TSL 珠宝有限公司
中国香港
BRUCE BRIGHAM，FASID，ISP
IES，零售设计顾问
拉雷多，得克萨斯州
摄影：BRUCE BRIGHAM

在你的职位上，你的首要责任和职责是什么？

▶作为一个独立的顾问，我做有关初样设计开发的所有事情。

工作中令你最满意的部分是什么？

▶概念设计是最好的。

工作中令你最不满意的部分是什么？

▶所有的文书工作。

哪些人或哪些经历对你的事业影响重大？

▶1997年，我得到一个机会，为卡地亚准备全球设计简要。我们访问了20个国家的45家门店，然后为他们画了600页的图，最后，花了7年时间做了中国内地、香港和澳门的项目。

作为一名室内设计师，你面临的最大挑战是什么？

▶学习如何在国外（如中国）发展强大的战略和商店的设计经验。

上，商业零售：STA 旅游商店，旧金山
Bruce Brigham，FASID，ISP，IES，零售设计顾问，
拉雷多，得克萨斯州
建筑师：Planet Retail 工作室
摄影：MUSTAFA BILAL

下，休闲娱乐：超音速场边俱乐部
Bruce Brigham，FASID，ISP，IES，零售设计顾问
拉雷多，得克萨斯州
建筑师：Planet Retail 工作室
摄影：MUSTAFA BILAL

医疗保健设施

随着人口的老龄化，所有类型的医疗保健设施的设计变得日益重要。医疗保健设施包括医疗诊所、医院、牙医诊所和老年人疗养设施。其他还有独立的医疗设施，如体疗中心、医疗图像诊断（放射成像）设施、实验室、痴呆病人住院护理设施及其他看护设施。卫生保健设施的另一分支专业是兽医诊所，热爱动物的设计师也许会喜欢这个领域。

很多设计其他类型办公室的室内设计师都对医疗诊所的设计有所了解。但要真正取得成功，室内设计师必须充分了解将被放入房间内的医疗专业。医疗诊所并不是重复性设计。每一类医疗专科都有特殊的功能需要和要求。卫生保健领域不断变化的技术还意味着，一个希望设计医疗诊所的设计师必须保持一定的医疗技术知识水平，以确保空间、产品及材料符合开业医生所需的技术。心脏专科诊所的室内设计同儿科或外科诊所完全不同。室内设计师必须对医疗专业有足够的了解，以确保支持诊所功能所需的空间和产品规格。美观设计必须在仔细规划该设施的医疗和功能需求之后才进行。

各种类型的医院比医疗诊所更复杂，更难取得满意的设计。功能需求、法规及医疗部门的条例对医院各科室的室内设计有严格的要求。室内设计师必须与医院的行政部门和员工，以及建筑师和其他专业顾问密切合作。熟悉医院各科室的运作对成功设计医院室内空间十分重要。室内设计师可能被聘来设计公共空间，如大堂、自助餐厅和病房层门厅，或医疗空间，如病房、护士站和特殊医疗区。具有高度专业知识的设计师能够协助医院员工和建筑师规划和定制实验室、急诊室、医疗图像科、儿科等科室及病房。

无论设计普通牙科诊所，还是专业牙科诊所（如畸齿矫正诊所），都需要了解医生是如何为病人提供服务的。尽管专业制造商来提供必要的医疗设备，室内设计师还是常常需要布置手术室的内部（提供牙科服务的诊所的一部分），并为建筑装饰和装修进行艺术处理。因为很少有人喜欢去牙科诊所，所以必须非常注意此类医疗场所室内的美观和声学设计。因此，其室内必须既满足牙医的功能需要，又为病人创造一个心理舒适的环境。

医疗设施的设计是一种在商业室内设计中令人兴奋和有趣的工作方式。这不是一个无需获取很多专门针对使用这些设施的医生和患者的知识就可进入的专业。如果你对医疗设施的设计感兴趣，好的办法是，考虑选修一个涵盖了作为你教育培训一部分的医疗领域简介及获得办公设施设计功底的课程。

医疗保健设施室内设计

Jain Malkin，CID
Jain Malkin 设计公司总裁
圣迭戈，加利福尼亚州

作为一名室内设计师，你面临的最大挑战是什么？

> 作为一名室内设计师，我面临的最大的挑战是，获得我所需的教育，因为在我上学时无法轻易获得那些课程。我不得不在职学习大量知识，并踏上一条漫长的自学道路。

是什么带你进入你的设计领域？

> 当我从芝加哥搬到加利福尼亚州时，我重新开始，没有客户，我决定从事一个尚未完全开发的专业领域。1970 年，这就是医疗保健领域。我打算用一年的时间阅读我所能收集到的所有资料，来熟悉这个领域。但是，在图书馆待了两个星期后（那时还没有互联网），我已经读完了医疗保健建筑和设计方面的所有书籍，以及《期刊阅读指南》上的相关文章。简单地说，当时的资料非常有限。这一年剩下的时间我待在医院里面做实地考察。实际上，我的心理学学位比其他任何我能获得的东西都更有利于我的研究，并为我之后的职业生涯提供了独到的关注点，就是通过病人的眼睛来看其所处的环境。

> 我带着其他室内设计师很少关注的研究焦点来到这个行业，这促使我写了很多书籍，成为这个行业后来重要的参考文献。我在实地研究一年后，开始在杂志上写文章，有关从心理学的角度研究病人，并提出环境设计的改革。因为当时很少文章讨论这个主题，

医疗保健：Ethel Rosenthal 资源
Scripps 乳房护理中心。拉霍亚，加利福尼亚州
室内建筑和设计：Jain Malkin 设计公司
圣迭戈，加利福尼亚州
摄影：Glenn Cormier

所以我写的每一篇文章都得到了发表，并在我还没有任何医疗保健设施设计的实际经验之前，就成了这个领域的专家。几年后，我有了项目的经历，决定写一本书来帮助其他设计师获得相关信息，而无须经过费力地学习过程。这是我第一本有关医疗和牙科空间规划的书，该书的第三版于 2002 年 4 月出版。这本书二十年来不断重印，并且始终是这个方面仅有的书籍。为此我非常高兴，我知道我以这种方式为他人、为行业作出了贡献。1992 年，我撰写了《医院室内建筑》（Hospital Interior Architecture），它是对医院设计以研究为基础的尝试。

你的首要责任和职责是什么？

▶作为有二十个人的室内设计公司的领导，我负责公司的运转、市场营销、财务、启发和鼓励在我公司工作的有天赋的员工，以及监督大部分项目的创作

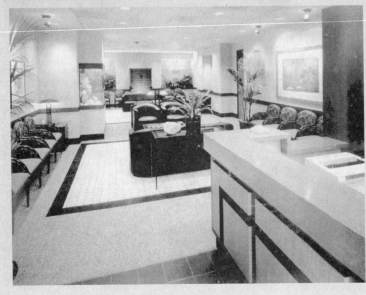

上，医疗保健：候诊室
Smotrich 再生增强中心。拉霍亚，加利福尼亚州
室内建筑和设计：Jain Malkin 设计公司
圣迭戈，加利福尼亚州
摄影：Glenn Cormier

下，医疗保健：候诊室，神经外科房间
室内建筑和设计：Jain Malkin 设计公司
圣迭戈，加利福尼亚州
摄影：Steve McClelland

方向。此外，我在项目中加入研究工作。

工作中令你最满意的部分是什么？

>工作中令我最满意的部分是，在项目完工后，它达到甚至超越我的预期时，那种意外的激动。更好的是，看到它给病人和医护人员留下非常满意的印象。这种喜悦无与伦比，每一次我都觉得，能从事这项工作，我肯定是世界上最幸运的人。

工作中令你最不满意的部分是什么？

>工作中令我最不满意的部分是，管理员工。如果有人能克隆出一批有创造力、胜任工作、性格好、态度积极、个性成熟的员工，那么这个世界就会变成天堂。事实是它对我或任何员工都是一个挑战。公司运作的很多工作的确没什么意思，如开账单。紧密控制财务状况，并经常关注它以获得经济效益，非常重要。同样，准备计划书和审查冗长的合同也是个苦力活——但是，这对任何专业顾问公司都是必需的。

在你的专业领域，设计师最重要的品质或技能是什么？

>医疗保健设计领域需要很多技能，其中大部分都围绕着技术能力——理解法规，知晓适合医疗设施的材料，了解生命安全问题。相对于企业办公设计，在这个领域错误的选择或失败的设计可能会给病人带来危险。这是一个巨大的责任。如果你的设计失败，客户会追究设计师的责任。

哪些人或哪些经历对你的事业影响重大？

>可能有很多因素影响了我的事业，但我不得不说，是我读大学时给我第一份工作的人让我对这个领域产生了兴趣。我谎报了年龄和工作经历，才说服他雇佣我(这里再次提到说服的能力)。当他发现我懂得并不多时，我已经在他的建筑事务所中学到了很多东西，并且踏上了一条新的职业道路。几年前，在一次演讲后，偶然碰到一个听众站起来向我提问。他说这些年他的事务所里有一个传言，说我过去曾在那里工作过，他想知道这是不是真的。他非常高兴地知道那个从前他们雇佣的连基本绘图技巧都不懂的年轻人最终成了一个成功的医疗保健设施设计师。

医疗保健设施

Rosalyn Cama，FASID
CAMA 设计公司总裁
纽黑文，康涅狄格州

是什么带你进入你的设计领域？

➤这是个非常曲折的过程，我毕业时遇到经济衰退，找不到设计方面的工作，因此我考虑进入研究生院。当我准备研究生入学考试时，我在当地医院找到一份绘图员的工作，然后，其他的就成了我的历史了。当时我被邀请留下来参与一个长达 6 年，耗资 17300 万美元的建筑项目，我学习了医院的运行和委员会做决定的技巧。同时，我和两家杰出的医疗建筑设计公司合作。当这个项目结束时，我创办了我自己的设计公司，并召集了在那个项目中合作过的工作人员，他们帮我开创了我的医疗保健设计事业。

作为一名室内设计师，你面临的最大挑战是什么？

➤充分意识到我所从事的不是艺术，而是社会科学。我们影响了很多人的生活，并在我们的研究中不断证实，我们所做的所有工作都影响着人们的行为。

你的首要责任和职责是什么？

➤在工作了二十多年后，我现在在负责公司项目的市场营销和开发，并仍然积极参与项目设计。我发现，在项目初期听取客户的意见非常关键。他们积极地领导并清晰地预见其设施的未来目标，让我们能够充分施展我们的专业知识。这样我们才能为他们的项目提出最佳的方案。这种早期的基础工作使我能够带领我们才华出众的团队达到比较现实的最终目标。

医疗保健：多专科候诊区
Rosalyn Cama，FASID
CAMA 设计公司，纽黑文，康涅狄格州
建筑师：KMD 公司，旧金山，加利福尼亚州
摄影：Michael O'Callahan

工作中令你最满意的部分是什么？

❯我相信，在医疗保健设施设计领域，我们在危机时刻给生命带来了影响。当我们创造的室内环境能减轻人们在接受治疗时的压力时，我能获得极大的满足。

工作中令你最不满意的部分是什么？

❯我最不满的是，这个职业得不到正确的评价。对很多人来说，我们的工作无关紧要，并且明明起了关键作用却被忽视。

室内设计教育对当今的行业有多重要？

❯美国已有三个州真正认可了设计对生活的全面影响。他们正在研究试点方案，将该专业的主题融入其 K-12 教程。我为这些努力鼓掌，这确实是时候了。

在你的专业领域，设计师最重要的品质或技能是什么？

❯在医疗保健设施设计潮流中领先于你的客户的能力。在我们的项目中建立适应性，才能让项目可行，并且在不断的变革中接受时间的考验。

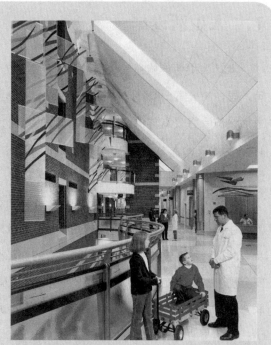

上，医疗保健：大厅，Rosalyn Cama，FASID
CAMA 设计公司，纽黑文，康涅狄格州
建筑师：KMD 公司，旧金山，加利福尼亚州
摄影：Michael O′Callahan

下，医疗保健：外科门诊候诊室，Rosalyn Cama，FASID
CAMA 设计公司，纽黑文，康涅狄格州
建筑师：KMD 公司，旧金山，加利福尼亚州
摄影：Michael O′Callahan

老年人生活设施

　　老年人生活设施通常也被放在医疗保健专业领域，因为很多设施在普通居住空间（如供能够自理的成年人居住的公寓）以外，对需要短期或长期熟练护理的住户提供专门的护理服务。尽管如此，大部分老年人生活设施会将公寓与供健康活跃的老人使用的普通公共空间相结合。由于婴儿潮时期出生的人（1946 年至1964 年出生的人）不断地决定从他们的独院住宅搬到集体生活的设施中，所以，该专业领域将继续成为室内设计的一个重要部分。

　　公共区域和需要护理的区域由这个专业领域的商业室内设计师设计，而居住的公寓部分通常由住宅设计师或住户自己设计。此类设施的室内设计涉及对材料和产品的规格制定，以帮助那些使用轮椅、助步器，以及有其他特殊要求的住户。材料和色彩的选择必须考虑降低视觉的强烈程度，以加强住户通过公共区域时的安全性。整个设施的空间规划也必须符合无障碍标准，如《美国残疾人法案》。《美国残疾人法案》（ADA）是联邦立法，它提供了设计准则，以使残障人士访问所有类型的公共设施。所有州都通过了这一法案。

老年人医疗保健设施，企业内部空间，教堂

LAURA C. BUSSE, KYCID, IIDA
室内设计师
REESE 设计公司
路易斯维尔，肯塔基州

是什么带你进入你的设计领域？

　　❯最初，我被吸引到商业设计领域是因为我沉迷于从劳动生产率和员工满意度的角度来看工作环境对员工的影响。在商业设计领域，我的专业领域已从企业办公室设计发展到医疗保健设施设计。

在你的专业领域，设计师最重要的品质或技能是什么？

　　❯商业室内设计师必须熟练地与不同个性的CEO 或行政助理谈判。身兼数职并同时处理几项事务的能力至关重要。每一天都不同，你必须能够适应新的挑战。

在你的职位上，你的首要责任和职责是什么？

　　❯在一周中，我通常要完成一系列任务。我经常会晤制造商代表，以便随时了解产品信息。我参加员

上，老年人生活设施：美发沙龙，白金汉宫高级
公寓
Laura Busse，IIDA，KYCID，Reese 设计公司
路易斯维尔，肯塔基州
摄影：STEVEN G. PORTER

下，老年人生活设施：前厅，白金汉宫高级公寓
Laura Busse，IIDA，KYCID，Reese 设计公司
路易斯维尔，肯塔基州
摄影：STEVEN G. PORTER

工会议，在会上分发和审查最关键的
项目。我几乎一直在与客户见面，并
且会见的间隔主要取决于现阶段设计
的进程。从文件和电脑透视图出发，
我利用电子表格、信件草稿、编制预
算、演示文稿、AutoCAD 上的空间规
划和网络来进行研究。

工作中令你最满意的部分是什么？

❯我的工作最满意的部分是，有
始有终。策划阶段是令人兴奋和愉快
的。在此阶段，我收集客户的相关信息，
并开始构思空间内的工作模式。当客
户在他们的新空间工作后，我也能获得心满意足的感
觉。通常，项目的时间表可以跨越数年，并且，通过
密切接触项目，你可与客户发展很深的关系。与他们
分享新空间的喜悦，让我感到非常自豪。

工作中令你最不满意的部分是什么？

❯最不满意的是，跟踪所有与该项目相关的文书
工作，并整理它们。

老年人生活设施：公寓厨房，白金汉宫高级公寓
Laura Busse，IIDA，KYCID，Reese 设计公司
路易斯维尔，肯塔基州
摄影：STEVEN G. PORTER

哪些人或哪些经历对你的事业影响重大？

❯有几个对我有影响的人。从学习和研究的角度来看，我从我的论文委员会主任那里获得了很多知识。我研究"工作环境中的色彩"将近两年，五年后，我仍在使用这套方法，并研究了在此期间我所学到的东西。在跟我现在的老板工作后，我成了很强的演讲者、设计师和商人。他不断花时间去解释设计的流程、本质，并始终给我机会去扩大我的设计知识及尝试新的东西。他是方法最佳的指导老师。指导我，帮助我，但也肯定我自己所做的事。此外，我还受到父亲的影响。年轻的时候，他带我去博物馆、文化节、旅游及其他创造性活动。他教会我想象，并给我机会去观察很多政府的工作环境。

作为一名室内设计师，你面临的最大挑战是什么？

❯作为一名室内设计师，我面临的最大挑战是将我的自尊脱离于项目。显然，我现在比三四年前更容易处理我的设计思路遭拒绝的情况。

机构设施

很多政府机构或其他组织的公共部门所拥有的各类设施属于机构设施的领域。其中包括国家、州和地方政府教育设施、博物馆、图书馆、政府办公楼，及教堂、犹太教会堂、清真寺和其他宗教设施。机构设施设计还包括监狱。金融机构，如银行、信用社和邮局，也常被列入机构设计范畴，尽管它们不是公共机构——它们是私人公司和企业——但它们提供服务的方式的确有类似的公众目的。如你所见，该类别涵盖了很大范围的设施种类。

为了帮你理解为什么这类设施被认为具有机构的性质，让我们来看一下该术语的定义。根据字典的解释，机构是指"一个确立的组织或公司，尤其是有公共性质的"。[4]根据对这个定义的理解，以及常被归入该类别的设施种类，很容易看出，机构设施通常由公共资金资助，而非私人拥有。显然，不是所有的机构设施都由公共资金资助，这只是一个笼统的概括。

范围广泛的各类设施有着极其不同的客户需求。专长于该领域内任何类型的室内设计师都必须面对至少四个方面的项目参与者。以一幢县政府办公楼为例，首先要考虑的项目参与者是其所有者，或者是负责该项目的政府实体。另一个必须提到且必须满足的参与者是将要在楼里工作的员工。这些人可能包括选举产生的县行政长官、各种各样的办公人员，甚至法官。第三方是在办公楼里有生意的人。在某种程度上，第四个必须满足的项目参与者是纳税人，他们实际支付了设施的施工和装修费用。纳税人在项目设计过程中也许没有做决定的权利，但肯定能在项目完工后发表他们的意见。

由于在机构设施中会发生不同种类的活动，所以室内设计师必须对设计中不同情感所扮演的角色保持敏感。例如，尽管在各类学校中都发生学习活动，但在特定学校学习的学生的年龄一定会影响家具、色彩、标志甚至是设备系统的选择。每一个宗教团体对礼拜空间的设计要求都不一样。即使是同一城市的同一个教派的教堂，也可能根据教会的期望有不同的设计。这些例子仅仅说明，对室内设计师来说，在机构设施设计中，对项目参与者的希望和要求保持敏感有多么重要。

政府设施设计：州政府、县政府、地方行政机构和军用设施

Kimberly M.Studzinski，ASID

项目设计师

Buchart Horn/Basco 合伙人设计公司

约克，宾夕法尼亚州

作为一名室内设计师，你面临的最大挑战是什么？

> 了解项目团队涉及的所有学科非常关键。要创建一个成功的空间，必须理解建筑体系的各个方面——结构、建筑、电气、给排水、供暖、通风和空调、数据通信、场地和安防。设计师还必须掌握预算、进度、场地和施工条件、历史问题、分期策略，以及在政府设施设计的领域，关注公共资金问题、政策和社区需求。尽管将这些因素组织在一起非常有挑战性，但是设计师的工作就是把这一切做得天衣无缝。

是什么带你进入你的设计领域？

> 地理位置和机遇。有些人先决定要做的特定的事，然后再去往需要他们的地方。另一些人先决定他们想去的地方，然后再实现它。我属于后者。我曾因私人原因选择不在大城市生活。因为很多商业室内设计公司都位于人口密集的都市区域，以便靠近客户群，所以我的工作机会受到了很大限制。我还喜欢在能让我更关注设计而不是市场的公司里工作。尽管我曾试图在设计的专业领域上保持弹性，我必须在此范围内更密集地寻找合适的项目。

幸运的是，我在附近发现了很棒的机会。尽管我的公司是一家大型的建筑和工程设计公司，拥有不同的客户群，我还是把重点放在了需要的地方——主要是我们的政府客户。尽管不是我有意选择，但却正好合适。

公共机构：官员调查庭，县政府楼
Kim Studzinski，ASID
Buchart Horn/Basco 合伙人设计公司，约克，宾夕法尼亚州
摄影：Bryson Leidich

公共机构：官员办公室，县政府楼
Kim Studzinski，ASID
Buchart Horn/Basco 合伙人设计公司
约克，宾夕法尼亚州
摄影：Bryson Leidich

在你的职位上，你的首要责任和职责是什么?

▶没有哪两个项目是完全一样的，每次的工作任务都有所不同。以下是部分惯常的工作：

项目规划：通过与客户会谈，总结人员、空间和FF&E（家具、设备）的需求，考察现场，并清点现有家具。

空间规划：设计并绘制平面图，通过概念图表分析空间组织。初步设计成果往往是设计草图。

向客户提交方案并演示：我向客户提供专业服务或设计成果的方案演示。正式的方案演示通常在公开的会议中展示。通常，我用草图和三维效果图来表达设计构思。

家具布置和设计说明：我为项目选择家具，包括模数化的工作间、文件柜、座椅和会议室家具。根据项目要求，我会协助客户利用与制造商的购买合同或组织竞标来采购家具。我还曾代表客户洽谈租约。大部分客户会采用部分现有家具，所以我也协调这部分工作。

饰面设计标准：我为室内材料选择合适的饰面和色彩。这通常被诠释为一张饰面表——一个按照房间来指定材料的矩阵。我还要与为每个项目准备技术说明的作者合作。设计说明是书面法律文件，它概括了重要的设计要求，如应采用什么材料，该如何应用或装饰它们，以及操作规程。大多数情况下，会给客户提供饰面材料样板以供选择。

质量控制：我从设计的角度审查图纸和说明书，以核查精确性和一致性。

绘图：尽管我喜欢绘图工作，我通常不会像从前那样画很多图。这项工作通常由设计团队中的年轻成员使用计算机辅助设计软件（CAD）来完成。

在电脑上工作：以上提到的大部分工作至少需要部分使用电脑。我在工作中运用大量软件来处理文字、传递文件、编制项目计划、建立数据库及电脑辅助绘图（包括二维和三维图形）。

工作中令你最满意的部分是什么？

➤我很高兴能有机会改善人们的生活环境。在很多项目中，我设计人们工作的地方—— 一个会让有些人花掉三分之一时间的地方。在公共区域，我有幸能通过场所的设计来提高公民的自豪感。

工作中令你最不满意的部分是什么？

➤有时候设计完成后，由于资金撤出或项目方向改变而取消。全身心投入设计，却看不到最后的成果，令人非常沮丧。

在你的专业领域，设计师最重要的品质或技能是什么？

➤我总是试图提醒自己，项目不是为我做，而是为客户做的。因此，我试图将自我放到一边，去听取客户的真实需求和愿望。此外，在大多数政府项目中，客户是公众团体。做决定的是选举产生的行政长官，而他们的指令也许并不能跨越整个项目过程。我必须努力创造满足大众的解决方案，以便尽可能地减少设计偏差。

保持弹性和适应性也非常重要。我的方法是开发最适合的解决方案。设计不是空穴来风，它必须在各建筑系统、预算、终极用途和美学要求所限制的特殊参数内进行。而且，在设计后期的某些时候，这些参数可能由于不可预见的情况会发生变化。因此，最终最合适的方案不一定是最理想的方案。

哪些人或哪些经历对你的事业影响重大？

➤在我很小的时候，我家在当地有一家小型五金店。当我在父亲身边工作时，他教我做很多事情，所以我能反过来向客户展示如何做很多东西。我学习有关给排水、电气、木工、五金、建筑和装修材料——如何使用它们、安装它们、修理它们，以及购买它们。他还允许我自主推销和布置店堂。随着我们生意的扩大，我增加了厨房和卫浴设计中心。一个设计师就这样诞生了！

我还记得我决定成为室内设计师的那一天。我遇到了一位设计师，他对我有所了解后跟我讲了很多他的事情。直到那一天，我才明白我想做什么，但那时还不完全知道那是个名副其实的职业选择——为了它，你需要去学校学习，获得资质，并得到一份"真正的工作"。就在那天，我告诉自己："这就是我想干的！"

宗教建筑设计

JAMES POSTELL
室内设计副教授
辛辛那提大学
辛辛那提市，俄亥俄州

是什么带你进入你的设计领域？

▶我相信，室内设计知识的一个重要方面是，它结合与空间组合、材料质量及方案需求相关的行为心理学的结论，植根于对人的因素的研究（人体测量学、人体工程学及空间关系的理论）。该知识体系形成了室内设计职业中最重要的方面。这种观点的前提是，室内设计应关注建筑环境中人的部分（感知、功能和文化）。

我已经设计了一系列宗教建筑空间，并且，在大多数项目中，为空间设计了家具，选择了材料和设备。多年来，为宗教项目设计与其机械、建筑和照明相协调的家具和木制品的能力，本身就具有两方面的功能—— 一方面，提供了专业的家具设计，并基于人体尺寸来绘制；另一方面，通过设计满足了基本需求，整合了多个系统，以及一系列的空间和材料。

在你的专业领域，设计师最重要的品质或技能是什么？

▶设计师最重要的品质是，有严谨和周密的思考和想象，且不失开发和推进设计理念的渴望。此外，

教堂室内空间：会场，蒂芬街，Francis 教堂
蒂芬，俄亥俄州
James Postell，辛辛那提大学建筑与室内设计学院副教授
辛辛那提，俄亥俄州
摄影：JAMES POSTELLa

宗教建筑室内空间：圣坛、讲道台及主持人的椅子，圣心玛丽天主教堂
James Postell，辛辛那提大学建筑与室内设计学院副教授
辛辛那提，俄亥俄州
摄影：JAMES POSTELL

宗教建筑室内空间：模型，Sisters of Mercy Belmont 礼拜堂
James Postell，辛辛那提大学建筑与室内设计学院副教授
辛辛那提，俄亥俄州
摄影：JAMES POSTELL

在设计的开发过程中，"制作"的知识——解构和构建是相互依存的理解设计生产的方式。其中一个能引导你更好地理解另一个。技术，通常给了设计师揭示意图并在创意和建筑形式之间建立连接的一种手段。因此，设计师的重要素质是，不但能思考和想象，还要有执行和实现其愿景的能力。

为了开发、测试和完善设计思路，应用的技能是必需的。在这方面，计算机建模能力、物理建模能力及手绘技巧是每天的日常实践中很重要的技能。总的来说，广泛的素质和技能来自经验。经验的表面是宝贵的理想——往往是从成功和失败的实践中，以及沿着设计的路径学习的积极结果。

你的专业领域与其他领域有何不同？

❯多年来，我的设计任务大多数为宗教建筑。这些项目包括小教堂和犹太教堂，并且，几乎在每一项任务中，我都被要求设计或改造空间，且家具的设计也包括在我的工作范围中。几乎所有的家具都是定制设计和制造的。宗教类项目往往对家具有着特别的重视程度。家具和空间之间的相互关系是宗教建筑设计与其他专业的不同之处。

在你的职位上，你的首要责任和职责是什么？

❯设计。

工作中令你最满意的部分是什么？

❯设计过程和协同工作都很满意。

工作中令你最不满意的部分是什么?

❯来自业务的压力是我的工作最不满意的部分。压力给我的感觉,就是当你没有足够的时间去做需要做的事情时的感觉。

哪些人或哪些经历对你的事业影响重大?

❯保持广泛实践,并能有时间书写其工作,从而

为设计学科做出重大贡献的教授。

作为一名室内设计师,你面临的最大挑战是什么?

❯与设计相关的技能从空间组织到家具的细节设计。

旧建筑修复和重新利用

保护有重要历史价值的住宅和商业建筑对理解当地文化根源非常重要。有些室内设计师专门从事现存建筑物的修缮。当建筑物有重要的历史价值,通过保护建筑来保护历史,或者改造后重新使用而不是将其推倒。修复意味着"将建筑小心地恢复到原有面貌及其整体性"。[5] 修复项目的团队成员包括一名受过历史建筑训练的建筑师、室内设计专家、历史学家、考古学家和专业工匠。室内设计师及其他成员研究决定该建筑的原有设计、装修和陈设。原有陈设和复制品(甚至是真的古董)应当被还原,以尽可能真实地修复建筑。

建筑室内的修复是非常精确和高度专业的工作,当然室外也是一样。这个领域的专业设计师往往需要获得额外的教育,学习建筑、艺术和建筑史,甚至包括考古学。此外,修复历史建筑以赋予其现代的使用功能——不是所有的建筑都会成为博物馆——这涉及建筑法规的应用、安全问题,及新材料与旧建筑的结合问题,这些建筑建造的时候还没有现代的建筑法规及施工方法。旧建筑的条件,什么需要(或不需要)修复,产品和陈设是否能找到,以及预算的控制,只是负责修复设计工作的室内设计师和设计小组需要考察的一小部分问题。

重新利用是一个相关的专业,它涉及改造旧建筑(或其室内)的用途,从一种功能变为相对不同或完全不同的另一种功能。例如,把住宅重新设计为提供早餐的小旅馆,或者把快餐连锁店变成地产中介办公室。在大多数情况下,建筑的外观保持不变或相似,但是室内有较大的变化。在重新利用项目中,室内设计师往往需要与建筑师合作,因为完成更新通常还需要结构设计。

重新利用项目使社区或历史街区在转换成现代社区的使用功能的同时,保持原来的面貌。建筑外部看起

来还是老样子，但是室内为新的功能服务。例如，很多社区更改了分区规划，在旧居住区内的住宅可以引进商业。重新利用项目在保持历史面貌的同时，允许专业办公室、服务公司或接待设施公司在该区开业。

相关行业选择

通过本章节的论述，你能在很多让人兴奋的室内设计专业类型中选择你事业的重心。室内设计行业的精彩之处在于，设计和规划室内空间仅仅是该行业所提供的职业道路之一。以下的论述介绍了很多与室内设计行业相关的其他职业，一个受过专业训练的人也许能在其中觅得职业。有些职业需要专业的训练或有几年的室内设计经验，但它们对所有有兴趣在室内设计行业选择这些相关职业的人开放。

技术专家

声学设计：很多类型的商业室内设计需要特别注意声学设计。剧场、大型开放式办公项目、医院及餐厅只是一小部分需要声学设计师提供专业服务的室内空间。

厨房及浴室设计：高级住宅的厨房项目通常非常复杂。高端住宅内的浴室——尤其是主卧室中的浴室——在材料和空间规划设计方面也很复杂。通常由住宅室内设计师的顾问专家，或直接服务于住宅业主的专家来设计住宅厨房。商业厨房，如酒店和餐馆里的厨房，几乎完全由厨房设计专家来完成。

照明设计：适当的照明是所有室内项目的重要部分。很多复杂的室内项目需要照明设计专家为室内设计师提供咨询服务，以确保照明设计在功能和美学上都恰到好处。

家庭影院：高级住宅项目通常会包括一间专门放置宽屏幕或投影电视和音响的房间。家庭影院的设计要求屏幕位置、投影系统、空间隔声及音响系统方面的技术知识。

指示标志：在如学校和医院那样的大型公共设施中找路是件困难的事。设计指示标志的图像和标志的专家帮助访客及工作人员不会迷路，并清楚了解他们要找的设施的位置。

法规专家：熟悉掌握建筑、消防和无障碍设计法规的室内设计师可以选择成为其他设计事务所关于法规方面的顾问。此类专家审查其他设计师完成的图纸，并对如何提高设计中的法规应用提出建议。

厨房设计和空间规划

Mary Fisher Knott，ASID，RSPI，CID
Mary Fisher 设计公司老板
斯科茨代尔，亚利桑那州

作为一名室内设计师，你面临的最大挑战是什么？

❯我面临的最大挑战是合理安排我的时间。大家都知道我是一个让自己承担过多工作的人。我还在学习对别人说不。

是什么带你进入你的设计领域？

❯我喜欢烹调，且从小就开始做菜。我认为家庭是生活中最重要的部分，建造一个养育家庭的住宅非常重要。厨房是家庭生活的核心。我喜欢设计满足家庭需要的空间。

在你的职位上，你的首要责任和职责是什么？

❯我最主要的职责是与客户配合并设计空间。同时我还是每个项目的主要绘图者。

工作中令你最满意的部分是什么？

❯当我的客户在项目完成后邀请我去他们的住所，并告诉我他们有多喜欢他们的新家时。

私人住宅：风情厨房设计
Mary Knott，ASID 联席会员，RSPI，CID
Mary Fisher 设计公司，斯科茨代尔，亚利桑那州
摄影：Roger Turk，Northlight Photography

私人住宅：风情厨房设计
Mary Knott，ASID 联席会员，RSPI，CID
Mary Fisher 设计公司，斯科茨代尔，亚利桑那州
摄影：Roger Turk，Northlight Photography

工作中令你最不满意的部分是什么？

❯向某些客户催缴到期的设计费。

在你的专业领域，设计师最重要的品质或技能是什么？

❯聆听客户并做详细笔记的技巧。解决问题是设计师的责任。

哪些人或哪些经历对你的事业影响重大？

❯我的父母。他们鼓励我追求对艺术和家居的热爱。当我以厨房设计师和空间规划师开启我的事业时，还没有几个设计师专门从事这个领域。

教育家

JAN BAST，FASID，IIDA，IDEC
圣选戈设计学院
圣选戈，加利福尼亚州

你为什么成为一名室内设计师？

❯我一直喜爱阅读平面图，甚至在孩提时代就喜欢；我曾经为几家开发商工作——其中一家在建筑部门——并且一直对空间规划感兴趣。而且，我的社工也喜欢我与人合作建立功能良好的生活环境的想法。

你会给那些想要成为室内设计师的人什么建议？

❯尽可能进入最好的学校，获取全面的普通教育课程，包括心理学和社会学，并且，无论功课还是人际关系，始终保持最高标准。

你的教学目标是什么？

❯我们的使命宣言："讲授、维护和扩大设计的知识，这是它所服务的多元化社会中的生活品质所必不可少的。教育个人具备在室内设计界担当重要角色的能力。我们的目标是培养在其毕业后就将进入专业领域的室内设计师。"

一名好学生有哪些特质？

❯上课并参与课堂讨论；强迫自己尽可能地创作最好的作品；爱提问；参与设计协会，无论是 ASID 或 IIDA 的学生分会，还是在设计协会的活动中担当志愿者或参与者。

你怎样帮助学生进入工作市场？

❯学生必须在一家经过核准的室内设计或建筑设计事务所完成 135 小时的实习。

设计师获得成功所需的最重要的技能是什么？

❯同理心、直觉和荣誉感。

当今，室内设计师的考试认证和执照颁发有多重要？

❯非常重要。

租户改进设计

专门从事此类设计的室内设计师通常为物业经理、房地产经纪人服务，或者直接为想要搬进现有建筑中的客户服务，帮他们决定现有空间能否满足租户的需要。租户改进设计专家还可以帮租户选择建筑装修，但很少为他们制定家具产品的规格。

项目管理

具有优秀项目管理能力的室内设计师开创了提供项目管理服务的项目管理咨询业务。这类顾问有的可能被客户聘为代理，有的会为那些需要内部资源之外的专家的小型室内设计公司提供咨询服务。当然，在很多室内设计公司，项目经理也是员工。

样板住宅

室内设计公司可能为住宅制造商工作，帮助完成样板住宅的室内设计，尽量创造令人兴奋的形象来吸引潜在购买者。样板房是为了让人参观而不是为某个特定客户而修建的。大规模住宅项目的发展商会雇佣室内设计师来帮助购房者选择装修材料和色彩。这些专业人士通常被称为色彩师或室内咨询师。

餐厅：BluWater 咖啡厅，纽伯里波特，马萨诸塞州
Corky Binggeli，ASID，Corky Binggeli 室内设计公司，
阿灵顿市，马萨诸塞州
摄影：Douglas Stefanov

CAD（计算机辅助设计）专家

想独立工作，却不一定想完成项目所有阶段的室内设计师可以专门从事计算机辅助设计。这些专业人士为没有时间或能力自己完成 CAD 图纸的设计师提供服务。

产品设计师

大多数产品设计师实际上受过工业设计训练，并为主要家具或其他产品制造商工作。然而，室内设计师在为他们的客户定制设计家具后发现，创造定制家具也具有挑战性。有些设计师因而转行为制造商工作，有些则开启了自己的定制家具业务。

模型制作者

模型大多与建筑设计公司相关，但有时室内设计公司也会制作模型。按比例制作的模型是帮助客户理解项目最终形象的一种方式。模型制作者可独立开业，也可为设计公司服务。

表现图绘制者

表现图绘制者创作三维透视图和轴测图，以帮助说明设计概念。很多表现图绘制者使用能让他们从任意角度绘制这些图形的电脑软件。表现图通常是彩色的，使用不同的介质，如马克笔、水彩及钢笔墨线。与模型制作者一样，表现图绘制者也可独立开业，或为设计公司服务。

营销专家

营销专家拥有出色的销售和沟通能力，并熟悉室内设计的程序。他们常为大型设计公司服务，为公司寻找和获取新的项目。此外，有些营销专家来自商业顾问公司，向各种规模和类型的室内设计公司提供市场开发服务。

销售代理

销售代理为零售商店和办公家具经销商工作。他们直接向住宅项目或商业室内项目的终端客户销售。很多销售代理从前都是室内设计师，他们认为销售领域对他们来说更合适，而不是做空间规划和设计。也有些被吸引到这个行业的人的目的在于潜在的更高的收入。

家具和室内产品制造商

家具及其他用于室内的产品的生产，实际上为室内设计师提供了更多的就业机会。有些制造商拥有自己的室内设计团队，负责公司总部及不同地点的产品展示厅的设计。另一个相关的职务是制造商代理，即销售制造商产品的人。他们协助室内设计师、建筑师和客户，提供关于产品的信息。他们的目标是让终端客户指定或购买其代理的产品。

交通设施

交通设施室内设计包括两个分支：机场、火车站

体育场：Lexus 休息室，Jobing.com 体育场，格伦代尔，亚利桑那州
Lisa Slayman，ASID，IIDA，Slayman 设计公司，纽波特海滩，加利福尼亚
建筑师：HOK，堪萨斯城
摄影：Phillip Ennis Photography

公共图书馆：适应性改造，重新利用 20 世纪 70 年代的百货商店
W. Daniel Shelley，James DuRant，Matthews & Shelley 有限公司
萨姆特堡，南卡罗来纳州

等场地设施设计，以及交通工具本身的设计——包括飞机、轮船、游艇、火车、汽车等等。因为交通站点通常具备多项功能，所以室内设计师必须熟悉多种类型的商业空间设计。大多数情况下，交通站点的空间设计必须与建筑师事务所合作完成。

交通工具的设计是高度专业化的，因为所有的设计和规格制定都必须仔细考虑该交通工具的安全整体性。如果在游艇上错误的地方放置重量或尺寸错误的家具，船就无法在水中正确地漂浮和通行，从而产生安全隐患。

博物馆工程

类似威廉斯堡和白宫这样的历史遗迹，美术、自然历史等各类博物馆，及总统图书馆，都可成为对博物馆管理工作或这个非常专业的室内设计领域感兴趣的室内设计师的职业。这个职业要求具有现场工作甚至考古学或博物馆科学的高级学位。

新闻业

对于热爱写作的人来说，针对室内设计或建筑的行业杂志或消费者杂志的工作是非常有意思的选择。很多室内设计师以作者的身份在杂志上发表文章，这也是扩展他们设计公司市场的一种途径。

W.T.Cozby 公共图书馆的儿童区，科佩尔，得克萨斯州
Barbara Nugent，FASID，F&S 合伙人有限公司，达拉斯，得克萨斯州
摄影：J. F. Wilson

教育工作

室内设计师常常在社区学院或大学中兼任教师工作。具有高学历的从业者可以在两年或四年制的专业中担任全职教师。对在一个或多个领域内有几年工作经验的室内设计师来说，教师是一项非常有成就感的工作。

政府工作

在美国，联邦政府总务管理局（GSA）向各种联邦设施提供室内设计服务。这些室内设计师可能会设计某个参议员的新办公室，或某个局（如联邦航空管理局）的大型办公楼。很多州、省和地方的政府有设施规划和设计人员，他们在新建或改建政府的公共设施时，从事实际的设计工作，或协调外部的设计公司。

在室内设计和建筑工业领域还有很多与室内设计相关的领域。几乎这个行业的各个方面，以及任何类型的设施，或设施的任何部分都能成为一个设计领域和职业机会——只要有足够的客户支持这个业务！

为招待设施、承包商和住宅室内设计提供家具的设计和制造

Pat Campbell Mclaughlin，ASID
Steel Magnolia 设计事务所总裁
达拉斯，得克萨斯州

作为一名室内设计师，你面临的最大挑战是什么？

❯ 找到我的专长。

是什么带你进入你的设计领域？

❯ 我总是在室内设计项目中寻求提供定制家具的机会。然后，突然有一天我就开始从事这项工作——并且，我喜欢它。

你的首要责任和职责是什么？

❯ 设计，监督生产程序，研究新产品及市场营销。

工作中令你最满意的部分是什么？

❯ 所有的方面。

工作中令你最不满意的部分是什么？

❯ 财务。

在你的专业领域，设计师最重要的品质或技能是什么？

❯ 对细节的关注；生产最好的产品。

哪些人或哪些经历对你的事业影响重大？

❯ 曾经被辞退，然后意识到这件事情有其积极的方面，而不是消极的！那时候你可以重新评价你的目标到底是什么，以及如何达成你的目标。然后顺其为之。

下图，从左至右：
产品设计：米兰游戏桌
Patricia McLaughlin，ASID，RID
McLaughlin 收藏
达拉斯，得克萨斯州
摄影：Brad Kirby

产品设计：装饰椅
Patricia McLaughlin，ASID，RID
McLaughlin 收藏
达拉斯，得克萨斯州
摄影：Brad Kirby

产品设计：郁金香桌子
Patricia McLaughlin，ASID，RID
McLaughlin 收藏
达拉斯，得克萨斯州
摄影：Brad Kirby

作为一个室内设计师的工作与产品供应商

CAROLYN ANN AMES，ASID 联席会员
室内设计师，科罗拉多州立大学色彩营销与设计系毕业，
设计专业：商业室内设计
SHERWIN—WILLIAMS 公司
克利夫兰，俄亥俄州

你是如何获得室内设计师学历的？你拥有什么学位？

❯当我意识到我渴望成为一名室内设计师时，我去 Baldwin-Wallace 学院学习了一年英语和艺术。Baldwin-Wallace 没有提供室内设计专业，只有极少数的课程。我的顾问建议将 Akron 大学作为首选，因为它所获得的 FIDER 认证及声誉。我在那里获得了室内设计学士学位，并在未成年人艺术工作室学习。

作为一名学生，你面临的最大挑战是什么？

❯我像一台服务器，几乎全天工作，并且整天在学校。我几乎支付了自己整个大学教育的费用。这是一个挑战，但它所带来的好处，是我永远无法取代的。毫不夸张地说，它教会了我教育的价值。

如果你还没有参加 NCIDQ 考试，你是否打算参加？为什么？

❯我正在考试过程中，并已通过了第一部分。

你是如何选择你工作的公司的？

❯Sherwin-Williams 是世界知名的提供优秀涂料产品的公司。我们的总部设在俄亥俄州的克里夫兰市，并且这也是我所在的"色彩和设计"部唯一所在的位置。该部门处理从色彩趋势和色彩理论研究，到与商业客户的伙伴关系及我们的办公室和商店的整体室内设计等的一切事务。我选择这份工作，是因为我非常喜欢它的挑战，以及每个工作日不同的节奏。我觉得，这份工作使我在设计的训练和知识及整个的职业生涯中都得到了成长。

在你工作的第一年，面临的最大挑战是什么？

❯就业第一年，面临的最大挑战是找到一份能最好地利用和发展我的才能，并让我获得快乐的工作。它需要一定的时间，可能会经历几份不同的工作或工作经验，不要气馁。最终会通向正确的地方。

你是否在你的学校加入了 ASID 或 IIDA 学生分会？为什么？

❯是的，我是 ASID 学生分会的会员。我还担任了董事会学生主席和学生代表（SRB）的领导，这对我来说是个非凡的经历——我加强了与该领域的同学和专业人际经验的关系。

你认为实习对学生的教育经历有多重要？

❯实习绝对重要。我有两次实习，一次是在高档住宅家具展示间，一次在商业家具经销商处。实习的过程给学生展示了现实世界，并且，通过成为一名活跃的团队成员，您将了解很多你无法轻易从课堂上获取的工作方面的知识。

你会给那些想要成为室内设计师的人什么建议？

> 重要的是，对这项工作有激情。这是项艰苦的工作，如果你有激情，你就会爱上它。

Beth Harmon-Vaugh，FIIDA，AIA 联席会员，LEED-AP

> 我无法充分地强调研究学校并确保你获得最好是 CIDA 认证的，或至少能让你获得 NCIDQ 考试资格的学历的重要性。

David Hanson，RID，IDC，IIDA

> 我建议他们首先要了解自己，然后尽量了解别人。室内设计同很多其他职业一样，涉及对人的行为及整个知识体系的充分理解。

Linda E. Smith，FASID

> 每个设计师必须掌握基本的三维技巧，以及对色彩、比例和尺度的感觉——这些是与生俱来的，无法通过后天教育来获得。如果你有这些天赋，那么你需要找一个经过认证的大学上必要的课程，这将是开启你职业生涯的最佳方式。

M.Arthur Gensler Jr.，FAIA，FIIDA，RIBA

> 要知道什么是室内设计师，他是做什么的。要知道成为室内设计师你需要满足哪些要求，他不仅仅是协调地毯、织物和墙纸，还要准备好你的职业方向。作为你的基本条件，这意味着你需要获得 FIDER 认证的学位、一定的工作经验，并通过 NCIDQ 考试。如果你在那些对于执业或使用"室内设计师"称号的人有证书要求的地区生活和工作，那你必须确认通过室内设计师专业认证。

Terri Maurer，FASID

> 与各种执业的专业人士讨论专业问题；询问有关其专业及其如何获得成功的问题。访问一些不同类型的工作室，看看人们是如何真正工作的。这与电视上描绘的无关。然后专注于能为你打下基础并帮你实现目标的获得认证的学历。

David Stone，IIDA，LEED-AP

> 努力争取！这个行业极端苛刻，也有巨大回报。尽量接受最好的教育，并永远不要停止学习。参与社团活动，并回报该社团。

Jan Bast，FASID，IIDA，IDEC

> 不要因为你认为自己有设计上的小聪明就选择这个行业。成千上万的人都有这种能力。而要因为你通过他们的作品了解那些站在与自然界的混乱、腐败和恶化做斗争的最前沿的设计师而选择这个行业。正因为此，设计师创造了美。我们就是为了这个理由选择这个行业。所有人都能做出各种各样的设计。但只有成熟的设计师才能发现秩序、结构、韵律以及因此带来的自然自序中的混乱之美。

Jeffrey Rausch，IIDA

❯学习、观察、倾听，并对设计建筑环境的各个方面充满激情。

Sandra Evans，ASID

❯作一名室内设计师是完整的生活模式——而不单纯是一份工作。最开始设计师必须在几年内全身心地投入，直到能彻底掌握。对你的职业生涯要保持耐心和灵活性。成功的设计师必须愿意适应外部力量，如经济波动、行业更新、新的专业领域及新技术，并且适应自身的成长。

Robert Wright，ASID

❯锻炼优秀的人际交往能力。

Sally Nordahl，IIDA

❯追求你的梦想。给自己尽可能多的经验，并为各种企业工作。一个人职业生涯的第一阶段是打基础的时间，也是去旅行、阅读、做事和发展技能的时间。通过一切手段，不要怕犯错误。研究可以从错误中得出积极的经验，实践也可从错误中得出积极的经验。忠告是：你年轻时不要去犯错误，但也不要怕犯错误，并要从你职业生涯早期遭遇的成功和失败中汲取经验。

James Postell，辛辛那提大学副教授

❯尽可能多地了解该行业。由于网络的便利性，现在比以往任何时候都更容易做初步研究。打听并发现那些会让你一整天关注的执业设计师。令一名高中生或年轻的设计系学生惊讶的是，设计专业的学位会带给你各种可能的道路。即使你认为你想成为一个住宅设计师，你也可以关注一位商业设计师，或花一天时间看织物制造商的代表作。如果你有能力，最好找一份与设计行业有一定关系的暑期工作。在设计或建筑设计事务所接听电话，在家具仓库协助库存管理，或在相关的零售环境中工作。最后，我建议，在上大学前，尽可能多地学习艺术、计算机和商业类课程。

Laura Busse，IIDA，KYCID

❯确信你对设计的热情，因为它看起来似乎无趣、多余和令人厌烦。但当你获得回报时，它们会闪闪发光。

Pat Campbell Mclaughlin，ASID，RID

❯锻炼你的表达和人际交往能力；每项能力对你自我营销和向潜在客户和老板推销你的设计理念都是至关重要的。快速地接受这个现实，即：好的设计如果不能为客户接受，就永远不能被实现。那么，一定要学会概念营销。

Leonard Alvarado

❯看看你周围的每件事，要认识到，必须有人先设想出来，然后画出来，最终才能有人建造或制造出来。

Melinda Sechrist，FASID

❯与一位专长于你所感兴趣的专业的设计师待上一个星期。然后，至关重要的是，你必须参加一个 CIDA 认证的课程。

Annette Stelmack，ASID 联席会员

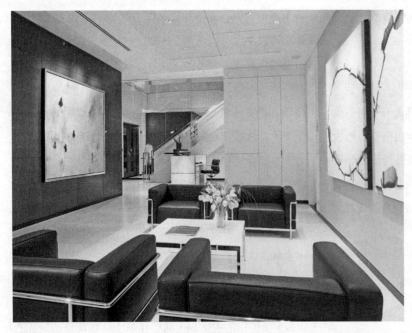

法律事务所：Alston & Bird LLP 办公室
Rita Carson Guest，FASID
Carson Guest 有限公司，亚特兰大，佐治亚州
摄影：Gabriel Benzur

❯获得良好的教育，考察你具备的素质，看看是否适合你想要的东西或你想成为的人。最重要的一点是，要热爱你正在做的事。
Laurie Smith，ASID

❯暑假，在这个行业打一份工，以便确切地知道你想要的是什么。
Fred Messner，IIDA

❯获得优秀的教育（从 FIDER 认证的院校），并找到一位好导师。积极参加专业组织的活动，让我在潮流中不断更新，并获得成为优秀专业顾问必要的领导才能训练。
Rosalyn Cama，FASID

❯尝试不同的领域，以发现最适合你个人才干的工作。
Marilyn Farrow，FIIDA

❯这个行业的工作非常艰苦，但能获得丰厚的回报。要对新观念开放，坚持不断地学习，并在你自己创业前多在几家公司实习。
Greta Guelich，ASID

❯受最好的设计教育，并选修商业课程。做好准备要工作很多年才能获得足够的实践工作经验，有信心和能力在任何情况下高效工作。这个行业是有最长的学习曲线的行业之一。
Jain Malkin，CID

❯对职业及整个行业有足够的知识。

Neil Frankel，FIIDA，FAIA

❯高素质的教育和培训能让你在所有追逐理想的人中脱颖而出。在普通的设计课程以外，注重技术训练：照明设计、电脑网络技术、基础施工技术和细节处理。在标准文字处理软件之外，多学习掌握电脑软件，如 AutoCAD、3Dillustration、Photoshop 和 Microsoft Project。学习并理解市场营销和经营管理。

Suzanne Urban，ASID，IIDA

❯获得激情？这是无法教的。如果你已获得它，再加上一点点的创造力和绘画技巧，那就没有任何事能阻止你成功了。

Bruce Brigham，FASID，ISP，IES

❯进入四年制的经过认证的设计课程，并尽量多学习各方面知识。我极力推荐在学习设计课程的同时选修商业、财会和市场营销的课程。

Juliana Catlin，FASID

❯好好学习语言沟通能力和写作技巧。保持强烈的好奇心；学习和热爱解决问题。

Lisa Whited，IIDA，ASID，IDEC

❯加入该行业是激动人心的。因为室内设计是个相对年轻的行业，该领域不断发展，且日新月异。要成为伟大的室内设计师，需要毕生致力于学习，有灵活性，

以及真正关注人类及其需求，并且，拥有这些技能的人有着无限的可能性。与其他行业一样，室内设计也有其自身的挑战，但它确实是个非常有价值的职业选择。

Lindsay Sholdar，ASID

❯拜访室内设计师，向他们了解这个行业的状况，为住宅或商业室内设计师做实习工作，并且选修室内设计入门课程。

Michelle King，IIDA

❯打消室内设计师总是沉溺于浮华表面，并滥用他人的钱这种公共印象，这种形象只代表这个行业中极少数的从业者。

Jennifer van der Put，BID，IDC，ARIDO，IFMA

❯获得四年制的学位，认真学习每一门课程。如果你打算在你的领域有所成就，你最终会用到所有学校教授的知识！熟练掌握所有相关的电脑软件。如果不具备电脑才能，你所能胜任的工作种类会受限。积极抓住所有在人群前做演示的机会。锻炼你的口头沟通设计理念的能力，以及绘图表达的能力。很多情况下，客户不想支付精致图纸的费用。这时你需要充满激情和活力地绘制草图、快速的材料展示和解说的能力。不要逃避商业课程。室内设计 90%是商业经营，只有 10%是创造性工作。（我当然不是第一个说这种话的人。）做好计划参加 NCIDQ 考试。通过参加 ASID 或 IIDA 来支持你的事业（这的确是一个事业）。（人们希望这两个专业协会能合二为一。）除非你热爱这个行业，否则不要进来。

你的客户一定会发现其中的区别！

Linda Kress，ASID

❯我能给想成为室内设计师的人提的最好的建议是，倾听你的客户，在你所获得的信息的基础上综合你的专业知识，发展设计构思，有效协调你的设计构思和客户的愿望。

Linda Santellanes，ASID

❯要知道，室内设计作为一个有趣的职业的时代已经过去了。室内设计是一个需要知识、责任和艰苦工作的行业。

M. Joy Meeuwig，IIDA

❯让你的教育像本打开的书。从与设计无关的资源中寻求灵感。在设计领域获得各种工作经历。从各种工作经历中获得的观念弥足珍贵。

Sari Graven，ASID

❯研究人，研究他们的生活和工作模式，永远不要忽视建筑作为你设计的关键元素。使用这些元素，去发展独特、出众的、能反映你客户的生活方式或其所需的工作环境的设计。在每个设计项目中牢记：功能永远都是空房子或空间的一部分。

Sally Thompson，ASID

❯我有两条建议：（1）在寻找你的第一份职业时，保持灵活性。在室内设计领域有那么多种类的工作，它们都能给你带来出色的工作经验。无论你是在建筑或住宅设计公司，还是在家具或地毯的零售部门，你都能学习到该领域的重要技能。换句话说，我想说的是："愿意从婴儿学步开始"，不要期望你刚踏出校门就能得到理想的职业。每一份工作都能对你成为多才多艺的设计师有所帮助。

（2）永远准备好迎接挑战，随时驱使自己超越自我。室内设计领域提供了很多挑战。我相信这个职业最大的满足感就来自不断地战胜挑战。

Susan B. Higbee

❯选修商业管理课程，包括财务和金融。尽管设计和建筑倾向于艺术，但是这终究还是一门生意。我目睹了很多有才华的设计师最终在这个行业失败，就是因为他们没有基本经营的能力，或者招聘业务经理的感觉。

Trisha Wilson，ASID

❯如果室内设计是你热衷的职业，让自己充分享受这个行业并积极工作，不要考虑太多金钱上的回报。这个行业似乎总在变化，也应该变化。努力让自己站在这个行业的尖端和前列。

Janice Carleen Linster，ASID，IIDA，CID

❯尽量获得更多的正式教育，毕业后仍要不断寻求受教育的机会。通过 NCIDQ 认证，并在适当多一些的法律管辖地区注册。献身你的事业，并为后来者铺道。

也许最重要的是，始终保持职业道德和专业精神。

Suzan Globus，ASID

> 做调研工作，可能对所有职业选择都是正确的，对室内设计也一样。向那些了解情况的人（如该领域的专业人士）指导你理解可能的职业选择。询问一些有关职业机会的问题，他们认为如何成为成功的设计师，他们认为在特定地点特定专业领域的工作机会在哪里，以及他们对他们的工作满意和不满意的地方是什么。如果可能，尽早找一份实习工作，以获得对这个领域的直接接触。

成熟的教育背景是重要的基础。寻找一个能让你专注于你的兴趣，同时锻炼广泛技能的学位专业。重要的是，学习优秀的经营业务，包括写作技巧。很多设计工作还要求掌握计算机辅助设计能力。

Kimberly M.Studzinski，ASID

> 与在各个领域工作的室内设计师座谈。（本书肯定会有很大的帮助！）考查自己的背景、兴趣和工作模式，尝试获得工作经验，或至少访问与你分享方法的设计师。例如，我很容易被周围的人打扰，所以在一个安静、隔绝的环境内工作，对我非常重要。我也很想自己开公司享受工作上的独立。然而，我有一个朋友，她不能想象自己出外工作，她更喜欢和友善的同事们在一起。

Corky Binggeli，ASID

> 如果你喜欢解决视觉谜题，并把所有的拼在一起——你最适合做室内设计。如果你意识到室内设计远远不止挑选家具和装饰，并希望创造功能合理、充满活力，并满足终端用户需求的空间，当然还要获得教育，

房间：中庭。遗失的城市宫殿。太阳城，南非
Trisha Wilson，ASID
Wilson 合伙人公司，达拉斯，得克萨斯州
摄影：Peter Vitale

为已注册的设计师工作两到三年，参加 NCIDQ 考试，并开始享受你的室内设计职业生涯。

Robin Wagner，ASID，IDEC

> 在获认证的大学完成你的学位，学习和完成

住宅：卧室
William Peace，ASID
Peace 设计公司。亚特兰大市，佐治亚州
摄影：Chris A. Little

NCIDQ 考试，然后继续学习，以便你能跟上你所选的领域内的研究和进步。永远都不要停止学习！
Patricia Rowen，ASID，CAPS

❯作为学生尽可能多地参加行业活动。与业界保持同步的最佳方式是借助网络，并让文字在设计界迅速传播。还可以去认识销售代表，并与他们在业内建立长期的联系，以帮助你将自己的名字留在那里，并为你提供潜在的优越的就业机会。
Shannon Ferguson，IIDA

❯如果你想接受挑战留在曲线之上，如果你与人工作顺畅并喜欢团队合作，这是一个很大的领域。这不是那种你只要去做自己的事情而无需大量的协作和聆听的

领域。如果你认真对待职业生涯，而不仅仅是一份工作，那就去最好的学校，投入时间和金钱，通过你的合作得到良好的曝光，并投身于自己喜欢做和不喜欢做的事情中。尊重那些可以成为你导师的人，并向他们学习。不要以为你已经知道全部了。
Colleen McCafferty，IFMA，USGBC，LEED-CI

❯我会建议你接触当地的专业室内设计机构，请求访谈一些设计师。理想的是，访谈几个在不同领域或专业实践的设计师，以彻底了解一个专业人士在其工作过程中真正在做什么。
Mary Knopf，ASID，IIDA，LEED-AP

❯期待努力工作。几乎每一个我知道的成功的室内

设计师都对该领域充满激情，并且他们的确能为人们创造空间，使他们高兴，并解决他们的问题。如果你有创意和艺术才能，喜欢分析，并接触新材料和新想法，我觉得室内设计是个理想的职业。我已经不止一次听到，且我自己也这么说："你永远不会觉得无聊。"

Carol Morrow，博士，ASID，IIDA，IDEC

> 做室内设计很少有可以用你个人品位去做的事。所有的事必须以你客户的品位，以及你将他们的需求诠释进其所住的美丽而实用的空间的方式来做。

Darcie Miller，NKBA，ASID 行业伙伴，CMG

> 要成为一个受过教育和具有良好技能的室内设计师，应该从去一所能在室内设计领域提供不错的专业的大学开始。这是一个很好的开始途径，可以发现室内设计是否是一个适合你的领域。我们不是"枕纤维分离机"和"拾色器"。这是一个非常重要的领域，并有很多与室内设计岗位相关的责任。

Debra Himes，ASID，IIDA

> 我会确保让他们知道，它不仅仅是挑选织物和饰面。它不像大多数人认为的那样光鲜。我还会提醒他们，他们可能不会挣很多钱，但可以有一个体面的生活。像所有职业一样，它也有其好的和坏的日子。我也建议他们，找几位设计师谈谈，以了解设计师的典型一天是什么样子。

Jane Coit，IIDA 联席会员

> 在你住处附近找一所学校，选修一些室内设计方面的课程，看看它是否就是你想用自己一生来做的事。它还将告诉你，你是否有成为室内设计师的天赋和气质。

Lisa Slayman，ASID，IIDA

> 做一些调查研究。采访一些来自不同专业领域的专业室内设计师。当你研究适当和被认证的教学计划时，要了解 CIDA 和 NCIDQ。

Keith Miller，ASID

> 旅行并接触许多不同的环境。开启新的经验，始终愿意加强和帮助管理我们的事业。加入专业协会，并游说良好的室内设计立法。要向学生宣讲，并率先垂范。

Lisa Henry，ASID

> 不要一出校门就自己创业。将你的实习当作学习的经验，而不仅仅是学术上的要求。毕业后去一家公司工作，并力争继续学习。仅仅因为你不在学校并不意味着你不能不断学习。请记住，你必须用自己的方式工作，一开始钱可能不会像河水那样流来。耐心和毅力会带你走得更远，钱也会来。接受这样的事实：你可能需要有人来做你的账单，或者你可能需要设计界业务方面的帮助。

Marilizabeth Polizi，ASID 联席会员

> 理解室内设计在建造环境方面的重要性，并对自己的贡献感到骄傲。

Nila Leiserowitz，FASID，AIA 联席会员

> 始终计划获得你的证书和 NCIDQ 认证。它将对

你未来的雇主和未来的客户显示：你，意味着业务。

Linda Isley，IIDA，CID

❯他们应该考虑专业的重要性，及其对人类更大利益作出贡献的能力。

Linda Sorrento，ASID，IIDA，LEED-AP

❯首先，这可能是一个比你的想象更复杂的领域。虽然它看起来有趣、快速，且在电视上魅力四射，但你要对空间的居住者负起设计的责任。你的客户会期待你有创意，但也想要安全性，且能高效地完成项目。尽可能获得最好的教育，在艺术之外，不要忘记法规、施工和经营方面的课程。

其次，考虑你所处的位置及获得经验所需的时间。如果你不住在主要枢纽城市的通勤距离内，当地的设计公司往往较小且较少。那你必须更努力一点，让自己开始。在你掌握诀窍前不要走出去自己干。

第三，下决心成为一名专业人士。试着在一家能让你广泛了解规划及制定产品规格的需求的公司锻炼，它将继续教育你。大多数设计师在职业生涯过程中会改变设计的专业方向。从一开始就根深蒂固的良好做法可以帮助你在未来几年做出成功的举措。

Sally Howard D´Angelo，ASID，AIA 专家会员

❯学习进行有效的沟通。进程的每一步，都是人际沟通的又一个挑战。

■作为有效率和有能力的设计师，您必须推销自己。

■您必须将成果或项目出售给客户。

■您必须有办法向下一级分包商、采购代理、助手，及客户（这是最重要的），传达你想要做什么。

■你必须有能力面对和化解尴尬的局面——财政、计费纠纷，承包商不作为，曲解客户的期望。如果不能用简单的方式处理这些，那么麻烦将会继续，并使进程拖后。

Sharmin Pool-Bak，ASID，CAPS，LEED-AP

■通过访问相关网站；跟随两位专业设计师的工作；以及与室内设计教育者的对话，确保你真正了解该专业和职业的性质。

■在提供认证的室内设计专业的机构学习。

■尽可能多的参加与室内设计相关的实习或兼职工作。参加专业设计师主持的研讨会或演讲。他们将点燃你对职业的激情。

■记得打破常规地思考，并注重细节。

■注重你的工作质量，努力工作，并热爱生活。

Stephanie Clemons，博士，FASID，FIDEC

❯富有激情和创造力，但不忘记细节。

Sue Norman，IIDA

CAD 渲染图：会议室
CAT 公司，纳什维尔，田纳西州
Derek Schmidt， 原 Design Collective
公司员工，纳什维尔，田纳西州

❯寻找一个四年制的 CIDA 认证专业，并投入之。

Maryanne Hewitt，IIDA

❯对大多数设计师来说，成功不是一朝一夕的事。它需要极其辛苦的工作和奉献；说白了，就是要有付出。白天不止于下午 5:00，尤其对那些拥有自己业务的人来说。他们有客户要会见，预算要考虑，图纸要完成，选择要做出，建议书要提交，产品要订购，最后期限要满足，以及随后无尽的图纸跟踪。这样的例子不胜枚举，但在一天结束的时候，无论是什么时刻，你都会有一种深深的满足感，你知道，在使他人的世界变得更满意和舒适的过程中，你发挥了作用。

Teresa Ridlon，ASID 联席会员

❯有兴趣成为设计师的人应该多同设计师们在一起。

尝试在暑假为一家设计公司打工，即使仅仅是为部门主管送午餐。在施工现场工作——以理解建筑物最基本的方面，向那些用砖和瓦将你的设计愿景真正实现的工匠们学习。参观博物馆，阅读有关设计的图书和杂志。花一天或更多的时间跟随一位设计师。观察你周围的建造环境，并分析为什么有些地方让你感觉很舒服，而有些地方却相反。

Kristi Barker，CID

❯获得作为你教育经历一部分的经验、实习或基于工作的学习，以便你获得必要的技能；了解你在课堂上学到的与室内设计业务相关的知识，以帮助你确认你真的想成为一名室内设计师。

Susan Coleman，FIIDA，FIDEC

❯根据我的经验，室内设计专业似乎对技术重视不够。我们公司所有的设计师，不论其是什么专业，他们都有些电脑经验；至少，他们必须掌握一些 CAD 软件和类似 Microsoft Word 和 Excel 的软件。在我们这个不断发展的以电脑技术为基础的领域，只有优秀的设计才能而没有电脑经验的应聘者很难找到工作。

Derek B. Schmidt

❯研究室内设计师都做些什么。找到该行业最适合你的某个方面，并追求它。如果它不是你想象的东西，就再找另一种职业。生命短暂，无法在你不喜欢的领域工作太久。坚持做适合你的工作。

旅行和遇见来自设计与生活的各色人等。你的工作和成就感都将受益。

Alexis B. Bounds，ASID 联席会员

❯我最好的建议是走出去。不要害怕去参加专业的聚会，或通过网络与认证的设计师联系。走出你在学校项目的安乐窝，并积累你的职场经验。

Carolyn Ann Ames，ASID 联席会员

❯一位高效的室内设计师需要理解设计理念，当然还有商业策略和社会心理，这意味着，你必须有能力与你的客户和资深设计师联系。"人际交往能力"听起来很模糊。但它是你可以拥有的最重要的技能之一。如果你是讨厌团队工作或不擅长与各色人等打交道的一匹独狼，你作室内设计师可能不会很高兴（或很成功）。

Charrisse Johnston，ASID，LEED-AP，CID

❯确保你有足够的耐心和时间。

Chris Socci，ASID 联席会员

❯我会建议他们待在学生工作室，或通过电子邮件和交谈与现在的设计专业学生保持持续的对话。这是个艰苦的工作，但如果你有渴望与热情进入到这个行业，是完全值得的。没有什么比你在获得大专文凭知道你将进入正确的工作轨道后，更让人放心的。我们这个职业最美妙的事是，每天面临新挑战。我没有一天去上班会觉得我好像已经完成了任务，那是一种美妙的感觉。作为一个潜在的设计专业学生，我还建议研究一下室内设计及其相关领域的各种岗位。

Shannon Mitchener，LEED-AP，ASID 联席会员，IIDA 联席会员

注释

1. National Association of Home Builders. 2007. "What Is CAPS?" http://www.nahb.org/assets/docs/files/CAPS_1162003102728AM.pdf.

2. Christine M. Piotrowski. 2007. *Professional Practice for Interior Designers*, 4th ed. (Hoboken, NJ: John Wiley & Sons), 69.

3. Judith Davidson. 2007. "Interior Design Giants." *Interior Design*, January, 130.

4. *Merriam-Webster's Collegiate Dictionary*, 10th ed. 1994. (Springfield, MA: Merriam-Webster), 606.

5. Rosemary Kilmer and W. Otie Kilmer. 1992. *Designing Interiors*. (Fort Worth, TX: Harcourt Brace Jovanovich), 283.

第5章　室内设计过程

　　设计精良的室内空间反映了各个方面：从房主的美食厨房的个性，到新潮餐厅令人兴奋的氛围。设计住宅的室内空间需要特别理解人的需求，并有能力将业主所表达的无形的想法和感受诠释成由家具、色彩、纹理、物体及安全规划的理念所创建的有形的答案。类似地，商业室内设计师必须阐释商业需求，提供满足功能需求的办公、旅馆、医疗等各类空间的室内，同时为雇员和用户提供安全和美观的空间。

　　室内设计师用于圆满完成住宅及商业业主的目标的过程，需要室内设计师及其团队承担一系列的任务（见第227页"设计团队成员"）。他们从各种途径收集大量的信息；做几十个甚至是上百个决定；绘制设计图纸和编制设计文件来确保设计概念合理地实施。他们以有条不紊的方式来完成这些任务，以避免漏掉任何一个需要解决的问题。换句话说，他们完成工作的次序决定了最后的成果。而这种次序就称为设计过程。

　　无论工程大小，室内设计的过程包括五个阶段。每一个阶段都非常重要，因为每一个阶段都建立在上一个阶段的基础上，直到项目结束。这五个阶段是项目计划、方案设计、设计深化、合同文件准备和合同执行。这些阶段所需完成的几项任务见"室内设计项目中的关键任务"（第225页），这些是每个室内设计项目都必须完成的。然而，在任何项目及其各个阶段实际开始前，必须执行另一重要过程，即被很多设计师称为的"项目开发"阶段。项目开发涉及那些寻找和确保项目所需的任务，即：寻找客户，并签订合同——在室内设计服务提供者与客户之间。尽管这对整个设计过程非常重要，但并不被视为项目设计过程的一部分。有关项目开发的简要探讨，会让你深入认识这个重要的商业实践环节。

　　当然，一个项目实际上并不能清楚地划分为五个有精确开端和结束却没有重叠活动的阶段。有时候，一个阶段的活动会延续进入下一个阶段的工作。此外，有些设计师提出，并不是所有的项目都要经历所有的阶段。例如，一位设计师也许会被客户雇来为主卧室选择几件家具和床上用品，或重新设计综合性办公室的一间会议室。这些较简单的项目不会涉及本章所描述的整个设计过程。尽管如此，每个项目，不论其复杂程度和规模，都涉及每个设计阶段的某些工作。

有关这个问题的探讨可帮助你理解完成一个专业室内设计项目所需要的工作。本章所述的设计过程是住宅和商业设计项目常见做法的概览。在很多案例中，很多工作在本章讨论的各个或全部阶段中都是必需的。这里探讨的设计过程是建立在国家室内设计资格评审理事会（NCIDC）定义的基础上的，因为 NCIDC 定义的设计阶段是被广泛接受的。有关设计过程的细节及其工作的方式见"室内设计参考文献"（第 310 页）。

项目开发

乔·史密斯，专门从事公司办公室和小型零售设施的室内设计公司老板之一，他每星期都会努力接触潜在客户。他将这称为"探矿"，因为他正在寻找可能存在的项目工作，但话说回来，这不一定会成功。这是许多常见活动之一，也是"项目开发"的一部分，是在客户和设计师签订设计合同或其他协议之前，由乔和所有室内设计师承担的工作。

项目开发包括很多被视为经营实践的活动。该项目阶段的工作包括市场推广和寻求新客户，由设计公司研究基本客户或项目需要，以便确立对项目内容的理解，并准备概括了需履行的工作纲领的实际协议或合同。

教堂室内空间：交谊厅。圣马太圣公会教堂
路易斯维尔，肯塔基州
Laura Busse，IIDA，KYCID
Reese 设计公司，路易斯维尔，肯塔基州
建筑师：CoxAllen 建筑师事务所
摄影：DAVID HARPE

室内设计项目中的关键任务

项目计划

- 确定客户的特定需要、目标和项目目标；
- 勘察现场条件；
- 仔细研究现状或设计中的平面图纸；
- 研究是否需要顾问；
- 分析研究法律法规问题；
- 评估现有家具、陈设和设备；
- 以图解或文字形式对项目计划定案。

方案设计

- 开始初步规划平面和家具布置；
- 绘制其他必要的概念草图；
- 准备材料和产品设计说明草案；
- 在必要情况下更新项目计划信息；
- 编制造价估算；
- 确保提交的设计方案符合法律法规要求；
- 会见必要的专业顾问，如建筑师、承包商和工程师；
- 向客户介绍初步方案。

设计深化

- 细化空间规划和家具布置；
- 细化材料和产品设计说明；
- 深化预算；
- 查实与细化后的平面相关的法律和规范问题；

- 准备其他表明设计概念的设计文件，例如灯光布置平面、立面、透视图和样板；
- 向客户提供设计概念演示。

合同文件准备

- 平面和设计概念确定后，绘制施工图，编制设计说明；
- 获得必需的许可证或有关部门的批准；
- 按照需要咨询建筑师、承包商和工程师等；
- 准备和发布招标文件；
- 与项目相关人员沟通信息；
- 研究承包商的计划安排。

合同执行

- 发放必须的附加文件；
- 收集投标书并向客户提供建议；
- 向客户提供阶段性审查和工程验收；
- 以客户代理的名义发放购买订单、发票和付款；
- 阶段性现场验收；
- 审查提交的制造图和样品；
- 跟踪家具、陈设和设备的订单；
- 最终现场验收。

第 6 章将详细论述室内设计师如何进行市场推广和寻找新客户。现在，必须考虑市场推广，因为这是客户了解室内设计公司及其服务的重要途径。例如，客户越来越多地使用互联网来检索室内设计公司的网址，以了解该领域的设计师。当一家公司通过公关活动（如发布在当地报纸或杂志上的项目）积极寻找客户时，客户也会了解到该公司。设计师还可通过现有客户的推荐获得新客户。

合同一旦确立，室内设计师就开始研究决定该项目是否是该公司寻求的项目。如果是，室内设计师将与客户见面，甚至提交该设计公司的介绍。会面的目的，部分是为了让设计师更深入考察客户和项目，以确定必要的工作，即所谓的"项目范围"。"项目范围"非常重要，这样，设计师才能制订出计划书（或设计合同），在第二次会面中提交。第二次会面至少需要讨论室内设计服务的收费问题。室内设计师应该注意，不要在会谈初期提供免费设计的概 念。不幸的是，有些客户会与几个室内设计师会面，以获得免费的设计构思，之后却不雇佣其中任何一人。

在商业室内设计领域，很多客户采取一种称之为设计方案征集（RFP）的方式，就潜在项目评定几家室内设计公司的设计水平。RFP 是一份解释项目要求及客户对设计师的期望的文件。RFP 会被分发至几家设计公司。如果某室内设计公司对该项目有兴趣，它会准备一份方案来解答客户所陈述的有关需求。随后，客户会决定与哪家回应的公司会面。

当室内设计公司在某个项目上赢得了客户的兴趣，设计师需要实地勘察项目现场，或研究现状平面来理解该潜在项目的实际状况。如果无法获得平面图，室内设计师需要实地测绘。包括测量所有的墙壁、门窗洞口以及现有项目空间的其他特征，以绘制出有精确尺寸的平面图。在实际工作中，有些公司会在下一阶段完成此项工作，而不是在项目开发阶段。

在项目开发阶段，室内设计公司组织将要负责该项目的团队（见对面页"设计团队成员"）。在一家小型公司，或负责一个小型项目，所谓的"团队"也许小到只有一位室内设计师。复杂项目需要多成员的设计团队，由一名有经验的高级室内设计师领导。有些项目还需要雇佣专业顾问；例如，一位商业厨房设计师也许会被请来设计新建餐厅的厨房部分。

收集好所有有关项目和客户的情况和需求的信息后，下一步是准备协议或设计合同。这份文件描述的内容包括设计过程和设计公司收费。设计协议和设计合同将在第 6 章中详述。当客户签字并返还设计合同后，设计师就可以开始准备项目的第一阶段了。

设计团队成员

建筑师和设计师社团：从事建筑和室内设计的设计师团体。

设计师：这个职业头衔一般意味着中级室内设计师。根据设计公司的不同，"设计师"需要有三到十年的工作经验。

开发商：为开发建筑项目（如住宅开发、大型酒店及购物中心等）提供资金来源。

总承包商：有资格监管工程项目各阶段实际施工的企业或个人。

实习生：短期工作的学生，同时完成专业课程的要求。实习生通常是公司里不发薪酬的职员。

初级设计师：专业工作经验有限的室内设计师，也被称作设计助理。

负责人：室内设计事务所的所有者。有时，一位拥有设计公司部分股权且级别非常高的室内设计师也被称为负责人。

项目经理：有丰富工作经验的室内设计师，其职责主要在于对项目的监管而非创造性设计。

高级设计师：总体来说，有十年以上室内设计经验的室内设计师。

独立从业者：独立进行室内设计工作的人员。他或她可以为一个或多个设计专业领域提供服务。

利益相关者：所有在项目中有既定利益的团体或个人，包括室内设计师、客户和供应商。

分包商：得到许可可以履行工程项目中的一部分的企业或个人，工作项目包括电气、地面铺设、墙面铺装和木工。

供应商：向室内设计师或客户出售商品或提供服务的企业或个人。

其他设计团队成员已在第1章中介绍。

住宅和商业室内设计

Melinda Sechrist，FASID
Sechrist 设计合伙人公司主席
西雅图，华盛顿州

是什么带你进入你的设计领域？

〉是在我的公司更早期的时候，找上门的项目。你在同一类工作上做得越来越好，随后你就因此出名。

你的专业领域与其他领域有何不同？

〉所有的设计使用相同的程序，所不同的，就是最后的结果。如果我们设计高级的居住环境，它必须满足我们客户对功能、美观及预算的需求。如果我们设计独栋住宅，也会应用同样的标准，所不同的，只是设计本身的细节。

作为一名室内设计师，你面临的最大挑战是什么？

〉管理设计公司及其中的员工。对付不遵守承诺的分包商和供应商。不得不降低设计费。

在你的专业领域，设计师最重要的品质或技能是什么？

〉通过文字、图纸和口头方式与客户、承包商等沟通设计构思。

室内设计教育对当今的行业有多重要？

〉极端重要。如果没有它，你就无法在这个市场上竞争，或提供专业设计师的服务。

公寓综合楼：客厅 / 藏书室
Melinda Sechrist，FASID
Sechrist 设计合伙人公司
西雅图，华盛顿州
摄影：Stuart Hopkins

公司办公室：前台
Melinda Sechrist, FASID
Sechrist 设计合伙人公司
西雅图，华盛顿州
摄影：Stuart Hopkins

你的首要责任和职责是什么？

❯获得所有的设计项目。准备协议和项目工作范围文件。创造设计构思和概念，同客户会面以及管理项目和支持他们的工作人员。

工作中令你最满意的部分是什么？

❯与优秀的客户合作，以及目睹一个良好运转的项目，被客户和公众欣赏。

工作中令你最不满意的部分是什么？

❯同苛刻的、不欣赏我的工作的客户合作；以及不得不降低设计费。

哪些人或哪些经历对你的事业影响重大？

❯大概是成为ASID的会员。作为一个年轻设计师，我遇到很多给我提供信息和鼓励的设计师。那时我获得了很多成长机会，成为一名领导者，这帮我成立了自己的公司。直到现在我还在学习。

公寓综合楼：圆形大厅
Melinda Sechrist, FASID
Sechrist 设计合伙人公司
西雅图，华盛顿州
摄影：Stuart Hopkins

项目计划

当客户与室内设计师签订合同后，设计师开始着手项目计划阶段的工作，该阶段可以被简单地理解为"信息收集阶段"。在项目计划过程中，室内设计师开始真正探究，客户想在此项目中达到什么样的效果，并展开必要的研究。其中部分信息是在项目开发阶段获取的，这对理解该项目的工作范围并进而准备设计合同非常必要。无论如何，在项目计划阶段，有关该项目的特定细节需要被明确。

设计师和客户（可能是房主或企业选定的人员）之间会进行详细的访谈。那些在项目中有既定利益的关键人被称为利益相关者，因为他们在项目中有重要的投资或利益。获得的信息用来确定具体的需求，如邻接空间、家具及色彩喜好。此外，在商业项目中，设计师还可以通过调查问卷而不是个人访谈来获得此信息。当然，还需要与项目相关的空间平面的准确规模。如果在项目开发阶段没有收到项目空间有比例的平面图，室内设计师必须在项目计划阶段获得。设计师还会评估现有家具，决定可否在新项目中利用其中一些。

项目计划阶段中很重要的一部分是法律法规研究，这些法律性规范将影响室内设计项目的空间规划和施工的方式，以及未来将采用的饰面材料。在某些法律管辖区域，法规还规定了在很多商业项目中可以采用的饰面材料。建筑法、消防规范、人身安全法、设备规范和无障碍法是对室内设计师的工作影响最大的。所有这些法规都在不同程度上影响室内设计项目的规划方式及家具和材料规格的制定。

在项目计划阶段，室内设计师研究决定是否需要其他的专业顾问。有些项目需要建筑师、电气工程师或设备工程师的参与。尽管每个州的法规不尽相同，但通常要得到建造许可证，大多都需要专业顾问，因为普遍不许可室内设计师以自己名义绘制报批图纸。此类专业咨询团队保障项目在法律规范控制下设计完成，并充分代表客户的利益。

所有以上工作以及在此阶段完成的其他工作，给室内设计师提供了以后开始实际设计和图纸绘制所需要的信息。不注重项目计划阶段的信息收集，就无法成功地完成整个项目。

高级住宅和商业室内设计：定制家具和产品设计

Debra May Himes, ASID, IIDA
Debra May Himes 室内设计合伙人公司老板
钱德勒，亚利桑那州

作为一名室内设计师，你面临的最大挑战是什么？

> 成为知名设计师，获得认可，并找到好的项目。

是什么带你进入你的设计领域？

> 我喜欢为我的客户创造并提供独特的作品。

在你的职位上，你的首要责任和职责是什么？

> 我拥有这家公司。因此，我负责所有的事情，甚至包括倒垃圾。

工作中令你最满意的部分是什么？

> 最美妙的感觉是，创造一个让我的客户叫好的空间或作品。

上，私人住宅：餐厅
Debra May Himes，ASID，IIDA
Debra May Himes 室内设计合伙人公司
钱德勒，亚利桑那州
摄影：Dino Tonn

下，私人住宅：大客厅
Debra May Himes，ASID，IIDA
Debra May Himes 室内设计合伙人公司
钱德勒，亚利桑那州
摄影：Dino Tonn

工作中令你最不满意的部分是什么？

> 当然，文案工作是我最不感兴趣的。

在你的专业领域，设计师最重要的品质或技能是什么？

> 与人交往以及倾听的技巧。最重要的是让客户高兴。

哪些人或哪些经历对你的事业影响重大？

> 我祖母的工作观念对我的影响最大。

私人住宅：定制的葡萄酒窖门
Debra May Himes，ASID，IIDA
Debra May Himes 室内设计合伙人公司
钱德勒，亚利桑那州
摄影：Dino Tonn

方案设计

项目进行的第二阶段是方案设计，这是设计师真正施展创作才华的阶段。室内设计师开始绘制设计草图，并初步确定材料和色彩。初步设计构思、草图和其他设计文件在这个阶段形成。显然，方案设计阶段最重要的图纸是平面图。大致表现空间布置（有隔墙位置）和家具布置的设计草图是该阶段所有室内设计师（无论其所属专业）常见的交流手段（见对面页上图："平面草图"）。其他初步设计草图包括功能分析图、相邻功能组织图、框图、局部透视图和剖面图，这些草图有助于解释设计概念。

在项目的方案设计阶段，室内设计师必须开始运用建筑法、人身安全法和无障碍法。在大多数司法管辖区，国际建筑规范将定义与房间的空间规划和结构特点相关的法规，这些工作也许会由室内设计师负责。其中包括办公套间中走廊的位置和大小。人身安全法会影响某些用于地板、墙壁和窗户的材料规格，以及许多其他的安全问题。在美国，美国残疾人法案提供了很多准则和规范，使商业室内空间能方便残障人士的出入。各种法规的准则将在设计项目的后续阶段进一步得到完善。

室内设计师还要初步确定项目所需的各种家具和饰面产品。准备色彩和饰面材质样板可帮助客户形象地想象完成后的空间形态。编制造价估算，以帮助客户和设计师明确完成在此阶段所展现的设计效果所需要的费用。如果造价太高，客户和设计师必须作出妥协，以保证客户能负担最终的项目费用（见本页中图："交通流线分析草图"）。

在方案设计阶段所完成的设计工作至关重要，为下一阶段的项目深化设计提供了基础。大多数情况下，图纸的绘制比较快速和随意，更多的时间被用来发展设计构思，而不是用在细化图纸。当客户认可该设计概念时，室内设计师就可充满自信地进入项目的下一阶段（见本页底图："家具布置图"）。

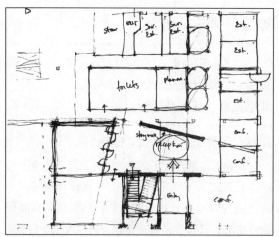

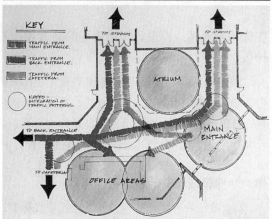

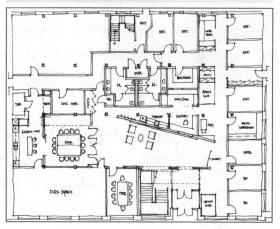

从上至下：
平面草图：方案设计阶段绘制的典型草图。David Stone，IIDA，LEED-AP。原 Sasaki 合伙人公司，水城，马萨诸塞州

交通流线分析草图：该草图帮助室内设计师理解大型工程中的预期交通流线，并协助平面图的展开。Robin J. Wagner，ASID，IDEC，RJ Wagner 设计公司，克利夫顿，弗吉尼亚州

家具布置图：在商业设计中，显示家具布置的平面草图用于在项目初期表达设计创意。注意其与本页上部的"平面草图"的区别。David Stone，IIDA，LEED-AP。原 Sasaki 合伙人公司，水城，马萨诸塞州

办公、酒店、零售

DAVID D. STONE, IIDA, LEED—AP
高级室内设计师, LEO A. DALY
菲尼克斯, 亚利桑那州

是什么带你进入你的设计领域？

❯最初雇佣我的几家事务所，都致力于企业项目，这迫使我进入了"常规的"办公室设计轨道。不过，这些企业客户也有属于其他领域的需求：食品服务、健身中心、公司专卖店、商务公寓和其他特色需求。

在你的专业领域，设计师最重要的品质或技能是什么？

❯在任何专业领域，领悟隐藏的或未说出来的客户需求并将其融入解决方案的能力，是设计师能够拥有的最重要的技能。最重要的技能是聆听，真正的聆听客户在说什么，并将其重新诠释后融入设计方案。

你的专业领域与其他领域有何不同？

❯企业项目可能是一种包罗万象的项目类型，它提供了在各种规模的项目上工作的机会，项目规模从微小到巨大，并集中了多种专业领域。我的体会是：有启发、有乐趣、有满足、有喜悦，并给了我广泛的基础经验，使我有信心轻松地胜任任何新的客户、新的项目类型，甚至新的就业岗位。

在你的职位上，你的首要责任和职责是什么？

❯我负责所有的事情，从最初的客户会议，到项目计划、设计深化、施工文件及现场监管。我带领项目团队开发完整的设计方案，包括计划书和空间规划，家具的布局和产品选择，以及材料样板和照明方案。我还通过提案、访谈和费用开发，参与应对新项目的机会。

工作中令你最满意的部分是什么？

❯开发真正令客户和我激动的设计方案，是我的工作最让我喜欢的部分。

工作中令你最不满意的部分是什么？

❯我们行业的项目管理方面，是我最讨厌的部分。

哪些人或哪些经历对你的事业影响重大？

❯有很多与我共过事的人极大地影响了我的职业生涯，有些是在技术方面，有些在项目管理方面，但大多数的，是在设计方面。尤其是我的两位老板，第一位给了我接触设计过程的巨大机会，后者让我能够带领设计的过程。离开了有才华的领导和同行的不断指导，我不会成长为如我今天这样的设计师，也不会希望能在未来继续地发展。

作为一名室内设计师，你面临的最大挑战是什么？

❯平衡我完美主义者的欲望与设计过程的现实——即，费用、进度和预算。

设计深化

项目的设计深化阶段将细化方案设计阶段形成的设计构思，使其发展成为最终经过认可的平面图和设计概念。在此阶段，室内设计师绘制有精确比例的图纸而不是概念草图，以确保空间布置和家具布置能准确契合所在空间（见第 241 页图："最终的家具布置平面图"）。当今的设计实践中，很多室内设计师使用 CAD 软件来绘制图纸。本章列出了几例 CAD 图纸。借助 CAD 软件，能轻易地修改图纸。同时，设计软件可以快速地完成有尺寸标注的设计图纸，因为尺寸标注可以设置成为电脑图中的另一个图层。然而，很多小型室内设计公司依然偏爱手工图绘制技巧来完成图纸。因此，同时学习掌握两种技巧对未来的室内设计师来说，非常重要。

在此阶段要完成的其他图纸可能包括照明和电气布置平面图、立面图和透视图。照明平面图（又称顶棚平面图）表达整体照明和局部照明装置的位置。恰当的照明对住宅室内设计和商业室内设计都非常重要，可以确保空间的使用功能。电气平面图标明控制照明装置并为室内其他电器提供电力的插座和开关的位置。同时，它还为电脑、商业设施的电脑网线、消防警报器等安全设施，以及现在住宅和商业室内设计中越来越常见的其他高科技应用装置，确定专用线路的位置。所有这些图纸必须精确绘制，以免提高造价，以及在实际施工时产生的其他潜在问题。

透视图：该图被室内设计师用作概念图
Kimberly M. Studzinski。Buchart/Horn/
Basco 合伙人公司，
约克，宾夕法尼亚州

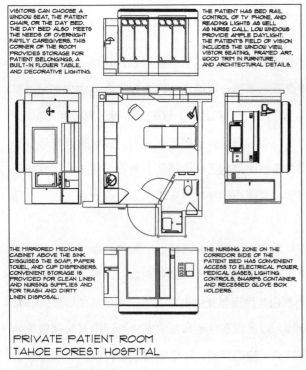

VISITORS CAN CHOOSE A WINDOW SEAT, THE PATIENT CHAIR, OR THE DAY BED. THE DAY BED ALSO MEETS THE NEEDS OF OVERNIGHT FAMILY CAREGIVERS. THIS CORNER OF THE ROOM PROVIDES STORAGE FOR PATIENT BELONGINGS, A BUILT-IN FLOWER TABLE, AND DECORATIVE LIGHTING.

THE PATIENT HAS BED RAIL CONTROL OF TV PHONE, AND READING LIGHTS AS WELL AS NURSE CALL. LOW WINDOWS PROVIDE AMPLE DAYLIGHT. THE PATIENT'S FIELD OF VISION INCLUDES THE WINDOW VIEW, VISTOR SEATING, FRAMED ART, WOOD TRIM IN FURNITURE, AND ARCHITECTURAL DETAILS.

THE MIRRORED MEDICINE CABINET ABOVE THE SINK DISGUISES THE SOAP, PAPER TOWEL, AND CUP DISPENSERS. CONVENIENT STORAGE IS PROVIDED FOR CLEAN LINEN AND NURSING SUPPLIES AND FOR TRASH AND DIRTY LINEN DISPOSAL.

THE NURSING ZONE ON THE CORRIDOR SIDE OF THE PATIENT BED HAS CONVENIENT ACCESS TO ELECTRICAL POWER, MEDICAL GASES, LIGHTING CONTROLS, SHARPS CONTAINER AND RECESSED GLOVE BOX HOLDERS.

PRIVATE PATIENT ROOM
TAHOE FOREST HOSPITAL

上，平面图：这些图有时"打开"显示了平面图和墙的立体图。M. Joy Meeuwig，IIDA，室内设计顾问，雷诺，内华达州

下，渲染透视图：这类草图经常被用于在设计深化阶段的后期帮助客户理解设计的重要元素。Robin J. Wagner，ASID，IDEC RJ Wagner 设计公司，克利夫顿，弗吉尼亚州

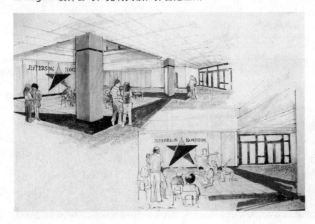

立面图和透视图是以客户能够理解的方式帮助表达设计概念的图纸（见第 235 页图："透视图"）。立面图是不显示空间深度，只描述高度和宽度的展现形象概念的图纸。有些立面图用作施工图，并提供尺寸信息。有些用作空间效果演示，可能会包含很多细节，甚至是彩色的（见左上图："平面图"）。透视图提供室内空间的三维形象。它也被称为"正投影图"，因为它将一个三维的形象投影在二维的平面上（见左下图："渲染透视图"）。在所有的情况下，透视图都是以真实比例绘制的，这样它才能描述实际建成后该室内空间的样子。

在项目的这个阶段，室内设计师编制深化后的设计说明和针对项目所有的施工项目和物资需求的预算。家具、陈设和设备（FF&E）的详细规格在此阶段最终确定并通过客户认可。FF&E 设计说明明确了室内所需的各项产品。所有项目在某种程度上都是从 FF&E 的要求明细表开始的。

在设计深化阶段接近尾声，室内设计师完成项目所需的所有图纸、说明和预算后，要对客户做汇报。这次非常重要的汇报的目的在于赢得客户的认可，并尽量减少客户要求的改动，以推动项目进入下一阶段——合同文件准备阶段。

接待区和住宅室内设计

Juliana Catlin，FASID
Catlin 设计集团有限公司总裁
杰克逊维尔，佛罗里达州

是什么带你进入你的设计领域？

➤我曾经为一家建筑设计公司工作，并从事一些酒店项目的设计。然后，我被旅游度假行业的一位开发商雇佣，顺其自然地开始以接待设施设计为职业。

你的首要责任和职责是什么？

➤作为我自己公司的总裁，我基本负责所有的市场工作，以及与主要的客户会谈。我有一支由设计师和后勤人员组成的优秀团队，负责处理大量的与客户的日常沟通事务。这使我得以有时间来做市场开发及制定公司的大的发展策略。

工作中令你最满意的部分是什么？

➤最让人满意的是，看到一个完工的项目。没有比看到自己最初的设计概念变成实物更令人兴奋的了。

上，招待设施：餐厅内部
Juliana Catlin，FASID
Catlin 设计集团有限公司，杰克逊维尔，佛罗里达州
摄影：Dan Forer

下，招待设施：餐厅内部
Juliana Catlin，FASID
Catlin 设计集团有限公司，杰克逊维尔，佛罗里达州
摄影：Haskell 公司

招待设施：餐厅内部
Juliana Catlin，FASID
Catlin 设计集团有限公司，杰克逊维尔，佛罗里达州
摄影：Dan Forer

工作中令你最不满意的部分是什么？

➤最令人不满意的是，同所有的分包商打交道以确保项目的实施。与供应商打交道并确定期限是最让人不开心的事，但同时又是为客户解决项目麻烦的要事之一。

在你的专业领域，设计师最重要的品质或技能是什么？

➤你需要掌握推销你的设计概念的能力。从很多方面来讲，我们就是销售人员，因为我们必须说服客户，我们所提供的解决方案是他们面临的问题的答案。很多有天赋的设计师最后在这个行业中失败，是因为他们不能很好地与客户沟通他们的想法。

你会给那些想要成为室内设计师的人什么建议？

➤上最好的能提供 FIDER 认可的室内设计学位的大学，并计划在未来达到最高的职业水准。我鼓励所有室内设计的学生参加 NCIDQ 的两天的专业资格考试。很多州现在开始要求必须申领执照才能从事室内设计专业。所以必须确认你是否有合适的教育背景和经历。

哪些人或哪些经历对你的事业影响重大？

➤我的教授，也是佛罗里达大学设计学院的院长对我的事业影响巨大。他让我对自己的设计能力充满信心，也让我认识到我的人际交往能力将帮助我取得事业上的成功。他的视野超越了设计能力本身，他给他的学生灌输了一种观念：职业道德、沟通能力、经营手段和作一个多彩多姿的人都将极大地影响他们的成功。他还教我们如何快速勾画我们的设计概念，我现在每天都用到这个技巧。他是一个伟大的人，他让我们意识到，我们可以通过设计来帮助客户解决生活问题。他几年前去世了，而他的学生将永远铭记他，因为他留下了关于做设计师以及做人的一生难忘的影响。

合同文件

合同文件包括：按比例精确绘制的图纸（即施工图）及其他书面文件（即设计说明），它们解释了室内空间未来的外观及实现的途径。整套施工图包括有尺寸标注的平面图、照明设计平面图、电气、给排水和其他设备图，以及表现内置壁橱和其他特征的立面施工图。根据不同的项目要求，有时需要放大比例的详图，用于表达某些局部如何被建成；家具布置（有时被称为设备布置）；明确墙壁、地面和顶棚的饰边条；及其他特定项目所需的专业图纸。

施工图中被广泛熟知的部分是给定尺寸的平面图（见下方"给定尺寸的平面图"）。这些图纸显示隔墙、内置壁橱、尺寸信息和承包商修建和装修室内空间所需的其他标注。室内设计师必须绘制高度精确的图纸，才能保证室内非承重结构构件能正确施工，以及家具和设备能合理布置。不精确的图纸和尺寸会在项目的施工期间及后续阶段造成问题，从而增加客户的费用。例如，在绘制一个将要嵌置家具的壁龛时标错一个尺寸，就意味着该家具无法恰当地放置。所以，在项目的这个阶段，谨慎是非常重要的。

设计说明书是伴随施工图纸的书面文件，提供完备的项目需求信息。室内工程往往需要准备两套设计说明书，一套说明隔墙和非承重结构（如壁橱）的材料和建造方式，另一套则是家具、陈设和设备（FF&E）的说明。

在很多小规模的商业室内项目和大多数的住宅项目中，客户和室内设计师（也许仅仅是设计师）根据家具、陈设和设备（FF&E）设计说明书（常常被称为"设备清单"）来购买所需要的产品和材料。而在大部分大型商业项目中，室内设计师必须从一个以上的供应商那里收集家具、陈设和设备的价格信息（或标书）。在此情

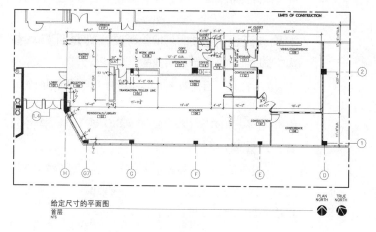

给定尺寸的平面图
首层
NTS

给定尺寸的平面图
Linda Santellanes，ASID
Santenalles 室内设计公司
坦佩，亚利桑那州

况下，要求准备竞争性的招标书，这样家具或其他可移动的商品可能会从不同的公司购买。作为竞争性招标书的家具设计说明可以采用文字形式，这样投标人（又称供应商）可以提供销售设计说明书指定之外的产品。如果供应商提供指定外产品，该产品必须同原设计说明中的产品相类似，否则投标书不被认可。对于很多商业室内设计项目来说，竞争性的投标书虽然复杂但非常必要。

施工文件会发放给有资质的承包商和投标人。室内设计师通常会对客户选择所需的承包商和供应商提供建议。有些室内设计公司宁愿自己来雇佣这些公司，充当客户代理的角色。购置家具和其他商品，以及雇佣实施工程的总承包商和分包商，需要准备分别的合同。这个阶段的"结束"是在所有招标文件发放出去，准备等待接受有关产品和工程报价的投标书的时候。

在住宅室内设计领域寻找一席之地

CHRIS SOCCI，ASID 联席会员
BO UNLIMITED 公司设计师
毕业院校：GWINNETT 技术学院
设计专业：住宅
亚特兰大，佐治亚州

你是如何选择获取你室内设计学历的学校的？你拥有什么学位？

❯我选择学校的依据是，要花多少年能让我完成学业。我已经确切知道我想要从事的职业。我有 Gwinnett 技术学院的文凭，也有 Columbus 技术学院平面设计专业的文凭。

作为一名学生，你面临的最大挑战是什么？

❯在团队中与他人合作，发现大多数人没有我这样的雄心。

你认为实习对学生的教育经历有多重要？

❯非常重要。它作为学生的我来说，是非常积极的步骤，它让我获得信心。

你是如何选择你工作的公司的？

❯在观察该公司的工作作风后，我感觉我能融入他们。在一家有高端客户的小公司工作，对我来说很重要。

在你工作的第一年，面临的最大挑战是什么？

❯要获得平衡，以了解该公司其他人的意见。

如果你还没有参加 NCIDQ 考试，你是否打算参加？为什么？

❯不打算。因为我上的学校不是 FIDER 认证的。

你是否在你的学校加入了 ASID 或 IIDA 学生分会？为什么？

❯我在学生时就加入了 ASID。我之所以加入，是因为它让我进入了这个行业。对我来说，一个重要步骤是，遇见专业的设计师。

合同执行

项目的最后一个阶段叫合同执行。在这个阶段,实际进行工程施工,家具、陈设和设备的采购和安装(见下图:"最终的家具布置平面图")。如前所述,室内设计师可能会负责采购所需要的产品,以及雇佣合适的承包商完成施工和安装工程。对于不出售家具等产品的设计公司来说,该部分的所有工作由另一实体来完成——可能是客户,也可能是顾问项目经理。销售家具、陈设和设备对很多室内设计师来说是额外的收入来源。尽管如此,由于销售家具、陈设和设备所带来的额外的法律责任也使一些设计公司只从事项目设计和产品规格定制而不同时销售商品。

在室内项目中监督工程施工和可移动构件的安装常常需要特别的知识和资质。根据不同的地方法规,室内设计师可能不被允许监督此类工作。但是,室内设计师需要经常出现在施工现场,以确保工程按合同要求完成。与合同不符时,由客户和承包商洽商,才能进行修改。

如果室内设计师向客户出售项目所需的商品,那么他或她就成了客户的代理商。在此情况下,室内设计师负责管理各种文件,保证采购和送达合适的商品。采购订单要求真正从家具工厂订货。工厂方面发送确认函,通知设计师他们可以提供所需要的商品。当家具准备运输时,工厂向设计师发送发货单。同时设计师也向客户发送发票等待付款。

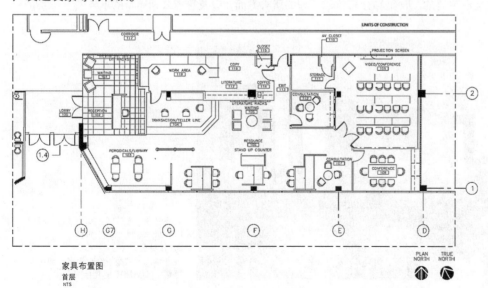

家具布置图
首层
NTS

最终的家具布置平面图
Linda Santellanes,ASID
Santenalles 室内设计公司
坦佩,亚利桑那州

当施工结束及所有家具和其他商品都送达时，客户和设计师进行验收，确定工程完工。最后这项工作的主要目的在于发现遗漏或损坏的物品。然后由室内设计师或其他相应的公司负责完成或修复该工程，保证在所需位置交付遗漏物品。此时，确认给付给室内设计师的设计费的最终尾款以及给付承包商和供应商的结算款，标志着整个室内设计项目的结束。

商业：办公室、餐厅及零售设施

DAVID HANSON，RID，IDC，IIDA
DH 设计公司老板
温哥华，不列颠哥伦比亚省，加拿大

是什么带你进入你的设计领域？

❯我毕业后接触到各种不同的设计领域，在不同的职位上积累了经验，并使我专注于我将继续工作的领域。

在你的专业领域，设计师最重要的品质或技能是什么？

❯很难说某一技能就是最重要的。收集和分析信息的能力、空间规划能力、协调不同的咨询顾问和行业专家的能力是最重要的。

你的专业领域与其他领域有何不同？

❯设计的某些方面是所有室内设计项目共同的，但商业设计的独特方面之一是，许多大型的项目以及流行趋势造成的影响，尤其在餐厅和商店设计方面。

在你的职位上，你的首要责任和职责是什么？

❯作为独资经营者，我的职责包括设计和项目管理的所有方面，以及管理公司运行的事务。

办公设施：接待区。Accenture 公司
David Hanson，IDC，IIDA
DH 设计公司
温哥华，不列颠哥伦比亚省，加拿大
摄影：ED WHITE 图片社

工作中令你最满意的部分是什么？

❯工作中最满意的部分是，看到工程完成时，客户进入，且他们的工作环境有了显著改善。

工作中令你最不满意的部分是什么？

❯最不满意的是当会计、市场营销总监和看门人。

哪些人或哪些经历对你的事业影响重大？

❯一位雇主指导我并鼓励我参与行业相关机构的志愿服务，他很可能是影响我职业生涯进程的最重要的人。

除了在完成设计项目的过程中寻找满足感，我还在为专业机构（如 IDC，NCIDQ，IIDA）的服务中收获快乐。当你主动为地方或国家的组织服务，你的收获远远超过你的付出。你会遇到传奇的人物，并学习到非常多的行业知识。室内设计作为一个独立的行业，设计师持续不断自觉自愿地推动它的发展，对它的未来生存非常重要。

作为一名室内设计师，你面临的最大挑战是什么？

❯不得不反复告诉人们：室内设计师是做什么的，以及良好的设计对他们的业务的价值所在。

上，办公设施：一般的开放式办公区。Accenture 公司
David Hanson，IDC，IIDA
DH 设计公司
温哥华，不列颠哥伦比亚省，加拿大
摄影：ED WHITE 图片社

下，办公设施：工作人员休息室和会议室。Accenture 公司
David Hanson，IDC，IIDA
DH 设计公司
温哥华，不列颠哥伦比亚省，加拿大
摄影：ED WHITE 图片社

项目管理

正确和专业地管理室内设计项目是项目过程中非常重要的组成部分。从开始计划到完成安装，许多项目涉及成千上万必须处理的细节。研究和实践表明，客户聘请专业室内设计师的一个重要原因是，他们掌握如何管理完成项目所需所有任务的专业知识。专门负责有条不紊地管理如此繁多的任务的人通常被称为项目经理。项目管理是有条理地控制依据设计完成项目所需的所有工作，并保证设计公司获取合理的利润。对于小型项目，如住宅，项目经理和室内设计师通常由同一人来担任。大型项目，如赌场，也许同时有设计团队和项目管理团队。显然，项目越复杂，参与室内设计任务和项目管理工作的人员就越多。

项目经理有很多职责。室内设计公司越小，就越可能将这些责任落到一个人身上——通常是主任设计师，也可能是公司的老板。项目经理的主要工作包括：承担客户、设计公司、承包商和供应商之间的主要联络工作；制订或监督项目计划；监督指导设计团队；编制项目预算；监督项目档案文件，以及向客户及其他利益相关者提供项目进展状况报告。

室内设计师通过他们在获得职业教育以后不断积累的工作经验来学习成为优秀的项目经理。在专业课程中只有有限的项目管理知识。刚入门的设计师通过观察资深设计师，参加各种会议，以及作为设计团队成员的实际工作，在实践中学习大部分的项目管理技能。优秀的项目管理还需要理解项目中利益相关者之间的工作关系。让我们在下一章简要学习这方面的内容。

项目管理术语

投标人：针对项目所需产品或服务提供价格的室内设计师或零售商。

建筑行业：所有参与住宅或商业建筑项目的设计、施工和竣工的职业和行业。

合同文件：项目完工所需的图纸、设计说明书和其他文件，如设计合同。

施工图：用于室内设计或建筑设计的、典型的按比例绘制的图纸。包括带标注的楼层平面图、立面图、剖面图和详图。

设备图：显示家具和其他可移动物品的位置的、按比例绘制的楼层平面图。也被称为"家具布置图"。

FF&E（家具、陈设和设备）：该缩写还标识了涉及最少施工工作的项目。

承重墙：设计用于承担屋顶、顶棚和其他结构构件的重量（或荷载）的结构构件。

隔墙：把空间分隔成房间或区域的墙。真正的隔墙是非承重墙。

项目管理：从头到尾组织和控制设计项目的过程。

空间规划：展示建筑内部房间和其他区域的布置的按比例绘制的图纸。通常不表达家具布置。

设计说明书：解释与施工图所示设计相关的材料的品质和种类，以及施工工艺的书面说明书。

验收：客户和设计师最后对项目现场进行检查，以确保所有必须的工作都已完成，且所有指定产品安装到位。

合作关系

显然，最重要的合作关系是室内设计师和客户之间的关系。与客户保持良好的合作需要有良好的默契和专业精神。从前面的讨论中显而易见，室内设计师经常会与建筑行业的其他成员合作。

通常，室内设计师在建筑平面设计过程中会同建筑师协作。建筑师关注建筑的基本构造、设备系统和室内的结构构件。室内设计师与客户和建筑合作，完成内部隔墙的空间规划、家具布置及家具和其他陈设与装饰的设计说明。

同时，室内设计师还要与工程承包商、行业成员和供应商合作。工程承包商根据建筑师和室内设计师合作完成的平面图来建造结构构件和室内设备系统。行业成员的例子，如定做橱柜的橱柜制造商。供应商提供家具、壁纸、照明设施、文件柜和其他完成室内工程所需的物品。

良好的合作关系非常重要，因为要完成一个室内设计项目往往需要几十个供应商和参与者。因此，重要的是，设计师不仅要与客户相处愉快，还要与参与项目的所有人相处愉快。管理团队是项目管理的关键职责。

室内设计师对设计过程、项目管理和建造体系的知识和技巧有助于团结所有个人和团体对项目的最终完成作出贡献。一个成功的项目不仅取决于富有经验的室内设计师的优秀设计，还取决于室内设计师是否能如同交响乐编曲一样指挥各方面的协作关系。

动物诊所：接待区，Loving Hands 动物诊所
Jo Rabaut，ASID，IIDA
Rabaut 合伙人设计公司
亚特兰大，佐治亚州
摄影：JIM ROOF 创作公司

它不只是创新能力

媒体经常将室内设计师描绘成一个非常有创意的人。许多对该行业感兴趣的人觉得自己没有创造力或"艺术性"，所以感觉自己无法涉足该行业。虽然创新能力是一项重要技能，但有很多途径可以进入该行业。这正是笔者觉得室内设计行业的伟大之处。

当你考虑室内设计职业生涯时，你可能会问自己一个问题："你喜欢解决难题吗？"如果是，室内设计可能很适合你。一个设计项目就像一张拼图，有很多必须放在一起才能获得圆满成功的碎片。那些拼图中的一部分与寻找客户真正想要和需要的有关。其他部分则是必须绘制的平面图和空间所需的所有产品和材料的选择。

当然，室内设计专业有在学校传授的一整套的知识体系。该知识体系远远不止是学习"把材料和颜色放在一起的方式"。学生将学习如何画草图和绘制精确的平面图。对细节的关注非常重要，因为在一个住宅项目中可以有数以百计的细节。你想过没有，一间主卧室可以包含30多个不同的项目来完成该空间的平面和立面？

室内设计师获得成功所需的最重要的技能是什么？

❯能够智慧地与客户交谈，真正听取他们的意见，并能和他们沟通，让他们理解设计的解决方案——这是设计师所能具备的最重要的技能。如果你不能传达你的解决方案，尤其是在口头上，那它就不会被实现。

一个侧面说明，我相信濒临失传的速写（不是电脑绘图能力）是任何成功的室内设计师必须具备的最有价值的基本技能之一。

David Stone，IIDA，LEED-AP

❯我不认为只有一项技能，应该有很多必需的。耐心，能站着思考，幽默感，与各种不同类型的人良好沟通的能力。

Lourie Smith，ASID

❯室内设计师需要很多重要的素质和技能才能成功。其中一项就是说服的能力。大多数客户实际上并不清楚你所提供的设计最终看起来是什么样。说服他们付钱的是，你的热情和你有能力让他们相信：这是正确的方向，并能满足他们的最终目标。

Jain Malkin，CID

❯创新的能力，并作为团队一分子合作而不自负。

David Hanson，RID，IDC，IIDA

❯沟通能力，对色彩和比例的良好感觉。

Rita Carson Guest，FASID

❯倾听并理解所有的话的能力似乎是所有成功的设计师所具备的。

Fred Messner，IIDA

❯我认为在不同的工作情况下不同的设计师需要采用不同的重要技能。作为独立从业者，自律和保持耐心是能持续从业的关键。然而，在大公司环境下，团队合作能力也许是最重要的。对于从事高级住宅设计项目的员工来说，也许重要的是高水平的创造力。不同的情况下要获得成功需要不同的技能。

Terri Maurer，FASID

❯沟通的能力（口头的、书面的、图形的）——如果你不能有效地表达你的创意，它们可能永远不会被实现。

Beth Harmon-Vaugh，FIIDA，AIA 联席会员，LEED-AP

❯多重任务处理的能力。

Sue Norman，IIDA

❯人际交往技巧、设计技巧都是可以学习的。

Jan Bast，FASID，IIDA

❯与你所打交道的形形色色的人沟通的能力。不是每个人的沟通都以同样的方式，或要求同样的信息量和信息类型。你的目标是理解项目中的所有成员，知道他们期望什么样的信息，然后提供给他们。

Sharmin Pool-Bak，ASID，CAPS，LEED-AP

❯除了天赋，倾听和以有品位和高效率的方式解读客户的需求和愿望的能力是一项关键技巧。

M.Arthur GenslerJr.，FAIA，FIIDA

❯重要的是从业者要有优秀的倾听技巧结合卓越的人际交往能力。

Linda E. Smith，FASID

❯我认为说服或推销你的设计概念和想法的能力是设计技能中非常宝贵的部分。作为设计师，才华非常重要。但如果你不能说服你的客户相信你的能力，你就不能实现你的才华。很多有才华的设计师事业上没有获得成功，就是因为他们缺乏用语言表达他们的设计概念的能力，而有些没有天赋的人在这个行业却非常成功，就是因为他们能更好地说服客户听从他们的建议。

Juliana Catlin，FASID

❯享受与人们合作的工作方式。这是一个和人打交道的行业，如果有人陪伴，并能碰到新面孔和有意思的人让你觉得不舒服，那么这个行业并不适合你。

Charles Gandy，FASID，FIIDA

❯聆听，并真正听懂别人说了些什么。

Donna Vining，FASID

❯倾听和沟通的能力是成功创造富有创意的室内空间以及在混乱中寻求秩序中的首要能力。

Sandra Evans，ASID

❯在任何服务性行业，沟通和聆听的技巧都非常重要。我认为这些技能的重要性甚至略高于艺术才能。许多客户不但不理解该职业，也不知道他们真正想要或需要的，而且很难看懂设计方案。沟通包括借助清晰而简洁的说明、草图或三维图像，用口头和图形来演示创意的能力。

Mary Knopf，ASID，IIDA，LEED-AP

私人住所：媒体室
Michael Thomas，FASID
DESIGN-Collective 集团公司
木星，佛罗里达州
摄影：CARLOS DOMENECH

﹥正直。
Keith Miller，ASID

﹥所有有关项目管理的技巧。
Robert Wright，ASID

﹥沟通。如果没有良好的客户沟通，从长远来看，你将无法获得成功。良好的沟通，使你能确保让客户的概念走入生活，并保证项目的过程顺利进行，以取得最后的成功。再者，沟通不畅，包括口头和书面（特别是电子邮件）沟通中的语法问题，会使你的客户对你的能力产生负面印象，不论你有多聪明，也不论你的学历和背景。
Shannon Ferguson，IIDA

﹥对你潜在的客户或你的设计团队传达你的设计的能力，在餐巾纸上手绘草图的能力依然重要。不要一切

依赖电脑。
Linda Isley，IIDA

﹥以开放的心态来体验这个世界和你周围的人，这反过来又给你的创造力和设计带来了深度和广度。
Annette Stelmack，ASID 联席会员

﹥有很多重要的技能，但首先你要能够聆听。其次，你需要能够作为团队的一分子去工作，因为在完成设计的过程中你将与许多不同的专家合作，包括始终围绕着你的客户。如果在专业领域（商务、绘图、素描等）你没有特长，那么你需要诚实地承认这一点，并与那些拥有这些专长的人共同携手。
Drue Lawlor，FASID

﹥没有任何单一技巧能保证室内设计师获得成功，

而是需要一系列的技能。一个成功的设计师一定是有创造力的，知识渊博的，一个能倾听的人，可以依靠的，以及可以信赖的。

Linda Santellanes，ASID

>销售设计概念——通过巧妙地创造客户的需求，让客户了解设计概念的珍贵。销售概念是很困难的。为什么？因为设计师是在可能的方案中确立正确的方案。

Leonard Alvarado

>认识到作为设计师的价值。我们所拥有的专业知识是有价值的，因此我们才有权利为我们的服务收费。

Pat Campbell Mclaughlin，ASID

>联系客户的预期目标和可以实现它的资源的能力。这看起来显而易见，但是大多数的设计师并不真正理解客户需要什么。更多的设计师缺乏提供项目必要的材料资源的能力。最近几年中，互联网使寻找资源变得极其简单。

Jeffrey Rausch，IIDA

>把富有逻辑性的设计通过图纸表达出来以及与客户沟通的能力。

Melinda Sechrist，FASID

>表述技巧对把你的想法传达给客户是至关重要的。

Greta Guelich，ASID

>站在更高的层次上思考，以及沟通能力是实施想法所必要的。

Marilyn Farrow，FIIDA

>交付完成项目的能力。

Suzan Globus. ASID. LEED-AP

>最大的单一技能就是持久力。如果你持之以恒，你会将学习及与行业保持同步视为工作的一部分；你会按时完成项目；你会因你的毅力赢得同事、老板和客户的尊重。持久力还包括当工作无趣时，当你失去信心感到沮丧，或正在失去你的利润时，你依然在工作。

Laura Busse，IIDA，KYCID

>会见客户，并把会面中的发现用可以影响使用者行为三维设计方案来诠释的能力。

Rosalyn Cama，FASID

>我认为提高良好的交往能力是极其重要的。

Sally Nordahl，IIDA

>确信自己的设计并传达给客户的能力。销售概念是必需的。很多伟大的设计师没有机会成名，就是因为他们没有能力向客户证明他们的设计是最好的。

Michael Thomas，ASID

>不断学习的渴望！这个世界变化很快，并且会持续这样发展。作为真正的专业人士，我们都必须坚持不断学习。那些影响我们职业的论题、潮流（我指的不是时尚）、因果关系、产品和方法论都在不断变化；我们必须强迫自己对这些有所了解。我们的客户找室内设计师来帮助他们做更好的决定，而大部分明智的决定都必须有更广阔的视野，并理解我们的决定所带来的影响。

Barbara Nugent，FASID

❯不存在单一最重要的技巧。这样会把这个职业过分地简单化。重要的技巧包括关注细节的眼睛，创造力，努力工作的信条，和沟通能力（包括图像表达、口头交流和书面沟通）。最后一项也许是最首要的。

Stephanie Clemons，博士，FASID，FIDEC

❯坚持不断地学习，并能很好地聆听。

Lisa Henry，ASID

❯自信和冒险精神。

Neil Frankel，FAIA，FIIDA

❯毫无疑问，我认为倾听是一个室内设计师获得成功必需的技巧。每一个任务或项目都是从寻求和理解客户的目标开始的。设计师同客户一起确立项目的设计构思。所有工作的核心就是倾听并为客户提供正确的设计构想。只有完全理解项目目标，确认解决方案符合客户意图，才能得到最成功的结果。客户在自己的意图不被听从，或设计师把个人的设计目标凌驾于客户确定的设计目标之上时，会对设计不满。

Susan Higbee

❯一个不固执的开放的个性。

Derrell Parker，IIDA

❯我们常常说是倾听的能力，但我还要加上学习和反思的热情

Linda Sorrento，ASID，IIDA，LEED-AP

❯无论是住宅还是商业室内设计师都必须是一个好的倾听者。即使是商业项目的客户也会评论建筑师或设计师

是否真正地倾听他们的想法，并对他们的需要作出反应。

Linda Kress，ASID

❯一位成功的室内设计师会采取主动的行为。主动获得所需的学历，追求他们想要的工作，保持自己的教育水平，并在其整个职业生涯中不断发展。

Lindsay Sholdar，ASID

❯要想成功，室内设计师需要认识到这个行业是一项生意，设计时间同设计成果一样都是商品。

Jennifer van der Put，BID，IDC，AEIDO，IFMA

❯有远见。

Marilizibeth Polizzi，ASID 联席会员

❯很难将此限定在一种技能或特点中。我可能会建

办公设施：接待区。Accenture 公司
David Hanson，IDC，IIDA
DH 设计公司
温哥华，不列颠哥伦比亚省，加拿大
摄影：ED WHITE 图片社

议，根据设计师选择倾向项目进程的设计或管理方面，需要不同的技能。我会强调天赋的创造性思维和解决问题的能力，纯熟的形象和口头沟通技巧和对艺术与行业经营的热忱。

Janice Carleen Linster，ASID，IIDA，CID

❭激情。在我的书中，激情 10 次有 9 次会击败天才。

Bruce Brigham，FASID，ISP，IES

图书馆：定制的显示屏亭子。沙塔。大洋县图书馆 Toms 河分局
Suzan Globus，FASID，LEED- AP
Globus 设计合伙人公司
红色银行，新泽西州
摄影：STEPHEN J. CARR

❭沟通能力，包括口头和书面表达概念和构思的能力。

William Peace，ASID

❭良好的人际交往能力是室内设计师必备的技能。这也是解决方案的驱动力。

Debra Himes，ASID，IIDA

❭陈述的能力。无论是陈述你自己的个人介绍，还是你的项目，如果你想获得信任，你必须能够介绍你自己和你的想法。

Patricia Rowen，ASID，CAPS

❭批判性思考的能力。

Robin Wagner，ASID，IDEC

❭对设计及整体设计行业的坚持。

Nila Leiserowitz，FASID，AIA 联席会员

❭您需要平衡艺术和设计的能力、业务沟通能力和人际交往能力。

Sally D'Angelo，ASID，AIA 专业会员

❭良好地倾听和与客户沟通的能力。

Teresa Ridlon，ASID 联席会员

第6章 室内设计的商业事务

　　运行你自己的室内设计公司需要知道如何处理所有的商业决策以及与所有权相关的责任。室内设计员工也有业务责任，因为他的工作影响到设计公司的成败。因此，所有的室内设计师都应了解企业的经营原理。

　　室内设计公司必须处理那些所有企业都要面对的相同的事务，经营者或一些被雇佣的员工必须保证公司有稳定的新业务和新客户；必须决定如何收取与服务相应的费用；如果向客户出售家具和室内产品，必须决定涨价或者折扣的幅度；必须明确工作的操作进程并分配每项必须完成的任务的责任；需要招聘雇员，还要激励他们并且支付报酬。这些只是公司经营者和雇员需要注意、控制和管理的一小部分事务。

　　对于公司的成功来说，规划和组织室内设计业务，与经营者和员工的技能和创造力同样重要。如果公司不按照有目的的商业方式运作，不论员工多么有创造力，也不会取得成功。忽视商业，公司就可能遭遇财政困难甚至法律纠纷。

　　本章简要讨论了一些室内设计公司老板会面临的几种关键业务挑战。其目的是让读者快速了解室内设计行业的商业事务。需要特别注意市场、合同的重要性、收益期和法律事务。此外，在第254页的"商业专用术语"中所列的关键词将有助于你理解室内设计的商业事务。

商业专用术语

收费时间（Billable Hours）：室内设计师完成设计文件、设计说明和在施工现场监督所付出的时间。

损益表（Income Statement）：一份显示在特定时间段内收入和支出的财务报告。也称作收益和损失报表[Profit and Loss（P & L）Statement]。

协议书（Letter of Agreement）：服务合同的简单形式。

成员（Member）：与有限责任公司（LLC）业主相关的术语。

项目建议书（Proposal）：室内设计师对客户提供的服务征询文件（RFP）所做的回应。它不一定是产品和 / 或服务的合同。有些设计师也会用建议书来指定其向客户建议的产品的特征。

采购协议（Purchase Agreement）：用来确定即将为客户购买的家具和饰物的文件。

指引（Referral）：室内设计师的客户提出的正面建议。

服务征询文件（Request for Proposal，RFP）：客户通过该文件获得来自有兴趣设计客户项目的室内设计师的特定信息。

零售价格（Retail Price）：向客户收取的价格。这个价格通常比商品的批发价格高 100%。

定金／聘用金（Retainer）：客户预付给室内设计师，以支付未来由参与该项目的专业人士所完成的工作。

服务范围（Scope of Services）：描述室内设计师完成该项目所需进行的工作。它通常被列在设计合同或协议书的正文中。

批发价格（Wholesale Price）：由制造商或其他卖主提供给室内设计师的特殊价格，该价格比消费者得到的价格要低。

企业形制

有很多途径可以依法成立一个企业。"企业形制"是指一个企业的合法组织。企业家所选择的企业形制类型会影响管理流程,包括所得税的申报和法律的责任。以下两小节将讨论室内设计企业所采用的典型企业形制。

个人独资企业及合伙人公司

当某人开创一家企业时,首先必须作出的一个决定是,采用什么类型的企业形制。其中一种你已经在第3章中见到过,即:独资企业。

独资企业是由个人拥有和经营的企业,合伙人公司则是不止一人拥有及经营的企业。两个或两个以上的室内设计师,或者室内设计师与其他设计师(如建筑师)结合可以组建一家合伙人公司。合伙人公司的企业形制需要企业合伙人确定由谁来负责经营企业的各项工作。还要确定每个合伙人对企业投资多少钱,以及如何分配企业的利润或亏损。

合伙关系使两个或两个以上有不同技能和经验水平的设计师可以共同努力去获得业务。例如,也许某位设计师只从事过住宅室内设计,但又希望拓展到酒店设计领域。一位同事具有酒店和办公设计的经验,并可能觉得是时候可以开始从事自己感兴趣而不是老板需要的设计领域和风格。这两位同事就可以形成一个合伙形式的公司。

合作伙伴需要兼容的不仅仅是设计的技能和经验。由于合作伙伴在一起密切合作,公司的成功需要两个人彼此携手,所以合伙人需要兼容商业的意识和责任。如果一个人负责获得新的客户,另一人负责所有的商业文书,那么每个人都会希望合伙人做好他(或她)的分内之事。否则可能会出现争吵,出现影响客户专业工作方面的问题,甚至可能导致企业的失败。

有限责任公司和股份制公司

另一类相当普遍的企业形制是"有限责任公司"。这类企业形制是一种合伙人或独资人与股份制相结合的形制。根据国家法律,有限责任公司可以有一个业主(称为股东)或几个业主/股东。它必须建立在有限责任公司所依托的国家法律规定的基础之上,并且比组织一家个人独资或合伙人公司更为复杂。

有限责任公司已成为一种室内设计师熟知的企业形制，因为这种形制提供了对公司的法律责任保护，同时保持了一个比股份制公司更简单的组织结构。根据法律责任保护条律，即使公司被起诉或面临巨额债务，其股东也不承担个人责任。然而，在独资公司中，如果业主被起诉，起诉人可能获得来自业主个人存款的资金。在公司被起诉而不是业主本身被起诉时，这种情况不会出现在有限责任公司或股份制公司中。

股份制公司是另一种企业形制。因为股份制公司建立在国家特定的法律基础之上，它被认为是一个来自任何业主或发起人的独立实体。即使原来的业主不再参与，它也可以存在——也许他们会将其卖给他人——这是其他企业形制没有的情况。

股份制企业形制的一个重要优势是纠纷中业主的个人资产受到法律保护，不会被受害方取走。在室内设计行业，股份制的公司形制通常只有最大的设计公司和制造及销售产品的公司会采用。较小的设计公司在启动时更可能采用合伙人公司或有限责任公司的企业形制。

"室内设计参考文献"（第 310 页）列出了如何选择和设置适合你所希望创建的室内设计公司的企业形制的一些指南。当涉及大于独资企业的公司时，要学习如何作出这个选择，请阅读以下拥有自己公司的设计师们的回答。

私人住宅：厨房。Susan Norman，IIDA，Susan Norman 室内设计公司，菲尼克斯，亚利桑那州
摄影：Paul Berkner

是什么激发你创立自己的设计公司？

❯ 在我 6 岁时我就已经是一个企业家了。我从来没想过为其他人工作，对我来说，创办自己的公司是件很自然的事，而且在我很小的时候就已经做了。

Jain Malkin，CID

❯ 我有了孩子，不想回到原来的公司全职工作，但它不允许我兼职。而且我也厌倦了在原公司只做那些空间规划工作。

Melinda Sechrist，FASID

❯ 我曾经做过雇员、合作者、独立执业者，现在在一家合伙人公司里。每个角色都有各自的特点、优势和弱点。在当雇员时，为自己工作和做自己的老板的想法听上去很美妙。然而，现实情况是，想要获得独资公司的盈利，比预期需要更多的时间和投资。我失去了团队合作、成长的机会，以及进入中型公司所提供的较大项目的机会。在证明了自己可以做公司后，我选择了薪水和福利。然而，从这次冒险所获得的经验对我未来的领导角色以及最终接受的合伙关系来说，非常宝贵。

Mary Knop，ASID，IIDA，LEED-AP

❯ 我拥有一家商业公司设计领域的公司，并享有它提供的自由。我的动机是出于室内设计专家的市场需求。

Linda Sorrento，ASID，IIDA，LEED-AP

❯ 有人对我说，"嘿，想不想与我合伙创建一个商业设计公司？"我说"好"。6 年来获得了一个 400 人

公司的权力，对我来说已经足够了。

Bruce Brigham，FASID，ISP，IES

❯ 从来没想过其他办法。

Donna Vining，FASID

❯ 对我来说，是因为我对运作一间成功的公司的困难缺乏了解。我们的专业有一个潜在的目标，就是成为一个企业家，掌握自己的命运。自尊驱使我们很多人都尝试做自己的企业。在这条路上要接受很多痛苦的教训。

Fred Messner，IIDA

❯ 我过去有一间自己的住宅设计公司。我经营着家庭办公室。除了日常开支比较少之外，最棒的是我可以控制自己的日程，拿出时间和我的孙子们一起玩。我非常享受这一切，我有 ASID 的好朋友，现在也是这样工作的。他们非常成功，可能赚的比我还多！当你拥有自己的设计公司，负责员工、日常开支等等，那完全是另一件事。在我生命的现阶段，以及现在的经济状况，这些都不是我想要做的。

Linda Kress，ASID

❯ 我并没有创办它——我应聘为绘图员，凭借努力工作、勤奋和天赋，现在我拥有了它。

W. Daniel Shelley，AIA，ASID

❯ 认为我有运作一间设计公司的更好的方法，以及想要领导一个团队的想法，促使我创办自己的公司。当

然收入增加也是一个原因。

Jeffrey Rausch，IIDA

❯这个想法在我脑子里已经产生很多次了。事实上，我原以为如果我要做那件事情的话，我就得按照自己的方式。从来没有为任何人工作过，甚至是实习。愚蠢！但是，也好。

Bruce Goff，ASID

❯我的丈夫鼓励我开始自己的事业。我害怕我永远没有客户，但是一个成功的项目带来了一个又一个项目。

Rita Carson Guest，FASID

❯权威和责任。

Neil Frankel，FIIDA，FAIA

❯我 27 岁那年，刚刚完成了一个项目，我被聘请为该项目完成所有的内饰。该公司是"Jack Nicklaus 发展"，我在那里为一个由他开发的新的高尔夫社区工作。在我为他完成了所有的室内设计项目之后，我有三种选择：一个是迁到佛罗里达州，并和他一起为其他国家的俱乐部工作；一个是为另一家公司工作，或者，开创我自己的公司。我觉得我已经建立的人脉和关系，足以让我冒险自己做老板。在这么年轻的年龄，这绝对是一个挑战。

Lisa Siayman，ASID，IIDA

❯我开始我自己的事业，这样我就是对我的设想的唯一负责人，而且可以按我自己的方法去表现我的设想。不是每个人都必须拥有自己的设想，但是对我来说它是。

Charles Gandy，FASID，FIIDA

❯自我表现能力非常重要。对我来说，这是收获专业和经济方面最大回报的唯一方法。

Robert Wright，FASID

❯我们有令人振奋的项目和优秀的客户。公司是一个开放的工作室，鼓励有天赋的人和专业人士互相启发，共同工作。

Sandra Evans，ASID

❯愚蠢。我以为我已经完全了解它了。但事实上，可能只是希望以自己的方法办事。

Jan Bast，ASID，IIDA

❯刚刚接受了一个星期的领导力训练课程，我发现，我的风险承受能力决定了这是一个自然的结果。当我从学校毕业的时候，我和另一人合伙成立了合伙人公司。三年后，合伙关系破裂，我创办了自己的设计公司，至今已经 17 年了。

Linda E. Smith，FASID

❯有机会成为一家建筑公司的老板一直是我的理想。然而，我从未预想过我们公司的规模和复杂性。但是这个专业给我带来的机遇远远超过了我的预期。我喜欢有机会去创造空间，与客户合作，以及加入设计和建造的行业。

M. Arthur Gensler Jr.，FAIA，FIIDA，RIBA

❯我已经在公司做到了顶层，还因为我不想去追逐它，所以我创办了另一间公司，在那里我的方法很有效，我的客户一直和我做生意并且和我保持长久的关系。

Michael Thomas，FASID，CAPS

❯我喜欢我正在做的事情。然后我想——嗨，我为什么要为了 12000 美元工作这么长时间，来杀死我自己呢？为什么不创办自己的公司，按自己的方式运作呢？是的，第一年我没赚到很多钱。但是在那以后，我的事业就走上正轨了，而且过着体面的生活，最好的一年总额是 250000 美元。对于一个充满魄力和积极态度的 23 岁人来说，不是坏事。

Lisa M. Whited，IIDA，ASID，IDEC

❯在有家庭以后，我需要比原先工作的大公司所能提供给我的更大的自由度。作为两个孩子的母亲，我需要更多的自由来安排我的日程,以满足我的家庭和客户的需要。我自己有很多客户。在那时他们很愿意避开我的家庭安排，但是，我所在的公司有著名的 7:30 早餐会，这对我的孩子来说太困难了。你肯定记得在经济困难时期稳定的收入有很多好处。所以，当你要为自己工作时，每个人都要在"需要自由"和"失去安全感"之间进行衡量。

Juliana Catlin，FASID

❯我没有自己的公司。然而，三年前，我有机会在一家建筑公司建立一个室内设计部门。

Jennifer van der Put，BID，IDC，AEIDO，IFMA

❯经济、控制，通过我自己的行为自由地获得成功或失败。

Derrell Parker，IIDA

❯在我的专业领域里成长，不受固定的公司环境的约束，似乎是个自然的过程。

Sally Nordahl，IIDA

❯为了有效发挥我的技能，以及享受为我的客户提供积极的设计经验的感觉。

William Peace，ASID

❯我有自己的设计公司，但与橱柜制造商维持全职的合同。五年来，在我开创自己的公司之前，我最初受雇于一家橱柜制造商。之后，在过去的四年里，我与他们一直保持着全职的合同。我这样做，让我自己的时间有更大的灵活性，以获得更多的对责任的控制权。我有我参与的项目，我的动机是安排我自己的时间和赚更多的钱。

Darcie Millet，NKBA，ASID 行业合伙人，CMG

❯没有人做我们所做的事情。

Rosalyn Cama，FASID

❯我的创业天性和渴望完全轻松地做出管理决策激发我创立自己的公司。

Suzan Globus，FASID，LEED-AP

❯33 年前当我搬到佛罗里达州盖恩斯维尔城的小镇时，我只能选择创立自己的公司。我曾在迈阿密为一间独立设计公司工作，并希望继续自由地定制和设计以满足我客户的要求。我不希望去满足家具商店或办公家具经销商的配额或特定制造商的销量。

Sally Thompson，ASID

❯当我创立我自己的公司时，我是几个合伙人之一，而且不幸的是我没有创立一间公司的信用。

Janice Carleen Linster，ASID，IIDA，CID

市场营销方式

　　与你所希望的任何公司一样，室内设计公司也需要稳定的客户流以保持良好的财政状况。在独资公司，业主自己必须获得推荐或进行某些形式的市场营销，以提升公司的知名度，并获得客户。在大公司，市场营销可能由专人来做，而不是业主。有几十种文字方法可用于室内设计事务所的市场营销。选择何种方式依赖于公司的目标，当然，还有尝试不同营销方式所需的资金。

　　无论一家室内设计公司是否向他们的客户推销家具或其他产品，室内设计的根本是向客户提供的室内设计服务。然而，推销专业的室内设计服务和推销产品是不同的。该服务是无形的；在提供服务之前它们是不存在的。客户寻求的满意效果要到项目完成才被实现。因此，客户必须选择诚实的室内设计师，希望所选择的室内设计师可以提供完成项目所要求的质量和专业。室内设计师必须向客户宣传其解决问题和在预算内达到要求的能力。这就是在室内设计的特定领域内的经验、技术能力和设计师的名声在专业室内设计服务市场如此重要的原因。

　　营销计划有助于公司确定营销活动的目标，并帮助重点关注最适合于实现营销目标的营销方式。与营销目标相一致的设计公司的整体目标影响着公司推销自己的方式。例如，如果公司希望成长，它就必须找到新的稳定的客户群。如果这样，就需要非常多的营销方式。另一方面，如果希望公司维持小规模，对新客户的市场推广应该用较低成本的营销方式，如转介。如果公司准备在其他地区寻找项目，市场决策需要首先在那些新地区建立知名度并获得客户。一家希望进入高度专业的设计领域的公司就需要采用与一般公司不同的营销活动。以上只是一小部分例子。

　　许多小公司主要通过老客户的转介来获得他们的新客户。这种转介是通过客户向潜在客户提供公司的正面评价发生的。提供优质的服务以及与客户建立良好的关系是获得转介的最好方法。错过约会及不兑现诺言都不属于优质的服务。与客户建立良好关系的关键是关心他们的需要而不是命令他们。为了建立良好的关系，你必须与客户积极联系。优质的服务能使你与客户之间建立良好的关系。

　　发展转介只是推销室内设计公司的一种方法。专业的室内设计师常常采用不同的营销工具（见对面页的"市场工具和策略"）。大部分市场推广行为都是要吸引对公司的关注或向别人提供公司的信息。不论设计公司在当地的杂志刊登广告，还是开发一个网页，或是在杂志上发表关于项目的情况，目的都是得到曝光，然后可以跟客户见面，最终得到项目的合同。

市场工具和策略

- 带有公司标志的商业用文具
- 公司网页
- 项目照片、文件
- 宣传小册子
- 广告
- 新闻稿宣传策略
- 参加设计竞赛项目
- 协会刊物

- 直接邮寄信或宣传单张
- 在讲座上发表演讲
- 分发奖品
- 为演示准备幻灯片和 CD
- 参加向公开的行业研讨会
- 在当地报纸或其他合适的印刷媒体上发表文章
- 在网络上展开工作以接触到潜在客户
- 多媒体市场推广

厨房、卫生间及就地养老住宅改建

PAT RICIA A. ROWEN, ASID, CAPS
ROWEN 设计公司业主／设计师
希尔斯代尔，密歇根州

是什么带你进入你的设计领域？

❯20 世纪 90 年代初，在完成我的设计课程后，我们搬到了旧金山地区，当时加利福尼亚州正经历着一场严重的经济危机。我意识到，对许多人来说，室内设计非常昂贵。但无论经济情况好坏，也无论人们身处何地，都会在他们的厨房和浴室上花钱。

我当时还要协助照顾得了癌症的父母。这促使我去学习更多关于就地养老的设计。1991 年我参加了我的第一个有关这类设计的继续教育单元（CEU）。

在你的专业领域，设计师最重要的品质或技能是什么？

❯你必须有推销的能力。你的第一个挑战是推销自己。你的客户必须完全相信你有能力，否则你永远不会进入下一步，那就是"设计"。要在销售中获得自信，你必须知道你的设计领域、提供的产品，并有解决问题的创造性思维。

你的专业领域与其他领域有何不同？

❯一旦你出了错，是很技术、很无情的。本专业要求掌握最新的建筑规范、施工程序、装修木工、管道安装规范、建筑构造、装修材料，以及完成项目所需的各种产品的知识。

就地养老住宅：项目草图
Patricia Rowen，ASID，CAPS
Rowen 设计公司，希尔斯代尔，密歇根州

就地养老住宅：厨房
Patricia Rowen，ASID，CAPS
Rowen 设计公司，希尔斯代尔，密歇根州
摄影：Patricia Rowen

是什么激发你创立自己的设计公司？

❯我们搬到人口约 46000、年平均收入 40000 美元的密歇根州的一个农业县。我需要开创自己的工作，以便在该地区被聘用。

在你的职位上，你的首要责任和职责是什么？

❯我的职责包括：CAD 或手绘平面图、项目管理、簿记、订购产品、卸车，以及不断学习以跟上技术的发展。

工作中令你最满意的部分是什么？

❯我学习到，也许能在厨房找到令家庭幸福的关键。当发现我有能力通过良好的设计更好地改变一个家庭的生活时，我非常满意。

工作中令你最不满意的部分是什么？

❯压力，以及对细节的注重。我的客户相信我已经为他们作出了正确的决定，所以，从设计、施工到项目的完成，我不断努力保持较高的标准。

哪些人或哪些经历对你的事业影响重大？

❯我的丈夫，他一直鼓励我学习，努力达到我的目标。

作为一名室内设计师，你面临的最大挑战是什么？

❯这个挑战就是，与我的工作和必要的研究保持同步，在我的领域成为最好的之一。

合同

对任何规模的室内设计公司来说，一个很重要的商业策略是使用合同或协议。书面合同可以在出现分歧时保护室内设计师和客户。一种合同解释了室内设计师要提供的服务。另一种合同常被称为"采购协议"，详细列出客户同意从设计师那儿采购的家具和其他室内商品。如果客户不付款或者想终止项目，客户签署过的合同是设计师所掌握的唯一的法律资源。如果一位室内设计师在没有合同的情况下开始设计服务，或者在客户签署采购协议前去订购商品，那他没有办法保证以后客户会付钱。

合同或协议书不必冗长或繁琐。通俗易懂的语言有助于设计师和客户理解需要提供的服务。为了在法律上约束客户，合同中必须包含以下五个要素（参见对面页的"设计服务合同的要素"）：

1. 日期

2. 项目地点描述

3. 服务性合同的服务范围，或者设计师卖给客户的商品描述

4. 费用或者价格

5. 客户（付款方）和室内设计师的签名

当项目不复杂的时候，服务性合同可以是相当简单的合约。当采取这种形式的时候，它们通常被称为协议书。当协议书包含以上所列的合同信息时，它就是一份有约束力的法律文件。但是，如果一个项目很复杂，要求几个月甚至几年才能完成时，就应该准备更正式的合同。一份详细的正式合同通常有处理其他责任的附加条款——出现争执时的仲裁问题；附加服务的收费问题；特定情况下的免责声明；文件的拥有权，以及其他一些合适的条款。

在所有设计服务合同中非常重要的是描述服务范围的条款。该要素描述"做什么"和"怎么做"。服务范围必须详细列明所需的工作。如果服务范围模糊，那么设计师可能无法为提供的服务获得相当的报酬。"室内设计项目中的关键任务"（见第225页）中所描述的设计过程提到了很多服务范围应包括的责任。"设计服务合同的要素"（见对面页）解释了室内设计服务合同中的几个关键条款和章节。

同时销售商品的设计师必须在设计服务合约中列明如何交付该商品。然而，销售商品的合同与服务合同是不同的。这是因为商品销售的相关法律与基本的合同法有些不同。室内设计师准备了一份独立的文件——通常称为"采购协议"——用来解释销售了什么，以及销售的定义和条件。这类协议类似于你从商店订购商品时签署的任何协议。就像设计服务合同一样，商品的采购协议也必须由客户签署，包括所售商品的描述和价格，以及交付给客户的合同日期。

设计服务合同的要素

日期：显然的，但是为了使合同有效也是必需的。

项目范围的描述：界定项目的范围非常重要。例如：当你负责设计整套住宅时，"为您在华盛顿特区纽约大道1237号的住宅提供设计服务"就很合适。当项目涉及较小的区域时，如"家庭室和厨房的改造"这样的词语就比较合适。这样做之后，你就只对合同中所描述的范围负责，当然也只就这个部分得到报酬。

服务范围：该部分界定了你为完成要求的工作所要提供的服务。服务总是按照他们在设计过程中出现的顺序列出来(见第5章)；这有助于客户了解项目的进展步骤。服务的范围随项目的规模、类型和复杂程度各不相同。

付款方式：这个关键要素明确解释了，依据合同，客户应该就室内设计服务支付多少和如何支付（部分常用付款方式详见第272页的"收费方式"）。设计师可以在每个月末或预计的项目各个阶段发出账单。通常在签署协议时会要求一笔定金，并以此来覆盖部分的服务。

商品采购：如果设计师准备向客户售卖产品，需要包含一个条款来向客户解释将会怎样操作。相关信息包括能够明确客户如何就室内设计师售卖的商品付费的付款条款、价格及其他细节。

签名：一份合同在客户签署前是无效的。在收到签名合同前就开始工作不是个好的经营习惯，因为你还没有催缴付款的法律追索权。

其他条款：在设计合同中可以包含大量的其他条款。项目越复杂，合约就越复杂。然而，上面提到的条款都是每个有效合同的基本要素。书后的"室内设计参考文献"（第310页）中详细列出了室内设计服务和产品销售的强硬、有约束力的合同的其他要素。

餐厅（接待设施）和住宅

Linda Elliott Smith，FASID
主席，Smith 及合伙人公司及教育作品公司，
达拉斯，得克萨斯州

作为一名室内设计师，你面临的最大挑战是什么？

❯ 我认为室内设计从业者的最大挑战是"多任务作业"，这是室内设计过程的普遍现象。这种"多任务作业"有时会成为从业者的巨大压力来源。

是什么带你进入你的设计领域？

❯ 一个偶然的机会使我进入餐厅设计领域，至今我已从事餐厅设计十年了。我的住宅设计专长实际上始于一份早期的住宅设计合同，该合同包括公寓东南部分的室内设计。

在你的职位上，你的首要责任和职责是什么？

❯ 我负责设计的全过程。

工作中令你最满意的部分是什么？

❯ 知道我满足了客户的需求并达到了他们的预期。

工作中令你最不满意的部分是什么？

❯ 与不太尊重客户服务和项目责任执行的人打交道。

餐厅：特许经营型，用餐区
Linda Elliott Smith，FASID
Smith 及合伙人公司，达拉斯，得克萨斯州
摄影：Bill Lefevor

在你的专业领域，设计师最重要的品质或技能是什么？

> 我认为，在任何领域，最重要的技能都是聆听和诠释的能力。

室内设计教育对当今的行业有多重要？

> 作为所有从业者的基础，通过系统的室内设计教育所获得的知识是无价的。然而，由于室内设计专业的持续发展和扩展，室内设计从业者的教育不能止步于毕业时。室内设计师必须通过终生教育发展自己，以便与资源、进程，以及规范要求的发展保持一致。

哪些人或哪些经历对你的事业影响重大？

> 加入美国室内设计师协会，给我提供了在该领域以外未能获得的知识和技能。与国内其他专业人士的合作交流成为我人生中最能增加经验的方法之一。

上，餐厅：特许经营型，柜台
Linda Elliott Smith，FASID
Smith 及合伙人公司，达拉斯，得克萨斯州
摄影：Bill Lefevor

下，餐厅：特许经营型，平面图
Linda Elliott Smith，FASID
Smith 及合伙人公司，达拉斯，得克萨斯州
摄影：Bill Lefevor

酒店、政府建筑、教育中心

Kristi Barker，CID
Hayes，Seay，Mattern & Mattern 公司室内设计师
弗吉尼亚比奇，弗吉尼亚州

作为一名室内设计师，你面临的最大挑战是什么？

❯室内设计的最大挑战之一是发现适合你的领域。我很幸运在几家不同类型的设计公司工作过。我接触过住宅设计和商业设计，并有能力确定哪个领域最适合我的技能、兴趣和个性。当你在感受不到成功的环境下工作时很容易气馁。不断探索你的选项，并尝试不同的项目类型，直至你确定能够最大限度施展你的天赋的领域，这就是最大的挑战。

是什么带你进入你的设计领域？

❯在不同的环境与不同的人一起工作过之后，作为设计师和一个人你都成长了。我发现我的个性不适合住宅设计，所以我避免去那些主要从事住宅设计的地方。在学校学习时，我就发现我比较务实，因此商业设计更适合我的兴趣和能力。那些能融合我"务实"的个性及渴望事物有创造性、丰富多彩和充满乐趣的愿望的项目就是我的目标。为教育设施（如大学的学生中心）和招待性项目（如餐厅）工作，使我能为符合我的职业目标并能提升我的实力的项目工作。

在你的职位上，你的首要责任和职责是什么？

❯在我现在的位置，我负责弗吉尼亚比奇办公室所有项目的室内设计部分。我负责为我们的事务所发展室内设计部门，这意味着，我正在发展和加强我们的绘图标准和操作规程。我 还参与了我们公司在行业和协会活动中的市场推广，以及指导年轻的雇员。

零售设施：Zie Spot 商店内部，诺福克，弗吉尼亚州
Kristine S. Barker，CID
Hayes，Seay，Mattern & Mattern 公司，弗吉尼亚海滩，弗吉尼亚州
摄影：Kristi Barker

工作中令你最满意的部分是什么？

> 我工作中最让我满意的是，当我为一个项目创造了独特且可行的方案，并且客户对成果感到惊喜时我所获得的满足感。

工作中令你最不满意的部分是什么？

> 最让我不满意的是，当客户不理解你的设计意图，或不愿意放松对形势的掌控并信任你让你尽最大能力去完成工作时的挫败感。

在你的专业领域，设计师最重要的品质或技能是什么？

> 我最喜欢引用贝聿铭先生的一句话："在纪律中有无限的秘密，在一系列规则中存在无限可能性。建筑，不是一个个体行为。你必须考虑你的客户。只有那样你才能创造伟大的建筑。你不能在抽象中工作。"

上，餐饮设施：帆船赛的咖啡厅与市场，
Kingsmill 娱乐场，威廉斯堡，弗吉尼亚州
Kristine S. Barker，CID
Hayes，Seay，Mattern & Mattern 公司，弗吉尼亚海滩，弗吉尼亚州
摄影：Kristi Barker

下，娱乐设施：大学中心地下一层
William & Mary 学院，威廉斯堡，弗吉尼亚州
Kristine S, Barker，CID
Hayes，Seay，Mattern & Mattern 公司，弗吉尼亚海滩，弗吉尼亚州
摄影：Jeff Hoerger

在你所做的事情中，应将客户放在首要的位置。即使你不愿意，你也要聆听。即使你认为不正确，你也要屈服一点。就算是最不可思议的事也有一定的价值，你必须观察。

哪些人或哪些经历对你的事业影响重大？

❯在我的职业生涯中，我的同事对我影响最大。我意识到痛苦、郁闷、过于个人投入或者混沌无组织不会成就你。把完成每一个新项目都当作一次新的学习机会，对人友善，从当前项目中学习，聆听。作为一名年轻的设计师，找到一个你可以效仿的导师非常重要。我很幸运的跟一位自信独立的女设计师共同工作。我从她那里学到要形成风格，以辅佐自己较强的技术技能。她的建议？读各种杂志，与人交换你大学时的衣服以传达你的风格，在好的餐厅用餐，探索你周围的世界，勇于尝试新的冒险。我的第一个导师有极好的人际关系处理能力，可以很轻松的与客户相处。她教会我什么时候应该讲话，什么时候应该闭嘴并倾听。当你还是一个刚刚走出校门的、热切的年轻设计师时，学会这些是很难的。

室内设计收益

从有关合同的章节我们看到，室内设计公司有两种获得收益的方法。住宅室内设计师的收益大部分来自向客户销售商品或者是设计费和商品销售的组合。从事商业室内设计的公司的收益方法则主要是对所需的室内设计服务向客户收取的设计费。很少有专业的室内设计公司仅仅从商品销售中获益的。这一般是零售家具商店及提供"免费"室内装修服务的商店的盈利方法。

专业室内设计服务的收费可以用几种方法计算（见第 272 页的"收费方式"）。由于所有的 设计师用来工作的时间是有限的，因此按小时收费是设计师最常用的收费方法。最简单的形式就是，室内设计师在界定的服务范围内为项目工作所付出的每个或部分小时按每小时多少钱来收费。按小时收费的方法被广泛用于服务性行业，包括：律师、工程师、建筑师和会计师。

如何确定按小时收费的标准显然是个重要的问题。这个费用必须足以覆盖收益和工作的开支。收益是从客户那里收取的费用扣除开支之后的余额。确定室内设计服务的费用有三个部分。第一部分是付给雇员的薪水和福利。第二部分是运作开支，包括一般管理费和其他与收益产品无关的开支。第三部分为预期收益。该收益只有当另外两个部分被精确估计出了以后才能确定。

室内设计师也可以就一个项目整体收费，而不是按小时收费。这在确定服务收费的方法中通常被称为固定收费。例如，在服务范围确定后，室内设计师要预估完成这些任务所需的时间，确定项目的其他成本，如打印平面图，加上预期的收益比例，就得到项目的费用。

一些室内设计师还会通过向客户销售产品或商品取得收益。当然，室内设计师能以比客户更低的价格采购到商品。室内设计师（及建筑行业中的其他人）可以提高产品价格以便从销售商品中获益。由于在这种情况下的销售商——即室内设计师可以以任何他们喜欢的价格将产品卖给客户，因此没有确定的加价限制（当然，买主并不一定要以那个价格购买）。抬高的部分代表了设计师所得的额外金额，以帮助弥补经营业务的费用和整体项目可能产生的一部分收益。

然而，室内设计公司销售产品存在固有的问题。当公司负责订购商品时，需要附加的文书工作来跟进订货。此外，设计公司必须监管订货及商品到工作场地的运输。室内设计公司还要负责各种与商品从工厂到工作场地运输过程中的损坏或缺失的责任。当从本州以外的地方订货时，必须考虑运输费用。最后，室内设计师可能还要花更多时间在工作场地以确保商品交货及妥当放置或安装。所有这些额外的成本和开支都必须在确定价格抬高程度时考虑进去，把它增加到产品的成本中，才能保证室内设计师在产品的销售中获益。

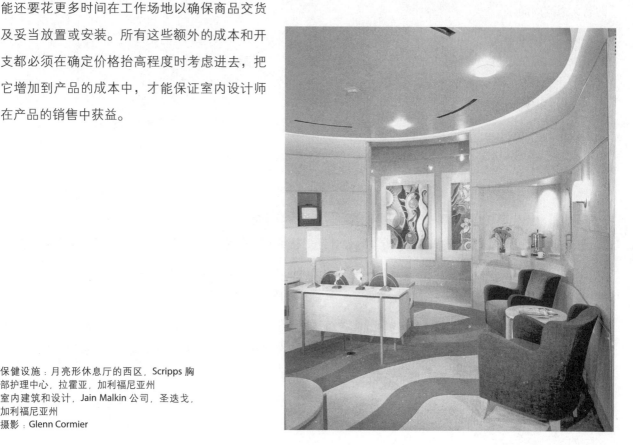

保健设施：月亮形休息厅的西区，Scripps 胸部护理中心，拉霍亚，加利福尼亚州
室内建筑和设计，Jain Malkin 公司，圣迭戈，加利福尼亚州
摄影：Glenn Cormier

收费方式

按小时收费：这种方式基本是专业服务提供者常用的收费方法。室内设计师以他／她为客户项目的利益工作的时间为单位收取固定的费用。根据室内设计师的声誉、经验水平和市场竞争力，室内设计的费用从每小时85—200美元。平均而论，由于竞争，通常，住宅设计师的每小时收费比商业设计师的要高。

固定收费：室内设计师对项目所需的所有室内设计服务估计一个总费用。客户同意支付一个固定费用而不是按小时收费。如果固定费用不足以覆盖项目发生的所有实际时间，合同几乎也不会支持设计师向客户收取额外的费用。

成本保利：使用这种收费方法，室内设计师会在项目所需产品的成本上增加一个百分比，通常在10%至35%之间，当然该百分比还可以更高。大多数情况下，室内设计师还会向客户销售所需产品，或以客户的名义采购商品。

零售：像成本保利方法一样，零售收费方法与项目所需的产品相关。在这种情况下，客户以零售价格购买商品。零售价格一般至少比成本价格高百分之百，是产品制造商建议卖主（即室内设计师和商店）向消费者提供的价格。例如，如果卖主从制造商那里以50美元的价格购买了一盏灯，那么，其零售价就是100美元。

法律事务

与任何一种生意或行业一样，当工作做错或超出正常的专业表现时，室内设计专业人士也会受到法律问题的影响。当工作做错时，客户可以起诉室内设计师。杜绝此类问题发生的第一条就是，只接受那些你知道利用你的专业技能可以胜任的项目。经常影响工作关系的两个法律责任是"失职"和"违约"。

鉴于本章中的讨论有限，"失职"是室内设计师在为客户做项目时没有付出应有的关心，并因此导致了一定程度的损害。这通常被定义为"业务过失"。当室内设计师以"业务过失"被起诉时，他或她被指控为"没有按照法庭所定义的专业室内设计师的正常方式工作"。虽然"失职"很严重，但此类诉讼大多可以通过谈判而不用上法庭来得到解决。当然，除非是发生了严重的损害。

损害并不一定是物质的损坏。例如，如果一家公司因室内设计师的过失导致延误而无法按时开业，那么专业地说，已经发生了"专业过失"。如果室内设计师定制的项目规格超过预算，或在施工图中出错导致返工，他（或她）都可以被控告为"失职"。大多数时候，室内设计师都不会因为这些问题被客户起诉。通常会找出一些和解的办法。然而，这种不专业的工作会导致损害到室内设计师的业务和声誉的法律后果。

另一个与室内设计专业人士相关的法律问题是"违约"。一旦在室内设计师和客户之间签署了合同，双方都有义务去完成合同所列的任务。违约发生在合同双方的一方不履行合同所规定的某些义务时。例如，如果要求室内设计师准备施工图，而他却没有这样做时，他就违反了合同。如果合同要求客户在收到费用账单的30 天内给付设计费，而他却没有这样做时，那他就违反了合同。

室内设计师和客户之间违约时很少会上法庭或借助律师。大多数情况下会得到和解。室内设计师必须注意他们在设计合同和销售协议里放入了哪些内容。无论列明什么都必须执行或提供——否则，专业上来说，设计师已经违约，客户可以起诉。

此处给出的讨论和例子为你提供了较少的有关影响室内设计师工作的法律责任的解释。"室内设计参考文献"（见第 310 页）中列出的几本书包含更多的信息。

图书馆

Suzan Globus，FASID，LEED—AP
Globus 设计公司经理
雷德班克，新泽西州

作为一名室内设计师，你面临的最大挑战是什么？

❯始终专注于怎样使我的工作能够提升那些使用空间的人的生活。

是什么带你进入你的设计领域？

❯我告诉一个客户我正在考虑创建我自己的公司，他建议我与一位正在建造一座新图书馆的图书馆长谈谈，看是否可以给他提供室内设计服务。我用那个图书馆的合同开始了我自己的事业。很快，开始有了转介来的业务，并形成了一个设计领域。对于曾经是记者的人来说这似乎正合适。

你的首要责任和职责是什么？

❯我的首要责任是获得新业务，与客户沟通和管理职员。

工作中令你最满意的部分是什么？

❯最让我满意的是，倾听客户描述一个已完工项目是如何改变他们的生活的，因为它提醒我，设计优良的空间对其使用者的影响有多大。

上，图书馆：儿童区，大洋县图书馆小蛋港分部
小蛋港，新泽西州
Suzan Globus，FASID，LEED-AP
Globus 设计公司，雷德班克，新泽西州
摄影：Diane Edington

下，图书馆：阅读区与楼梯儿童区，大洋县图书馆
布里克分部，
布里克，新泽西州
Suzan Globus，FASID，LEED-AP
Globus 设计公司，雷德班克，新泽西州
摄影：Diane Edington

工作中令你最不满意的部分是什么？

❯最不让我满意的部分是，管理那些表现较差的员工，在这方面我很幸运。

在你的专业领域，设计师最重要的品质或技能是什么？

❯不仅仅是在这个领域，提出问题并聆听答案的能力一直对我很有帮助。

哪些人或哪些经历对你的事业影响重大？

❯Carlos Bulnes，一个教会我人类不是空间的附属品的大学教授。

当今，室内设计师的考试认证和执照颁发有多重要？

❯要成为两个主要室内设计协会的专业成员，认证是必需的。同时在那些有室内设计法规要求注册的州和省，认证也是需要的。

David Stone，IIDA，LEED-AP

❯在我看来，现在是把室内设计看作一个职业的时候了。条例及考试和执业资格是从工作变成职业的一部分。是我们承认和庆祝设计与装饰不同的时候了。

M. Joy Meeuwig，IIDA

❯我相信这是一个可以让人接受的方法，专业人士可以通过这种方法寻求建立一个公认的技能和知识的底线，社会通过这种方法可以寻求措施以保障公共场所的安全。

Sari Graven，ASID

❯我们在对健康、安全和福利有巨大影响的太多的领域不需要注册了。

Bruce Goff，ASID

❯如果室内设计作为一个职业存在，那么室内设计师必须成为专业人士，而不仅仅是爱好者。专业化也带来保护公众（使用者和客户）的责任。

Derrell Parker，IIDA

❯它是生死攸关的。它将确定和保护我们从事我们专业的权利。没有它，我们的专业就是脆弱的。

Suzan Globus，ASID

❯为了激励我们的专业达到专业设计师所需要的水平，认证和注册是最好的议题。

Debra May Himes，ASID，IIDA

❯认证就是个人对他们专业的承诺。那些没有认证的人，不是对自己的能力很自负，就是对生活很知足，或对增加的机遇没兴趣。

Linda Isley，IIDA

❯非常重要！它证明了室内设计师对专业的承诺。它使得公众接受这个专业是合法执业的。

Jennifer van der Put，BID，IDC，AEIDO，IFMA

商业设施：企业办公室

JO RABAUT，ASID，IIDA
RABAUT 设计公司总裁／业主
亚特兰大，佐治亚州

上，动物诊所：检查室，Loving Hands 动物诊所
Jo Rabaut，ASID，IIDA
Rabaut 设计公司，亚特兰大，佐治亚州
摄影：JIM ROOF 创作公司

下，家具展厅：展示空间，Walter Wickers 公司
Jo Rabaut，ASID，IIDA
Rabaut 设计公司，亚特兰大，佐治亚州
摄影：CHRIS LITTLE 摄影公司

是什么带你进入你的设计领域？

❯我随当建筑师的祖父长大，在周末的晚餐时，我们经常聆听他的故事。他真正了解室内设计师是做什么的，并很支持它。当时是在 20 世纪 50 年代。我觉得他走在了时代的前面。

在你的专业领域，设计师最重要的品质或技能是什么？

❯倾听和解决问题的能力。

你的专业领域与其他领域有何不同？

❯由于我做的是商业项目，我们需要有广泛的专业知识，从规范和生命安全，到装饰构造、细部，甚至配件。

在你的职位上，你的首要责任和职责是什么？

❯因为我拥有自己的公司，我几乎要戴所有的"帽子"。

工作中令你最满意的部分是什么？

▶主要是有个愉快的客户——并使那些不太关注室内设计"价值"的客户转而成为你最好的支持者之一。

工作中令你最不满意的部分是什么？

▶不按承诺的时间履行合同的供货商，以及只想凑合做项目的糟糕的承包商。

哪些人或哪些经历对你的事业影响重大？

▶我的祖父。他是一名建筑师，在公司工作，并开创了自己的公司。他成了 FAIA。我一直在听他有关建筑和设计的故事。他的家里只有建筑杂志。我喜欢潜入他的办公室，并看他在画些什么。

作为一名室内设计师，你面临的最大挑战是什么？

▶所有给我的建议都是要专注于一个专业领域，我喜欢做多种不同类型的项目。

企业：接待大厅
Jo Rabaut，ASID，IIDA
Rabaut 设计公司，亚特兰大，佐治亚州
摄影：JIM ROOF 创作公司

住宅

KEITH MILLER，ASID
认证的室内顾问和业主
MILLER 合伙人室内设计顾问有限责任公司
西雅图，华盛顿州

是什么带你进入你的设计领域？

▶我在大四前的暑假同时进行了两个实习：一个是商业项目，另一个是住宅项目。在 ASID 学生分会的会议中听完住宅室内设计师的小组讨论后，我发誓我永远不会做住宅项目或运营自己的公司，因为其压力令人望而生畏。在我实习的商业设计公司，我接受了一个入门级的职位，并与另一项实习认识的住宅设计师保持联系。我开始在该住宅设计师身边帮助他，并且爱上了为这么多独特的人与解决不寻常的问题所获得的创作水平和浓浓的感觉。在一年多的商业设计的职位上只工作了很短的时间，我递交了辞呈，在我家里清理出一个角落，并开始了我自己的住宅室内设计公司。

在你的专业领域，设计师最重要的品质或技能是什么？

❯坦诚。我运行自己公司发生的第一个大错误就是，我未能清楚地向我的一个客户传达重要的成本信息。她非常生气，并要求澄清，包括我与其项目相关的所有记录。我和我的妻子会见了她和她的丈夫及律师。这个错误显然是我的。这些善良的人没有把我剥个精光，在我的妻子帮我承认了我的错误后，他们进行了一个有关人际关系中适当的诚实和公开——即坦诚的非常亲切的演讲，然后就送走了我们。

你的专业领域与其他领域有何不同？

❯住宅室内设计需要大量的智慧、爱心、耐心、灵活，甚至辅导技巧，以及其他无形的能力。我喜欢做住宅项目的部分原因是，我发现了提高生活品质的喜悦——物质环境仅仅是个开始。

在你的职位上，你的首要责任和职责是什么？

❯所有的一切，包括客户和供应商的关系，研究，探索创造性的解决方案，建立、跟踪、加快工作订单，解决问题，解决冲突，等等。

工作中令你最满意的部分是什么？

❯最满意的是：超越客户的期望；解决方案令他们惊讶，令他们愉悦并满足他们的具体要求。最不满意的是文书工作及烦人的说话不算数的供货商。

哪些人或哪些经历对你的事业影响重大？

❯在众多的因素中，我单选我的继续教育。我有天然的能力，但不经训练，我不会认识通用设计的宝贵工具。不接触最新的可持续设计方面的研究，我不会知道向我的供应商研究和要求更负责任的产品。

作为一名室内设计师，你面临的最大挑战是什么？

❯时间。

对室内设计公司来说，最大的商业挑战是什么？

❯考虑到很多室内设计公司都是小公司，我相信最大的挑战是维持公司的商业事务。许多公司似乎喜欢创造性的工作而忽视商业的事务。这种不平衡可能会导致公司倒闭。
Linda E. Smith，FASID

❯我必须说，在经济的浮浮沉沉中处于竞争的状态，是今天所有经营者面对的最困难、最具挑战的工作。如果经营者不希望被行业淘汰的话，他必须掌握整个经济状况及其方向。这可以使我们规划和放眼未来，从而不被意料之外的变化迷失了方向。
Terri Maurer，FASID

❯对小公司？对经营者的要求就是一切。那大公司呢？一直保持足够多的有质量的项目。中型公司？以上的一切。
Bruce Goff，ASID

礼拜堂室内：重新装修的避难所
圣马太主教教堂，路易斯维尔，肯塔基州
Laura Busse，IIDA，KYCID
Reese 设计公司，路易斯维尔，肯塔基州
摄影：Steven G. Porter

〉在所有项目中保持设计的一致性和合乎职业道德的经营方法。

Beth Kuzbek，ASID，IIDA，CMG

〉要教育公众知道什么是室内设计公司。公众需要理解好设计的价值——专业人士也要理 解与其他专业（建筑师、工程师、土地规划师等等）合作的价值。

Lisa Whited，ASID，IIDA，IDEC，缅因州 CID

〉保持持续稳定的新项目以便应付开支。使用任何需要的市场技巧来确保转介和有趣的工作。承接大小设计项目，以维持现金流。

Michael Thomas，FASID，CAPS

〉为客户创造价值。

Nila Leiserowitz，FASID，合伙人 AIA

〉对大部分设计师来说，最大的商业挑战简单地说，就是做一个生意人。仅仅因为我们是富有创造性的一群人，并不意味着我们不能是好的生意人。我想富有创造性的人通常都认为他们不能看起来像生意人——但这是不对的。一个人看起来越像生意人，他就会得到越多的尊重，因此也是一个更好的设计师。对我来说，创造性和生意是联系在一起的。

Charles Gandy，FASID，FIIDA

〉找到最好的合作伙伴，也就是，那些能让你的设计成为现实的分包商。

Donna Vining，FASID，IIDA，RID，CAPS

〉为我们的专业经验和服务的真正价值取得报酬。

Sari Graven，ASID

〉对室内设计公司来说，最大的商业挑战是：保持精确的时间记录、书写合同／协议，以及保留有价值的员工。时间就是金钱，我们在实现我们的创造力的同时，必须获得生活。

Sandra Evans，ASID

❯持续得到足够的收益，使我们的设计师可得到其应得的报酬。

Rita Carson Guest，FASID

❯当今最大的商业挑战就是，要与众不同，还要弹性地提供服务，以满足任何的经济形势。

Linda Sorrento，ASID，IIDA，LEED-AP

❯首先，存在大量的竞争，以及准备用不可理喻的低价来提供设计服务的人。最大的挑战是，意识到室内设计是一个专业，也是一门生意，要能够倾听客户的问题并为他们提供解决的方案——不仅仅是为了设计师。

M. Arthur Gensler Jr.，FAIA，FIIDA，RIBA

❯文书工作——跟进设计中的每个细节。并感谢上帝有设计管理者软件！

Jan Bast，FASID，IIDA，IDEC

❯确定得到效益的正确道路。

Pat Mclaughlin，ASID，RID

❯在今天这样充满竞争的环境里吸引和保留有经验、有天赋的设计师。

Leonard Alvarado

❯发展好的客户基础和保持竞争力。

Sally Nordahl，IIDA

❯确保我们在合同规定的工作范围内工作，这样我们所有的工作就都能得到报酬。跟进工作范围的改变，保持与客户的沟通。以及，雇佣能干的员工，管理已有的员工。

Melinda Sechrist，FASID

❯有竞争力的收费结构和真正的劳动成本并列。客户总是希望得到月亮，却不打算付给我们与我们的专业水平相应的报酬。我们需要尊重自己的能力，并同意与其相称的报酬。

David Stone，IIDA，LEED-AP

❯重新发现我们自己，因为建筑业和家具供应商将我们的价值贬低到仅仅是家具规格制定者而已。我们需要用研究来显示，我们的价值在于我们能改变建筑的性能。

Rosalyn Cama，FASID

❯在设计的艺术和商业之间寻求平衡。管理个人的时间，使得好的设计更容易及时地完成。

Marilyn Farrow，FIIDA

❯现在，室内设计公司生意上的最大挑战是确定我们的目标市场，建立市场规划，以吸引注意力和展示我们的能力和形象。

Greta Guelich，ASID

❯对于小型室内设计公司来说，专业生存力是最大的商业挑战。我们保存每个项目所花时间的详细记录，并且我们有多年来我们在各种形式各种规模的项目上所支出费用的历史数据，这些可以使我们得到新工作的精确价格。然而，当我们在做真正的创造性设计时，把它转化为一个能够得到效益的项目真是很困难。我们付出大量努力来监控生产率、更新账单和注意开支。工作好像停步不前。在过去二十年内，有过三次意外，在几个月内我们依合同所做的大型项目不是被废弃就是被搁置。这种损失是难以克服的；你很难解雇那些已经用几年时间训练来做健康中心设计的员工。另一些时候，有太多的工作，你就像骑在自行车上永远停不下来。好像永远也不会匀速地前进。

Jain Malkin，CID

医疗保健设施：Sunga DDS 牙科病房
Linda Isley，IIDA
Young+ 设计公司，圣迭戈，加利福尼亚州
摄影：Linda Isley

　　❯对室内设计公司来说，最大的商业挑战是，不要失去对公司目标和怎样完成目标的见解。在这个忙碌的世界，我们似乎变得只埋头于今天的事情，而不会放眼未来。为你的公司设定商业规划会在努力生存和单凭运气间产生很大的不同。

Linda Santellanes，ASID

　　❯寻找客户；使项目按时并且在预算内完成。

Debra May Himes，ASID，IIDA

　　❯就像家里的支票簿一样，知道什么时候生意太大和太复杂。最后要承认我们是创造性的室内设计师，而不是天天为了做生意的室内设计师。

Derrell Parker，IIDA

　　❯了解如何有效地为我们提供的服务收取费用。很多时候，设计师的工作会超出他们项目费用的范围；由于我们渴望彻底完成项目，我们经常会做一些原先没有计划的

工作。很难停止设计的进程，然后说："停！这超出了我们的合同。"我们需要有效地收费，且不放弃我们的设计服务。

Juliana Catlin，FASID

　　❯投资新的知识和研究。

Neil Frankel，FAIA，FIIDA

　　❯教育公众知道室内设计师所具有的天赋和雇佣一个室内设计师所需的福利，以及为我们付费是值得的。

Linda Isley，IIDA

　　❯重新组织公司来适应市场变化的需要。

M. Joy Meeuwig，IIDA

　　❯在不降低专业价值的情况下保持竞争力。我发现我的一些同业把他们的设计服务价格定得太低，以致他

们给公众的感觉贬低了室内设计的价值。

Jennifer van der Put，BID，IDC，ARIDO，IFMA

➤ 在小公司，太多的设计师或业主希望自己可以做所有的事情。事实上我们需要雇佣合适的人。我们不是办公室管理者、绘图员，或助理。做你最擅长的事：设计和与客户打交道。

Robert Wright，ASID

➤ 要持续地保持你的市场努力，我的意思是要"持续"，还要使人们相信室内设计像建筑和施工一样重要。他们似乎总有一种"非专业人士"的感觉，觉得自己有设计的技巧，并有一个项目委员会试图取消室内设计来省钱。当然，这通常会花费他们更多的钱——因为他们不得不为选错了油漆而返工，换掉不合适的地面铺装，或者住在灯光很差的环境里——如果由一位合适的专业人士来做这些工作，所有的问题都可避免。或者，也许，当今最大的挑战是使室内设计师从销售商品转变到靠他们的专业服务来收费。

Linda Kress，ASID

➤ 我必须说是发展核心竞争力来加强公司以适应现在和未来的需要。今天，提供通用和弹性的服务非常重要，这样能满足你所有客户的需求并保持与其他设计师的竞争力。在过去的几年里，Mackenzie 室内集团随着我们客户的要求而进步。重要的是，通过发展和维持各种不同类型的客户，不断成长进入新的市场。

Susan B. Higbee

➤ 教给公众关于聘用室内设计师的价值。

Suzan Globus，FASID，LEED-AP

➤ 在公平对待客户满足他们的要求和预期的同时，取得经济上成功。一个设计师必须能站在生意的角度，在生意内工作。

Sally Thompson，ASID

➤ 我猜想仅做室内设计的公司面临的挑战，与那些多功能的建筑、室内和工程公司不同。作为我们行业各个设计专业的代表，我相信我们面临的最大挑战是，与其他专业相比缺乏作为有价值专业的认知。比较而言，我们的效益率很低。

Janice Carleen Linster，ASID，IIDA，CID

➤ 在你的生意进行中保持专业性，这样会得到客户、供货商及其他人的尊重。

William Peace，ASID

➤ 我要说经济环境变差是现在设计公司面临的最大挑战。因为设计是一种愿望而非需求，当环境变化时客户可以不在设计上开支而继续生活。

Naomi Anderson

➤ 业务实践和跟上不断变化的技术。我们学习设计，并且那是我们所擅长的。然而，如果我们要成长并维持我们的生意，我们就真的需要继续教育自己，并花时间在我们的业务上而非生意内工作。我至少每年阅读 6 至 10 本有关商业、经济和历史的书。这对我如何运行我的生意、如何思考设计，以及如何影响我周围的一切有很大影响。

Melinda Sechrist，FASID

在室内设计中寻找一席之地

ALEXIS B. BOUNDS，ASID 联席会员
杂货店公司
巴吞鲁日，洛杉矶

你是如何选择获取你室内设计学历的学校的？你获得了什么学位？

❯ 路易斯安那州提供课程，以帮助公立学校的学生上得起大学。对我来说，这是最佳的机会。巧合的是，路易斯安那州立大学（LSU）提供了一个知名的设计课程。2006 年 5 月，我获得了室内设计大学本科学位。

作为一名学生，你面临的最大挑战是什么？

❯ 我面临的最大挑战是平衡学校工作、在当地一家建筑事务所当初级设计师的兼职工作、担任 ASID 中南分会董事会的学生代表和 LSU 的 ASID 学生分会主席，以及做别人的未婚妻。

你认为实习对学生的教育经历有多重要？

❯ 非常重要！在实习中你能学到在学校没机会体验的东西。学习 Microsoft Office 的窍门、与他人一起工作、熟悉一般办公礼仪都有巨大的好处。

如果你还没有参加 NCIDQ 考试，你是否打算参加？为什么？

❯ 当然。我正在学习，打算在 2008 年 10 月参加考试。这是完成我教育经历的下一个步骤。我不会错过任何的机会。

在你工作的第一年，面临的最大挑战是什么？

❯ 我最大的成就是学习与客户和同事最好的沟通方式，我很快知道了使用程序的好处，如：用 Microsoft Outlook 来管理我的时间和项目。

你是否在你的学校加入了 ASID 或 IIDA 学生分会？为什么？

❯ 我是 IIDA 和 ASID 的学生会员、ASID 中南分会董事会的学生代表、路易斯安那州立大学学生分会的主席。

我加入了该组织，因为我看到了能够联络大学环境以外的设计师网络的价值。我加入了两个组织，因为学生会员的会费非常实惠，我觉得，如果在找工作时你不是其中一个组织的会员，可能会是一个潜在的缺点。

你是如何选择你工作的公司的？

❯ 机会找到了我。我研究了该公司，它的优点及位置。我参加了面试并接受了这份工作。

第7章 室内设计的未来

很多同意接受本书采访的室内设计师回答了本书最后一章的这个问题——一个每个本专业的人士及考虑在室内设计及其相关领域发展事业的人都会面对的问题。

你如何看待室内设计行业的未来?

> 设计的潮流——所有的形式和表现——是不断发展的。越来越多的人开始了解设计,学会欣赏它,并拒绝生活在没有良好设计的环境内。未来是属于设计的。正如 Tom Peters 在《重新想象:设计的本质》中所说:"设计是新事业的灵魂",以及 11 岁 Anna 的话"如果没有设计,就没有可做的事,也不会进步或变得更好。世界就会崩溃。"
Bruce Brigham,FASID,ISP,IES

> 自 20 世纪初期以来,该领域发生了巨大的变化,并发展成为一个行业。当时室内设计师被称为"室内装饰者"。受到技术及不断变化和扩展的客户群的影响,随着专业领域的不断细分,以及美学和社会文化范式的变化,该专业的知识和技术基础变得日益复杂和多样。一个可能的未来是,更加自觉地促进专业化,以细分专业知识,提供多元化的学习课程,从而为职场准备合适的下一代学生。
Carol Morrow,博士,ASID,IIDA,IDEC

> 该行业刚刚开始被认为是一个企业的关键。
NilaLeiserowitz,FASID,AIA 联席会员

> 该行业的未来是明亮的,因为人们对环境的体验越来越重要。
Linda Sorrento,ASID,IIDA,LEED—AP

> 这个行业的未来在于我们有能力不断"走出去",成为为我们的客户解决问题的能手。因为是涉及设计界最具触感的专业,所以我们将继续对人们的生活、娱乐和工作的方式形成最大的影响。
David Stone,IIDA,LEED-AP

❱在所有的市场和专业领域，越来越多的客户意识到我们给他们的项目所带来的价值。随着可持续发展在保护公众健康、安全和福利的法规、条例、标准和做法中的应用，可持续发展将成为所有设计项目的一个组成部分。我们必须为我们每日的行为及作出的决定负责。我们选择积极地影响着市场的转型。

Annette K. Stelmack，ASID 联席会员

❱我们的行业正在以很快的速度成长和成熟。我们所做的事情的重要性以及我们对建筑环境的影响正在不断扩大和得到公众认可。我们所做的项目，无论多小，都会影响那些在我们设计的环境中居住、工作和游戏的人们的生活。我们所做的一切影响了公众的健康、安全和福利。设计师所需要承担的责任也在提高，因此我们必须通过教育、工作经验和资格考试来准备肩负更多的责任。我们行业的规章将会标准化，一流的教育和资格考试也是这样。

Terri Maurer，FASID

❱随着设计在我们社会中的重要性日益得到认可，我相信室内设计行业有望成为设计我们环境的一支重要力量，将带领，甚至重塑我们有关室内环境的思维方式。环境的可持续性以及社会的公平和经济的可行性正在成为定义设计问题的关键事项。重新界定这些问题将带来新颖和创新的解决方案。室内设计是一个相对年轻的行业，并且可最开放地寻找重新定义和解决问题的新方法。

Beth Harmon-Vaugh，FIIDA，AIA 联席会员，LEED-AP

❱这个行业一定会持续发展，在一些迄今未被定义

的领域会出现新机会。室内设计师是问题的解决者，因此需要涉及广泛的专业领域和相关行业的必需技能。

Linda Elliott Smith，FASID

❱这个行业的未来是美好的。该领域尚处于初级阶段，当它得到承认和尊重之后，消费者的需求将会增加。

Dennis McNabb，ASID，IDEC

❱如果我们能主动用法律来约束室内设计的从业，其前途是光明的。我们必须在研究和理论的支持下，建立公认的知识体系，并发展它。我们的行业比二十年甚至十年前要复杂得多。研究是理解怎样通过设计提高人类条件的关键。

Denise A. Guerin，博士，FIDEC，ASID，IIDA

❱首先，室内设计师必须找到有效的方法来量化工作场所对个人绩效的财政影响，以平衡业主常常施加给设计团队的财政压力。

企业需要劳动力来创新和生产。工作场所必须有助于人们各尽其能。设计良好的工作环境是公司支持人力资本的最佳途径之一，是其繁荣和增长的真正来源。

工作场所必须有助于创作过程，令团队能够去创新。不考虑工作场所的变化可能对专业生产力产生的影响的管理者，可能只看到了表面，虽然他们在减少空间消耗方面为其公司做得很好，但事实上，可能会在降低生产力和士气方面对公司造成无可挽回的损失。

其次，室内设计师可以给企业文化带来巨大的价值，以帮助客户了解设计工作室的过程。

当团队被要求创造新的产品、服务和经验时，他们

的创新过程使他们更接近于设计工作室，而不是传统的工作场所。有些人认为，商业挑战非常类似于设计问题，传统的"商业逻辑"和分析方法都不适用。所有这一切意味着，那些被认为像艺术家和设计师一样的右脑型人，正在重视自己的劳动力。

再次，作为室内设计师，一旦我们以有形的方式有效地显示出我们给客户及其企业带来的价值，我们能重塑我们的未来。

Rita Carson Guest，FASID

> 室内设计只会变得更好和更强。技术在我们未来的世界会起更重要的作用，设计也不例外。

Charles Gandy，FASID，FIIDA

> 我认为，室内设计师带领着规划和实施"企业设计"的道路。20 世纪 70 年代初，当我还在学校时，我学习到，设计要"从内到外"。这一点至今仍未完全做到——我们先创建大楼，再试图适应人群，并住进大楼，而不是首先了解企业及工作，再围绕这些信息来建设。这不是一个数字游戏，这是一场理解环境对人及工作流程的影响的游戏。

Colleen McCafferty，IFMA，USGBC，LEED-CI

> 由于技术和全球性问题变得更加复杂，教育将在该专业中起到关键作用。我看到其他专业，如工程和建筑学，增加了它们的课程及继续教育的要求。我相信，室内设计专业也需要顺应并跟上市场的变化。专业化水平将会提高，因为市场的某些领域变得更加

复杂了。

Mary Knopf，ASID，IIDA，LEED-AP

> 前途不可限量。随着我们记录并了解我们创造的环境对人的行为的影响，该行业将继续增长，并为它所服务的人民提供巨大的价值。

Suzan Globus，ASID

> 室内设计领域的未来应该是光明的。我们已经成为受过更多教育、更有技术和更受人尊敬的团队成员，为我们的项目带来了重要的产品知识和专业知识。

Debra Himes，ASID，IIDA

> 在我们必须提供的服务上赋予更多的价值，并从该价值而不是从产品销售中获取更多的收入。谢天谢地，这在我们的许多领域已经成为现实。但我们必须抓住每一个机会去销售我们的价值，以便它被认可。

Drue Lawlor，FASID

> 我相信室内设计师的未来是非常有前途的。我看到越来越多的州意识到我们在保护公众方面的作用，并通过了更严格的室内设计立法。我也看到了我们的工作与其他设计专业人员的结合更紧密了。

Jan Bast，ASID，IIDA

> 我确信室内设计师将会一直被需要，而消费者会意识到与一位设计师合作的价值。人们将会期望我们知道更多的技术以及更大的建筑体系和控制它们的规范。

私人住宅：厨房
Debra May Himes，ASID，IIDA
Debra May Himes 室内设计合伙人公司
钱德勒，亚利桑那州
摄影：Dino Tonn

将来的室内设计师需要利用我们的地球可以提供的有限资源来进行合适的工作，并帮助抑制我们国家的巨大的消费习惯。

Robert Wright，FASID

❯应用研究的设计。由于行业持续发展进入资格和认证阶段，人们能够应用研究方法来设计方案的需求变

得至关重要。此外，企业正在寻找有能力分析和创造性地看问题的人。

Robin Wagner，ASID，IDEC

❯室内设计将继续发展，并在该领域会出现更多的专业方向。我希望我们的工作在环境方面不断提速，并成为我们所做的每个项目的一大要素。我担心，许多企业使用 LEED 认证仅仅是因为"时髦"，而不是作为一个原则。

Jane Coit，IIDA 联席会员

❯我看室内设计与建筑的关系，如同在框架上留下的印记，其中，建筑构成框架，室内设计体现了印记。"印记"的理念体现了建筑环境中的人类需求和行为反应，这是室内设计的一个概念性重点。我在教学和执业中的重点是，培育框架与其印记之间的关系。我认为，未来几年，室内设计将从事生活的组件或建筑的印记。

James Postell，辛辛那提大学室内设计副教授

❯当专业向前发展时，我们才刚刚起步，但是我们所有人都一定要做到最好，为将来打下基础。我们不能只是说说，我们必须做到"三 E"：教育（education）、经验（experience）、考试（examination）。

Donna Vining，FASID

❯它必须在一个专业组织的基础上，成为站在前沿的联盟。随着我们大家的共同努力，室内设计将获得地位，并为所有从业者提供一份有回报的职业。

Mimi Moore，ASID，CID

❯拥有建设环境中人类经验的定义并准备来衡量它，这样你将能以知情的方式推动创新，并带你的同事和客户就有关如何设计和建造我们居住的室内环境进行公开的讨论。

Rosal ynCama，FASID

❯我认为，随着新技术和绿色理念的影响，室内设计的未来将继续发展。必将会出现一个更加一体化的设计方法，以结合功能、美学和用户的良好体验。

Trisha Wilson，ASID

❯对于我们在美国各地的立法努力，我感到失望。我相信，重要的是，我们被认为是设计师，而不只是一个装饰师。当然，这需要教育和通过 NCIDQ 考试。

Patricia Rowen，ASID，CAPS

❯我很兴奋现在能成为室内设计行业中的一部分。我感觉到，全国各地的立法正在规范业务行为，我们的行业正在变得更加合法化，并将极大地影响室内设计师的真正内涵。

Kristin King，ASID

❯这是伟大的事情！我于 20 世纪 80 年代初开始做这行，并始终保持从该行业获取新的活力。随着有关室内设计的知识体系和记录在案的研究不断发展，我们正在为未来的室内设计师刻画一条美妙的职业路径。我们将继续回击那些有关室内设计构成的误解，要做到这一点，最好的办法是，通过优良的教育计划、经验丰富的

专业人士的坚实指导，以及一个高品质的考试过程。此外，创建促进和改善人类生存条件的功能空间也是显示室内设计构成的最好途径。

Lisa Whited，IIDA，ASID，迈阿密认证的室内设计师

❯我认为该行业的未来是美好的，但技术的发展令其变化迅速，网络造就了知识丰富的客户，他们能收集到所有你能获取的信息。

Laurie Smith，ASID

❯看看室内设计专业的所有领域——住宅、商业、接待、零售——名单还有很多，不管是大项目还是小项目，机会是无限的。但是成功只属于那些肯付出时间和接受教育，并致力于创造极好的环境和优美的场所的人。

M. Arthur GenslerJr.，FAIA，FIIDA，RIBA

❯我认为，公众及其他专业人员（如建筑师和承包商）将越来越好地理解室内设计，以及执业认证对该行业的重要性。随着所有州展开执业认证的立法工作，我认为，我们最终将在大多数州对室内设计师提出某种要求，这将带来对室内设计专业更好的认识。

Shannon Ferguson，IIDA

❯对于室内设计的未来，我很乐观。我认为，我们将看到在设计的各个领域越来越强化专业性。

David Hanson，RID，IDC，IIDA

❯对于那些专注于特殊领域和那些为工作场所产品、

可持续室内装饰、节能，及健康和安全提供咨询服务的设计师来说前景广阔。所有这些专业影响了一个组织的底线，而这正是今天驱使人们聘请顾问或专业人士的原因。

Leonard Alvarado

❯确定室内设计是一个专业比以往任何时候都更重要，因为该领域现在受到各种挑战。我们基于教育、实习和继续教育的专业经验，必须被定义为从业要求。

Pat Mclaughlin，ASID

❯室内设计的未来将比以往任何时候都更重要，因为人们意识到，良好的设计对于人类日常生活的相互作用和功能有多重要。此外，因为地球资源的萎缩及人口的增长，设计师将被要求创造非常绿色的环境。

Lisa Slayman，ASID，IIDA

❯设计过程可以看作是一个创造性地解决大量情况和问题的途径。我们有能力获得和组织大量信息，将它应用到工作中，整合概念并执行它，这是当今所有企业都在寻求的一种能力。我们的教育从来没有像今天这样贴近我们在企业中所遇到的问题以及我们自己的生活。

Sari Graven，ASID

❯室内设计的未来是服务性行业，为建筑的室内提供规划和说明文件。室内设计师必须脱离销售家具的企业，或者，至少将两项活动分成两个独立的企业。我们的创意是我们最有价值的资产。

TomWitt

❯未来还不明朗。有关我们行业的媒体观点暗示我们所做的都是关于视觉和触觉的。建筑专业给了我们一个很明显的威胁：立法上从属于建筑师严重限制了室内设计师所能从事的工作。最后，我们有太多的专业组织，支离破碎的言论抑制了我们有效地处理这些挑战。

Robert Krikac，IIDA

❯正如它所期望的：改善生活质量；提高生产率；保护人类健康、安全和福利。此外，美国日益增长的老年人口（65 岁以上），以及令人兴奋的处理事物的新方法（参见 Michael Braungart 和 Bill McDonough 著的《从摇篮到摇篮：重塑我们处理事物的方法》），将继续对明天的室内设计师解决问题的设计技巧提出严格的要求。

Keith Miller，ASID

❯我相信在设计界将发生或正在发生两个显著的变化。随着国家通过立法带来室内设计师执照，该行业变得更像建筑专业，因此，我认为，会出现与客户的更大合作。当室内设计师一开始就参与项目时，客户一定会获得好处，将有更大机会做出结合紧密的成套设计，而不是令室内设计成为事后不断添加的项目。第二个变化是环境。众所周知，中西部地区所有的主要设计和产品思潮总是落后于沿岸地区。我相信，五年内指定绿色或环保材料将不会很困难。事实上，我认为这将成为常态。

Laura Busse，IIDA，KYCID

❯直到建筑师因为我们的才干、知识及为项目带来的价值接受我们，我们将继续留在我们的位置上。建筑师需要珍惜我们的能力，并停止试图通过雇佣学生（廉价劳动力）来做我们应做的工作，来贬低我们的工作。

Linda Isley，IIDA，CID

　　❯人类与其所处的一小块建设环境间的亲密关系变得更加重要。室内设计专业人士需要变成 A&D 团队中不可缺少的一部分。不仅仅是关于室内装饰材料的知识及室内空间的使用，还有关于人们对其周围环境的感知。人是有适应性的，但是如果室内空间可以支持人而不是让人去适应空间，不是更好吗？

M.Joy Meeuwig，IIDA

　　❯我们的顾客正在战略决策方面扮演着更重要的角色。室内设计师被要求有关于品牌的更广泛的知识和对整个设计经验的理解，而且在只有有限资源的世界仍然可以维持。

Juliana Catlin，FASID

　　❯在我看来，该行业的未来是很好的。这个领域已经成熟，并且有许多支持它的传播媒介。社会的核心需要是室内装潢；因此设计师也处于核心位置。在与建筑室内环境的关系上所需要的管理与和自然环境之间的类似。我们将继续寻求技术工作的新方法。我们将看到对定制设计不断增加的兴趣和重视。与建设环境相关的社会意识和生态关心将会变得更容易被理解和执行。拥有这些知识的设计师可以更加明确地表达他们的声音，并且能够看到项目的构型，为客户提供诠释。

Joy Dohr，博士，FIDEC，IIDA

　　❯室内设计行业已经并将继续负担巨大的责任。室内设计将负担教育公众对于其家庭和工作场所对环境的影响该如何做出决定的责任。室内设计将要回应对于使人口在舒适、协调的环境下老龄化的空间的需求。室内设计将继续负责消除我们所创造的空间中的障碍，使所有人能轻松使用。

Lindsay Sholdar，ASID

　　❯短短的几年内，室内设计专业将成为各类项目的重点，它将集合与协调建筑、工程、景观建筑及其他相关专业（如音响工程、灯光、绿色和可持续设计，包括通用设计原则和就地养老等）成为一个完整的画面。设计师也可以被纳入如挽留员工、企业品牌、土地开发等商务事宜。

Michael Thomas，FASID，CAPS

　　❯一位室内设计师，今天和未来将需要知道更多的事情。例如，可持续设计。现在也许在大多数室内设计教学计划中都会提供一些该领域的课程。在未来，所有的室内设计师都将融会贯通绿色设计的词汇及纳入其项目的设计策略。我看到，在项目中与其他专业人员有了更多的合作，室内设计师则更快地进入项目。我也看到，在未来，室内设计师变得更了解其客户在设计上的投资回报。他们与客户的谈话将更多地关注增值回报，即在客户目前的工作环境上实施改变以帮助推动客户的业务成果。

Lisa Henry，ASID

　　❯室内设计作为一个行业，将继续增长。专业的室内设计师将更加需要以我们个人的环境宜居条件来诠释技术。

Mary Knott，ASID 联席会员，CID，RSPI

❯我看到，室内设计作为一个独立的专业在北美地区得到广泛的承认。

Jennifer van der Put，BID，IDC，ARIDO，IFMA

❯我相信，室内设计专业就像过去二十年那样，会得到承认和更大的尊重。我们的工作变得越来越不可或缺，每年我们都创造健康的生活环境。在人类工程学、工作者的生产效率和可持续性等方面所产生的日益增多的问题不能再被忽略。我们的角色在创造成功的健康室内环境方面至关重要。

Susan B. Higbee

❯我看到，当我们作为顾问与建筑师和工程师一起作为一个团队为创造更好的生活和工作环境而工作时，我们的专业变得更加重要。

Sally Thompson，ASID

❯我希望未来能得到普通民众的理解，知道我们不只是挂窗帘和选颜色。我不得不说，该行业激发了浩大的产品开发，并促进了有关我们的设计决策对环境影响的对话。我可以看到，随着这些事情的持续发展势头，我们的地球将更加健康，我们现在认为不可能的在未来都会变成可能。

Mar yanne Hewitt，IIDA

❯变化将继续沿着一个更明确和更具包容性的领域方向发展。教育、认证和考试等事宜将会被重新评估，当这些事宜被确认后还将有所变化。

Sue Kirkman，ASID，IIDA，IDEC

❯室内设计仍然是一个年轻的行业，它正为在建筑各行业中赢得尊重而战斗。在过去二十年中，我们已经在教育和专业认可的方面取得了长足的进步。我认为该专业会更加深入和广泛地扎根于社会和企业。美国劳工部估计，到 2010 年室内设计行业将增长 17 个百分点。

5Sally D′Angelo，ASID

❯我相信我们的专业正在经历蜕变。过去二十年所发生的变化是令人振奋的，我相信我们专业的成长和转变将会继续。由于我们设计的环境大多是由人来体验的，我认为我们未来的业务要求我们对人类的本能、感觉、健康和学习过程等等有更深入的认识。还要从理解我们周围世界的发展中获得认知，这些发展直接影响了我们客户的业务，进而影响了我们的设计方案。这并不意味着我们要知道所有已知的事情；然而，我们需要知道怎样做合伙人，怎样与别人合作，以及怎样使用外部的资源。

Janice Carleen Linster，ASID，IIDA，CID

❯室内设计行业似乎正在致力于发展统一的制度，所以才能实现在 50 个州通过认证和注册法律的目标。随着注册制度的确立，对那些自称是室内设计师的人有了更多的控制。室内设计师对在室内环境中实施影响公众安全和福利的设计方案负有责任。资格认证将让公众知道他们雇佣的设计师是知道现有室内环境的规范、规章和标准的。那些自称是室内设计师的人需要在获得认证的学院学习并通过严格的考试。那些不符合这些要求的人不能称自己为室内设计师。我认为我们会从我们行业的立法人员那里看到更多的行动。

Kristi Barker，CID

> 我看到专业化的趋势仍在继续。有那么多的细分市场，一个设计师不可能具备处理所有事情——从住宅改造到医疗办公设计或任何分支——所需的专业知识。

Sharmin Pool-Bak，ASID，CAPS，LEED-AP

> 我相信室内设计行业的未来是无比强大和有生命力的。室内设计专业有赖于我们服务的人，以及我们为了谁而设计。好的设计如何重塑其生活的故事简洁地捕捉到该行业的价值。

Stephanie Clemons，博士，FASID，FIDEC

> 我相信，我们的行业在未来将继续增长和强大。随着技术的不断进步，需要用于私人住宅的新产品将会被发明。对健康的地球及健康的人类的新兴趣为居住生活创造了新产品。

Teresa Ridlon，ASID 联席会员

住宿：客房。吉隆坡希尔顿酒店，吉隆坡，马来西亚
Trisha Wilson，ASID
Wilson 合伙人公司，达拉斯，得克萨斯州
建筑师：东京 KKS
摄影：PETER MEALIN 摄影公司

律师事务所：餐厅。Alston & Bird 律师事务所
Rita Carson Guest，FASID，Carson Guest 公司
摄影：Gabriel Benzur

> 我认为，由于州立法变得更明确，对室内设计师的要求将会增加。我注意到，在需要执照或认证的地方，对设计师所做的事情的理解增加了。我还预期，当设计/建造方法变得更普遍时，对设计师的需求会增加。另外，设计师依据经验水平建立的分级制度也会被更普遍地确定。

我发现很多客户要求设计中的弹性。会议室利用可重组的家具变得功能更加多样。工作站需要适应工作场所人员的流动。这要求室内设计师更具有创造性。

我也相信无线技术和使用电池的设备的进一步发展和大量使用，将改变空间的布局，使它更具弹性，计算机不再需要靠近墙体或与电线联系，装修和空间规划的方法将会改变，正如几十年前供电工作站面板的发展改变了平面布局一样。

Kimberly M. Studzinski，ASID

> 目前有一种教育公众了解室内设计师工作内容的趋势。我认为，一旦对我们的工作有了清晰的认识，公众就会更加接受室内设计师。反过来，这意味着，不仅广大民众对我们的工作有了更大的需求，而且其他的设计专业人员也一样。

Leylan Salzer

> 尽管该专业通过不断完善的知识体系、室内设计课程认证以及通过考试来检验专业能力，不断提高标准和证明自己，我们的专业还是面临着很多挑战。以我的观点来看，最具挑战的方面包括入门级工作外包的损失、与建筑行业的地盘之争、反对能力测试的从业人员，以及留住有经验的设计师的能力。

有些公司制作其合同文件的方式逐渐有了变化，它们通过使用境外的人力资源来制作其合同文件。这些资源能很好地用英语交流，并完成准确的文档，而成本却只占国内制作成本的一小部分。其准确、低价，以及在全球范围内发送文件已达到全天候工作的优势，对于希望更具竞争力的公司来说，非常诱人。但我们的毕业生进入设计公司，将会破除传统的入门级职位。为了给学生提供入门级职位所需的技能和知识，我们需要加强设计管理等方面的课程。尽管毕业生仍然需要对设计及合同文件的制作有一个透彻的理解，我看到，入门级的实践要求从合同文件的制作转移到对企业、项目及客户的设计和管理的领导。

建筑专业继续对室内设计专业提供室内设计服务的能力提出质疑。有越来越多的设计师反对能力测试，他们正在采取行动反对头衔和执业条例。在设计师努力拿到头衔或执业注册的州，这些组织积极参与游说否决这类条例。在条例存在的地方，这些组织认为它们是违宪的，因为它们限制了个人的工作权。在所有情况中，条例存在的原因都是：室内设计师通过他们在其设计中所做的决定影响了一般公众的健康、安全和福利。正如George Will 在被一个致力于反对室内设计立法的团体游说后，在最新的专栏中所指出的，它不是"用红色胶带粘贴的墙纸"。立法只不过是想加强一个事实：未经资历、教育和考试认证的人更容易做出对该空间的用户产生负面影响的决定。

还存在另一类组织，他们通过改变建筑法规的措辞来限制室内设计师的实践能力。目前司法管辖区使用的大多数国际新型建筑规范允许任何"注册的设计专业人士"提交方案以获取建筑许可证书。在地方层面，反对室内设计师注册的团体已经能够将此更改为"注册的建筑师和工程师"，从而限制了已经注册执业室内设计的室内设计师，并要求他们寻求注册建筑师或工程师的服务，以取得许可证。

重点是，这个专业在保护其执行设计服务的能力方面必须变得更加统一和努力，而无需屈从于其他专业。

最后，该专业需要找到办法，以使其成员无需从家庭和事业间做出选择。太多的人会放弃事业，而我们的行业也失去了一些最有才华的人。这种情况并不是室内设计行业独有的，但其他行业已经能够适应，所以他们能保留那些有价值的员工。如果我们要留住最优秀和最聪明的人，以迎接我们的挑战，就需要在给妇女创造环境和提供工具方面有更多的支持和创意，她们既需要家庭，也需要事业。

Robert Krikac，IDEC

❯该行业不断走向成熟和壮大。我们几乎可以参与所有的建设环境。设计师有机会帮助设计和创建人们恢复健康、成长、学习、餐饮、娱乐、工作、祷告和梦想所在场所的内饰。谁还会要比这更好的职业呢？

Melinda Sechrist，FASID

❯这是设计的时代——可能性是无止境的。

Rochelle Schoessler Lynn，CID，ASID，LEED-AP，IFMA，联席会员

❯这个行业是神奇的。

Katherine Ankerson，IDEC，NCARS 认证

❯在我眼里,设计专业正在转向新的"时尚"设计。如 Maharam 公司与时装设计师 Paul Smith 等合作创造服装内饰。我认为，有很长一段时间，室内设计紧随时尚。现在，我看到，室内设计正在开始形成自身

商业零售：SAXX 珠宝店
Bruce Brigham，FASID，ISP，IES，
零售清晰度咨询公司，拉雷多，
得克萨斯州
摄影：BRUCE BRIGHAM

的风格趋势，也许，它还会激发时尚服装行业的流行
趋势。

Carolyn Ann Ames，ASID 联席会员

❯良好的设计超越了美学，上升为生活品质及社会
责任的问题。因此，与我们今天所做的相比，室内设计
师将需要懂得并配合更多的学科——不仅仅是工程师、
工匠和建筑师，还有老年医学专家、城市规划师、环保
人士、材料和产品设计师等。

Charrisse Johnston，ASID，LEED-AP，CID

❯我认为，该行业只会变得更受人关注。人们现在
明白了为什么需要室内设计师。

Chris Socci，ASID 联席会员

室内设计资源

室内设计组织

American Society of Interior Designers (ASID)
608 Massachusetts Avenue NE
Washington, DC 20002-6006
202-546-3480
www.asid.org

Council for Interior Design Accreditation (formerly FIDER)
146 Monroe Center #1318
Grand Rapids, MI 49503-2822
616-458-0460
www.accredit-id.org

Interior Design Educators Council (IDEC)
7150 Winton Drive
Indianapolis, IN 46268
317-328-4437
www.idec.org

Interior Designers of Canada (IDC)
Ontario Design Center
260 King Street East #414
Toronto, Ontario, Canada M5A 1K3
416-964-0906
www.interiordesignerscanada.org

International Facility Management Association (IFMA)
1 East Greenway Plaza #1100
Houston, TX 77046-0194
713-623-4362
www.ifma.org

International Furnishings and Design Association, Inc. (IFDA)
150 South Warner Road, #156
King of Prussia, PA 19406
610-535-6422
www.ifda.com

International Interior Design Association (IIDA)
222 Merchandise Mart Plaza, Suite 1540
Chicago, IL 60654-1104
312-467-1950
www.iida.org

National Council for Interior Design Qualification (NCIDQ)
1200 18th Street NW #1001
Washington, DC 20036
202-721-0220
www.ncidq.org

National Kitchen & Bath Association (NKBA)
687 Willow Grove Street
Hackettstown, NJ 07840
908-852-0033
www.nkba.org

室内设计求职和就业信息

American Society of Interior Designers
www.asid.org

Bureau of Labor Statistics
www.bis.gov

Career Resource for Interior Design Industry
www.interiordesignjobs.com

Careers in Interior Design
www.careersininteriordesign.com

International Interior Design Association
www.iida.org

联合组织

American Institute of Architects (AIA)
1735 New York Avenue NW
Washington, DC 20006
202-626-7300
www.aia.org

American Society of Furniture Designers (ASFD)
144 Woodland Drive
New London, NC 28127
910-576-1273
www.asfd.com

Building Office & Management Association International (BOMA)
1201 New York Avenue NW, Suite 300
Washington, DC 20005
202-408-2662
www.boma.org

Business and Institutional Furniture Manufacturer's Association (BIFMA)
2680 Horizon Drive, SE, #A-1
Grand Rapids, MI 49546
616-285-3963
www.bifma.org

Color Marketing Group (CMG)
5904 Richmond Highway, Suite 408
Alexandria, VA 22303
703-329-8500
www.colormarketing.org

Construction Specifications Institute (CSI)
99 Canal Center Plaza, Suite 300
Alexandria, VA 22314
703-684-0300
www.csinet.org

Illuminating Engineering Society of North American (IES)
120 Wall Street, 17th Floor
New York, NY 10005
212-248-5000
www.iesna.org

International Code Council
500 New Jersey Avenue NW, 6th Floor
Washington, DC 20001-2070
1-888-ICC-SAFE (422-7233)
www.iccsafe.org

Institute of Store Planners (ISP)
25 North Broadway
Tarrytown, NY 10591
914-332-1806
www.ispo.org

National Trust for Historic Preservation
1785 Massachusetts Avenue NW
Washington, DC 20036
202-588-6000
www.nationaltrust.org

Organization of Black Designers (OBD)
300 M Street SW, Suite N110
Washington, DC 20024-4019
(202) 659-3918
Contact: OBDesign@aol.com

U.S. Green Building Council (USGBC)
1015 18th Street NW, Suite 805
Washington, DC 20036
202-828-7422
www.usgbc.org

美国和加拿大获 CIDA 认证的室内设计专业名录

这份名单截止到本书的出版日。如需更多信息，请访问室内设计认证协会的网站：www.accredit id.org。

亚拉巴马州

Auburn University, Auburn
Interior Design Program
College of Human Sciences
Web site: www.humsci.auburn.edu

Samford University, Birmingham
Department of Interior Design
School of Education and Professional Studies
Web site: www.samford.edu

University of Alabama, Tuscaloosa
Interior Design Program
Clothing, Textiles, and Interior Design
Human Environmental Sciences
Web site: www.ches.ua.edu

Southern Institute School of Interior Design at Virginia College, Birmingham
Interior Design Program
Division of Virginia College
Web site: www.vc.edu

亚利桑那州

Arizona State University, Tempe
Interior Design Program
Department of Interior Design
College of Design
Web site: www.design.asu.edu/interior

Art Center Design College, Tucson
Interior Design Program
Web site: www.theartcenter.edu

Art Institute of Phoenix
Interior Design Program
Web site: www.aipx.edu

Mesa Community College, Mesa
Advanced Interior Design
School of Design
Web site: www.mc.maricopa.edu

Scottsdale Community College, Scottsdale
Interior Design Program
Web site: www.sc.maricopa.edu

阿肯色州

University of Arkansas, Fayetteville
Interior Design Program
School of Human Environmental Sciences
Web site: www.uark.edu

University of Central Arkansas, Conway
Interior Design Program
Department of Family and Consumer Sciences
Web site: www.uca.edu

加利福尼亚州

Academy of Art University, San Francisco
Interior Architecture and Design
Web site: www.academyart.edu

American InterContinental University, Los Angeles
Interior Design Department
Web site: www.la.aiuniv.edu

Brooks College, Long Beach
Interior Design Department
Web site: www.brookscollege.edu

California College of the Arts, San Francisco
Interior Design Program
Web site: www.cca.edu

California State University, Fresno
Interior Design Program
Department of Art and Design
Web site: www.csufresno.edu/artanddesign

California State University, Northridge
Department of Family and Consumer Sciences
Web site: www.fcs.csun.edu

California State University, Sacramento
Interior Design Program
Department of Design
School of the Arts
Web site: www.csus.edu/design

Design Institute of San Diego
Interior Design Program
Web site: www.disd.edu

Interior Designers Institute, Newport Beach
Interior Design Program
Web site: www.idi.edu

San Diego State University, San Diego
Interior Design Program
School of Art, Design, and Art History
College of Professional Studies and Fine Arts
Web site: www.sdsu.edu

UCLA Extension, Los Angeles
Interior Design Program
Department of the Arts
Web site: www.uclaextension.edu/arc_id

University of California, Berkeley Extension, San Francisco
Interior Design and Interior Architecture
Department of Art and Design
Web site: www.unex.berkeley.edu

West Valley College, Saratoga
Interior Design Department
Web site: www.westvalley.edu/wvc/careers/interiordesign.html

Woodbury University, Burbank
Department of Interior Architecture
School of Architecture and Design
Web site: www.woodbury.edu

科罗拉多州

Art Institute of Colorado, Denver
Interior Design Program
School of Design
Web site: www.aic.artinstitutes.edu

Colorado State University, Fort Collins
Interior Design Program
Department of Design and Merchandising
College of Applied Human Sciences
Web site: www.cahs.colostate.edu/dm

Rocky Mountain College of Art and Design, Denver
Interior Design Program
Web site: www.rmcad.edu

哥伦比亚特区

George Washington University at Mount Vernon Campus, Washington, DC
Interior Design Program
Fine Arts and Art History Department
Web site: www.gwu.edu

佛罗里达州

Ai Miami International University of Art and Design, Miami
Interior Design Department
Web site: www.ifac.edu

Art Institute of Fort Lauderdale, Fort Lauderdale
Interior Design Department
School of Design
Web site: www.aii.edu/fortlauderdale

Florida International University, Miami
Interior Design Department
School of Architecture
Web site: www.fiu.edu/~soa

Florida State University, Tallahassee
Department of Interior Design
College of Visual Arts, Theatre, and Dance
Web site: interiordesign.fsu.edu

International Academy of Design and Technology, Tampa
Interior Design Program
Web site: www.academy.edu

Ringling School of Art and Design, Sarasota
Interior Design Department
Web site: www.ringling.edu

University of Florida, Gainesville
Department of Interior Design
College of Design, Construction, and Planning
Web site: www.web.dcp.ufl.edu/interior

佐治亚州

American Intercontinental University, Atlanta
Interior Design Program
Web site: www.aiuniv.edu

Art Institute of Atlanta, Atlanta
Interior Design Program
Web site: www.aia.artinstitutes.edu

Brenau University, Gainesville
Interior Design Program
Department of Art and Design
School of Fine Arts and Humanities
Web site: www.brenau.edu

Georgia Southern University, Statesboro
Interior Design Program
Department of Hospitality, Tourism, and Family and Consumer Science
College of Health and Human Sciences
Web site: www.georgiasouthern.edu

University of Georgia, Athens
Interior Design Program
Lamar Dodd School of Art
Web site: www.art.uga.edu

爱达荷州

Brigham Young University—Idaho, Rexburg
Department of Interior Design
College of Performing and Visual Arts
Web site: www.byui.edu/interiordesign

伊利诺伊州

Columbia College Chicago, Chicago
Art Design Department, Interior Architecture Program
Web site: www.colum.edu/undergraduate/artanddesign/interior/index.html

Harrington College of Design, Chicago
Web site: www.interiordesign.edu

Illinois Institute of Art at Chicago
Interior Design Department
Web site: www.ilic.artinstitute.edu

Illinois Institute of Art at Schaumburg
Interior Design Department
Web site: www.ilis.artinstitutes.edu

Illinois State University, Normal
Interior and Environmental Design Program
Department of Family and Consumer Sciences
Web site: www.fcs.ilstu.edu/

International Academy of Design and Technology, Chicago
Interior Design Department
Web site: www.iadtchicago.com

Southern Illinois University, Carbondale
Interior Design
School of Architecture
College of Applied Sciences and Arts
Web site: www.siu.edu/~arc_id/id.html

印第安纳州

Ball State University, Muncie
Interior Design Program
Family and Consumer Sciences Department
College of Applied Sciences and Technology
Web site: www.bsu.edu

Indiana State University, Terre Haute
Interior Design Program
Department of Family Consumer Sciences
Web site: www.indstate.edu/interior

Indiana University, Bloomington
Interior Design Program
Apparel Merchandising and Interior Design
College of Arts and Sciences
Web site: www.indiana.edu/~amid

Indiana University—Purdue University Indianapolis, Indianapolis
Interior Design Technology Program
Purdue School of Engineering and Technology
Web site: www.iupui.edu/academic

Purdue University, West Lafayette
Interior Design Program
Department of Visual and Performing Arts
Division of Art and Design
Web site: www.purdue.edu

艾奥瓦州

Iowa State University of Science and Technology, Ames
Interior Design Program
Department of Art and Design
Web site: www.design.iastate.edu/ID

堪萨斯州

Kansas State University, Manhattan
Interior Design Program
Department of Apparel, Textiles, and Interior Design
College of Human Ecology
Web site: www.humec.k-state.edu/atid

Kansas State University, Manhattan
Department of Interior Architecture and Product Design
College of Architecture, Planning, and Design
Web site: www.capd.ksu.edu/iapd

肯塔基州

University of Kentucky, Lexington
School of Interior Design
College of Design
Web site: www.uky.edu/design

University of Louisville, Louisville
Interior Architecture Program
Hite Art Institute
College of Arts and Sciences
Web site: www.art.louisville.edu

路易斯安那州

Louisiana State University, Baton Rouge
Department of Interior Design
College of Art and Design
Web site: www.id.lsu.edu

Louisiana Tech University, Ruston
Interior Design Program
School of Architecture
Web site: www.latech.edu/tech/liberal-arts/architecture

University of Louisiana at Lafayette
Interior Design Program
School of Architecture and Design
College of the Arts
Web site: www.arts.louisiana.edu

马萨诸塞州

Boston Architectural College, Boston
Interior Design Program
Web site: www.the-bac.edu

Endicott College, Beverly
Interior Design Program
Department of Interior Design
School of Art and Design
Web site: www.endicott.edu

Mount Ida College, Newton
Interior Design Program
Chamberlayne School of Design
Web site: www.mountida.edu

Newbury College, Brookline
Interior Design Program
School of Arts, Science, and Design
Web site: www.newbury.edu

New England School of Art and Design at Suffolk
University, Boston
Interior Design Program
Web site: www.suffolk.edu/nesad

Wentworth Institute of Technology, Boston
Interior Design Program
Department of Design and Facilities
Web site: www.wit.edu

密歇根州

Eastern Michigan University, Ypsilanti
Interior Design Program
School of Engineering Technology
College of Technology
Web site: www.emich.edu

Kendall College of Art and Design of Ferris State
University, Grand Rapids
Interior Design Program
Web site: www.kcad.edu

Lawrence Technological University, Southfield
Interior Architecture
Department of Art and Design
College of Architecture and Design
Web site: www.ltu.edu

Michigan State University, East Lansing
Interior Design Program
School of Planning, Design, and Construction
College of Agriculture and Natural Resources
Web site: www.msu.edu/spdc

Western Michigan University, Kalamazoo
Interior Design Program
Family and Consumer Sciences
Web site: www.wmich.edu/fcs/itd/index

明尼苏达州

Dakota County Technical College, Rosemount
Interior Design and Sales Program
Web site: www.dctc.edu

University of Minnesota, St. Paul
Interior Design Program
Department of Design, Housing, and Apparel
College of Design
Web site: www.cdes.umn.edu

密西西比州

Mississippi State University, Mississippi State
Interior Design Program
College of Architecture, Art, and Design
Web site: www.caad.msstate.edu/id

University of Southern Mississippi, Hattiesburg
Interior Design Program
Department of Art and Design
Web site: www.usm.edu/interiordesign/

密苏里州

Maryville University of St. Louis
Interior Design Program
Art and Design Department
Web site: www.maryville.edu

University of Missouri, Columbia
Interior Design Program
Department of Architectural Studies
College of Human Environmental Sciences
Web site: www.missouri.edu/~arch

内布拉斯加州

University of Nebraska, Lincoln
Interior Design Program
Department of Architecture
College of Architecture
Web site: www.archweb.unl.edu

内华达州

University of Nevada, Las Vegas
Interior Architecture and Design Program
School of Architecture
Web site: www.unlv.nevada.edu

新泽西州

Kean University, Union
Interior Design Program
Department of Design
Web site: www.kean.edu

纽约州

Buffalo State, Buffalo
Interior Design Program
Interior Design Department
School of Arts and Humanities
Web site: www.buffalostate.edu/interiordesign/

Cornell University, Ithaca
Interior Design Program
Department of Design and Environmental Analysis
College of Human Ecology
Web site: www.human.cornell.edu/che/DEA/index.cfm

Fashion Institute of Technology State University of New York, New York
Interior Design Department
Web site: www.fitnyc.edu

New York Institute of Technology, Old Westbury
Interior Design Department
School of Architecture and Design
Web site: www.nyit.edu

New York School of Interior Design, New York
Interior Design Program
Web site: www.nysid.edu

Pratt Institute, Brooklyn
Interior Design Department
School of Art and Design
Web site: www.pratt.edu

Rochester Institute of Technology, Rochester
Professional Level Program
Department of Industrial and Interior Design
School of Design
College of Imaging Arts and Sciences
Web site: www.rit.edu

School of Visual Arts, New York
Interior Design Department
Web site: www.schoolofvisualarts.edu

Syracuse University, Syracuse
Interior Design Program
School of Art and Design
College of Visual and Performing Arts
Web site: www.syr.edu

北卡罗来纳州

East Carolina University, Greenville
Interior Design Program
Department of Interior Design and Merchandising
College of Human Ecology
Web site: www.ecu.edu

High Point University, High Point
Interior Design Program
Department of Home Furnishings and Design
Earl N. Phillips School of Business
Web site: www.highpoint.edu

Meredith College, Raleigh
Interior Design Program
Department of Human Environmental Sciences
Web site: www.meredith.edu

University of North Carolina at Greensboro, Greensboro
Department of Interior Architecture
School of Human Environmental Sciences
Web site: www.uncg.edu/iarc

Western Carolina University, Cullowhee
Interior Design Program
Department of Art and Design
College of Applied Sciences
Web site: www.ides.wcu.edu

北达科他州

North Dakota State University, Fargo
Department of Apparel, Design, Facility, and Hospitality Management
College of Human Development and Education
Web site: www.ndsu.nodak.edu/afhm/id

俄亥俄州

Columbus College Art and Design, Columbus
Interior Design Program
Division of Industrial and Interior Design
Web site: www.ccad.edu

Kent State University, Kent
Interior Design Program
College of Architecture and Environmental Design
Web site: www.caed.kent.edu

Miami University, Oxford
Interior Design Program
Department of Architecture and Interior Design
Web site: www.muohio.edu/interiordesign

Ohio University, Athens
Interior Architecture Program
School of Human and Consumer Sciences
College of Health and Human Services
Web site: www.ohiou.edu/design/

Ohio State University, Columbus
Interior Design
Department of Industrial, Interior, and Visual Communication Design
Web site: www.design.osu.edu

University of Akron, Akron
Interior Design Program
School of Family and Consumer Sciences
College of Fine and Applied Arts
Web site: www.uakron.edu/colleges/faa/schools/fcs/interior

University of Cincinnati, Cincinnati
School of Architecture and Interior Design
Program of Interior Design
College of Design, Architecture, Art, and Planning
Web site: www.daap.uc.edu/said/

俄克拉何马州

Oklahoma State University, Stillwater
Interior Design Program
Design, Housing, and Merchandising
College of Human Environmental Sciences
Web site: www.okstate.edu/hes/dhm/

University of Central Oklahoma, Edmond
Department of Design
College of Media Arts and Design
Web site: www.camd.ucok.edu/design

University of Oklahoma, Norman
Interior Design Division
College of Architecture
Web site: www.id.coa.ou.edu

俄勒冈州

Marylhurst University, Marylhurst
Interior Design Program
Art and Interior Design Department
Web site: www.marylhurst.edu/art/bfa-interiordesign.php

University of Oregon, Eugene
Interior Architecture Program
Department of Architecture
Web site: www.architecture.uoregon.edu

宾夕法尼亚州

Art Institute of Pittsburgh, Pittsburgh
Interior Design Program
School of Design
Web site: www.aii.edu

Drexel University, Philadelphia
Interior Design Program
Department of Design
College of Media Arts and Design
Web site: www.drexel.edu

La Roche College, Pittsburgh
Interior Design Department
School of the Professions
Web site: www.laroche.edu

Moore College of Art and Design, Philadelphia
Interior Design Department
Web site: www.moore.edu

Philadelphia University, Philadelphia
Interior Design Program
School of Architecture
Web site: www.philau.edu

南卡罗来纳州

Winthrop University, Rock Hill
Interior Design Program
Department of Design
College of Visual and Performing Arts
Web site: www.winthrop.edu/vpa/design/

南达科他州

South Dakota State University, Brookings
Interior Design Program
Apparel, Merchandising, and Interior Design
Web site: www.sdstate.edu

田纳西州

Middle Tennessee State University, Murfreesboro
Interior Design Program
Department of Human Sciences
Web site: www.mtsu.edu

O'More College of Design, Franklin
Interior Design Program
Web site: www.omorecollege.edu

University of Memphis, Memphis
Interior Design Program
Art Department
Web site: www.people.memphis.edu

University of Tennessee at Chattanooga
Interior Design Program
Department of Human Ecology
Web site: www.utc.edu/Academic/InteriorDesign

University of Tennessee, Knoxville
Interior Design Program
College of Architecture and Design
Web site: www.arch.utk.edu

Watkins College of Art and Design, Nashville
Department of Interior Design
Web site: www.watkins.edu

得克萨斯州

Abilene Christian University, Abilene
Interior Design Program
Department of Art and Design
Web site: www.acu.edu/academics/cas/art.html

Art Institute of Dallas, Dallas
Interior Design Program
School of Interior Design
Web site: www.aid.edu

Art Institute of Houston, Houston
Interior Design Program
Web site: www.aih.aii.edu

Baylor University, Waco
Interior Design Program
Department of Family and Consumer Sciences
College of Arts and Sciences
Web site: www.baylor.edu/fcs/splash.php

El Centro College, Dallas
Interior Design Department
Arts and Sciences Division
Web site: www.ecc.dcccd.edu

Stephen F. Austin State University, Nacogdoches
Interior Design Program
Department of Human Sciences
Web site: www.sfasu.edu/hms

Texas Christian University, Fort Worth
Interior Design Program
Department of Design, Merchandising, and Textiles
AddRan College of Humanities and Social Sciences
Web site: www.demt.tcu.edu/demt/

Texas State University, San Marcos
Interior Design Program
Department of Family and Consumer Sciences
College of Applied Arts
Web site: www.fcs.txstate.edu

Texas Tech University, Lubbock
Interior Design Program
College of Human Sciences
Web site: www.hs.ttu.edu

University of the Incarnate Word, San Antonio
Interior Environmental Design Program
School of Interactive Media and Design
Web site: www.uiw.edu/ied

University of North Texas, Denton
Interior Design Program
School of Visual Arts
Web site: www.art.unt.edu/divisions/interiordesign.cfm

University of Texas at Arlington
Interior Design Program
School of Architecture
Web site: www.uta.edu

University of Texas at Austin
Interior Design Program
School of Architecture
Web site: www.ar.utexas.edu

University of Texas at San Antonio
Interior Design Program
School of Architecture
Web site: www.utsa.edu/architecture

犹他州

Utah State University, Logan
Interior Design Program
College of Humanities, Arts, and Social Sciences
Web site: www.interiordesign.usu.edu

弗吉尼亚州

James Madison University, Harrisonburg
Interior Design Program
School of Art and Art History
Web site: www.jmu.edu/art

Marymount University, Arlington
Interior Design Department
School of Arts and Sciences
Web site: www.marymount.edu

Radford University, Radford
Department of Interior Design and Fashion
College of Visual and Performing Arts
Web site: www.id-f.asp.radford.edu

Virginia Commonwealth University, Richmond
Department of Interior Design
School of the Arts
Web site: www.pubinfo.vcu.edu

Virginia Polytechnic Institute and State University,
Blacksburg
Interior Design Program
School of Architecture and Design
Web site: www.interiordesign.caus.vt.edu

华盛顿州

Bellevue Community College, Bellevue
Interior Design Program
Arts and Humanities Division
Web site: www.bcc.ctc.edu/ArtsHum/interiordesign

Washington State University, Spokane
Interior Design Program
Department of Interior Design
Web site: www.idi.spokane.wsu.edu

西弗吉尼亚州

West Virginia University, Morgantown
Interior Design
Division of Family and Consumer Sciences
Davis College of Agriculture, Forestry, and Consumer
Sciences
Web site: www.cafcs.wvu.edu/majors/undergrad/id.html

威斯康星州

Mount Mary College, Milwaukee
Interior Design Department
Art and Design Division
Web site: www.mtmary.edu

University of Wisconsin, Madison
Interior Design Major
Environment, Textiles, and Design Department
Web site: www.sohe.wisc.edu/etd/index.html

University of Wisconsin, Stevens Point
Interior Architecture Program
Division of Interior Architecture
Web site: www.uwsp.edu/ia

University of Wisconsin—Stout, Menomonie
Interior Design Program
Art Program Direction Office
Web site: www.uwstout.edu

加拿大

Algonquin College, Ottawa, ON
Interior Design Program
Web site: www.algonquincollege.com

Dawson College, Westmount, QC
Interior Design Department
Web site: www.dawsoncollege.qc.ca

Humber Institute of Technology and Advanced Learning,
Etobicoke, ON
Interior Design Program
School of Applied Technology
Web site: www.degrees.humber.ca/interiordesign.htm

International Academy of Design and Technology,
Toronto, ON
Interior Design Program
School of Interior Design
Web site: www.iadttoronto.com

Kwantlen University College, Richmond, BC
Professional Level Interior Design Program
Interior Design Department
Web site: www.kwantlen.ca/applied-design/site/idsn-
infopackage/

Mount Royal College, Calgary, AB
Department of Interior Design
Web site: www.mtroyal.ca/arts/interiordesign/

New Brunswick Community College—Dieppe, NB
Interior Design Program
Web site: www.dieppe.ccnb.nb.ca

Ryerson University, Toronto, ON
School of Interior Design
Web site: www.ryerson.ca

Sheridan College Institute of Technology and Advanced
Learning, Oakville, ON
Interiors Program
School of Animation, Arts, and Design
Web site: www.sheridanc.on.ca

St. Clair College of Applied Arts and Technology,
Windsor, ON
Interior Design Department
Web site: www.stclaircollege.ca

University of Manitoba, Winnipeg, MB
Department of Interior Design
Web site: www.umanitoba.ca

室内设计参考文献

Abercrombie, Stanley. 1999. "Design Revolution: 100 Years That Changed Our World." *Interior Design*, December, 140–198.

American Institute of Architects. 2002. *The Architect's Handbook of Professional Practice*. 4th student ed. Hoboken, NJ: John Wiley & Sons.

American Society of Interior Designers. Web site information. www.asid.org.

American Society of Interior Designers. 1993. ASID Fact Sheet, "Economic Impact of the Interior Design Profession." Washington, DC: ASID.

———. 2000. *Aging in Place: Aging and the Impact of Interior Design*. Washington, DC: ASID.

———. 2001. "ASID: FAQs About Us." ASID, Washington, DC.

Ballast, David Kent. *Interior Construction and Detailing*. 2nd ed. Belmont, CA: Professional Publications, Inc. 2007.

———. 2002. *Interior Design Reference Manual: A Guide to the NCIDQ Exam*. 4th ed. Belmont, CA: Professional Publications Inc.

Baraban, Regina S., and Joseph F. Durocher. 2001. *Successful Restaurant Design*. 2nd ed. New York: John Wiley & Sons.

Barr, Vilma. 1995. *Promotion Strategies for Design and Construction Firms*. New York: John Wiley & Sons.

Barr, Vilma, and Charles E. Broudy. 1986. *Designing to Sell*. New York: McGraw-Hill.

Berger, C. Jaye. 1994. *Interior Design Law and Business Practices*. New York: John Wiley & Sons.

Binggeli, Corky. 2003. *Building Systems for Interior Designers*. Hoboken, NJ: John Wiley & Sons.

——— 2007. *Interior Design: A Survey*. Hoboken, NJ: John Wiley & Sons.

Birnberg, Howard G. 1999. *Project Management for Building Designers and Owners*. Boca Raton, FL: CRC Press.

Bonda, Penny, and Katie Sosnowchik. 2007. *Sustainable Commercial Interiors*. Hoboken, NJ: John Wiley & Sons.

Bureau of Labor Statistics. Web site information. www.bis.gov.

Campbell, Nina, and Caroline Seebohm. 1992. *Elsie de Wolfe: A Decorative Life*. New York: Clarkson Potter.

Ching, Francis D. K. 2008. *Building Construction Illustrated*. 4th ed. Hoboken, NJ: John Wiley & Sons.

Cohen, Jonathan. 2000. *Communication and Design with the Internet*. New York: W. W. Norton.

Coleman, Susan. 2002. *Career Journey Road Map*. Costa Mesa, CA: Orange Coast College.

Davidsen, Judith. "100 Interior Design Giants." January 2007. *Interior Design*, January, 95–136.

Davies, Thomas D., Jr., and Carol Peredo Lopez. 2006. *Accessible Home Design: Architectural Solutions for the Wheelchair User*. Washington, DC: Paralyzed Veterans of America.

Farren, Carol E. 1999. *Planning and Managing Interior Projects*. 2nd ed. Kingston, MA: R. S. Means.

Foster, Kari, Annette Stelmack, and Debbie Hindman. 2007. *Sustainable Residential Interiors*. Hoboken, NJ: John Wiley & Sons.

Hampton, Mark. 1992. *Legendary Decorators of the 20th Century*. New York: Doubleday.

Harmon, Sharon Koomen. 2008. *The Codes Guidebook for Interiors*. 4th ed. New York: John Wiley & Sons.

Interior Designers of Canada (IDC). Web site information. www.interiordesignerscanada.org.

International Interior Design Association (IIDA). Web site information. www.iida.org.

Israel, Lawrence J. 1994. *Store Planning/Design*. New York: John Wiley & Sons.

Jensen, Charlotte S. 2001. "Design Versus Decoration." *Interiors and Sources,* September, 90–93.

Kilmer, Rosemary, and W. Otie Kilmer. 1992. *Designing Interiors*. Fort Worth, TX: Harcourt Brace Jovanovich.

Kliment, Stephen A. 2006. *Writing for Design Professionals*. 2nd ed. New York: W. W. Norton.

Knackstedt, Mary V. 2006. *The Interior Design Business Handbook*. 4th ed. Hoboken, NJ: John Wiley & Sons.

Lawlor, Drue, and Michael Thomas. 2008. *Residential Design for Aging in Place*. Hoboken, NJ: John Wiley & Sons.

Linton, Harold. 2000. *Portfolio Design*. 2nd ed. New York: W. W. Norton.

Malkin, Jain. 1992. *Hospital Interior Architecture*. New York: John Wiley & Sons.

———. 2002. *Medical and Dental Space Planning*. 3rd ed. New York: John Wiley & Sons.

Marberry, Sara, ed. 1997. *Healthcare Design*. New York: John Wiley & Sons.

Martin, Jane D., and Nancy Knoohuizen. 1995. *Marketing Basics for Designers*. New York: John Wiley & Sons.

McDonough, William, and Michael Braungrant. 2002. *Cradle to Cradle: Remaking the Way We Make Things*. New York: North Point Press.

McGowan, Maryrose, and Kelsey Kruse. 2005. *Specifying Interiors*. 2nd ed. New York: John Wiley & Sons.

McGowan, Maryrose. 2004. *Interior Graphic Standards*. Student ed. Hoboken, NJ: John Wiley & Sons.

Mendler, Sandra F., and William Odell. 2000. *The HOK Guidebook to Sustainable Design*. Hoboken, NJ: John Wiley & Sons.

Merriam-Webster's Collegiate Dictionary. 10th ed. 1994. Springfield, MA: Merriam-Webster.

Morgan, Jim. 1998. *Management of the Small Design Firm*. New York: Watson-Guptill.

Murtagh, William J. 2005. *Keeping Time*. 3rd ed. Hoboken, NJ: John Wiley & Sons.

National Council for Interior Design Qualification. 2000. *NCIDQ Examination Study Guide*. Washington, DC: National Council for Interior Design Qualification.

———. 2003. *Practice Analysis Study*. Washington, DC: National Council for Interior Design Qualification.

Pelegrin-Genel, Elisabeth. 1996. *The Office*. Paris and New York: Flammarion.

Pilatowicz, Grazyna. 1995. *Eco-Interiors*. Hoboken, NJ: John Wiley & Sons.

Pile, John. 1995. *Interior Design*. 2nd ed. Englewood Cliffs, NJ: Prentice Hall.

———. 2000. *A History of Interior Design*. New York: John Wiley & Sons.

Piotrowski, Christine M. 1992. *Interior Design Management*. New York: John Wiley & Sons.

———. 2008. *Professional Practice for Interior Designers*. 4th ed. Hoboken, NJ: John Wiley & Sons.

Piotrowski, Christine M., and Elizabeth Rodgers. 2007. *Designing Commercial Interiors*. 2nd ed. Hoboken, NJ: John Wiley & Sons.

Postell, Jim. 2007. *Furniture Design*. Hoboken, NJ: John Wiley & Sons.

Rutes, Walter A., Richard H. Penner, and Lawrence Adams. 2001. *Hotel Design: Planning and Development*. New York: W. W. Norton.

Stipanuk, David M., and Harold Roffmann. 1992. *Hospitality Facilities Management and Design*. East Lansing, MI: Educational Institute of the American Hotel and Motel Association.

Tate, Allen, and C. Ray Smith. 1986. *Interior Design in the 20th Century*. New York: Harper & Row.

U.S. Green Building Council. 2003. *Building Momentum: National Trends and Prospects for High Performance Green Buildings*. Washington, DC: U.S. Green Building Council.

———. 2006. *Commercial Interiors Reference Guide*. 3rd ed. Washington, DC: U.S. Green Building Council.

World Commission on Environment and Development. 1987. *The Brundtland Report: Our Common Future*. Oxford: Oxford University Press.

室内设计师名录

Leonard Alvarado
Principal
Contract Office Group
Milpitas, California

Kristen Anderson, ASID, CID, RID
Designer
Truckee-Tahoe Lumber/Home Concept
Tahoe City, California

Naomi Anderson
Owner
Rampdome Systems
Scottsdale, Arizona

Katherine Ankerson, IDEC, NCARB Certified
Professor, Interior Design
University of Nebraska–Lincoln
Lincoln, Nebraska

Kristine S. Barker, CID
Interior Designer
Hayes, Seay, Mattern & Mattern, Inc.
Virginia Beach, Virginia

Jan Bast, FASID, IIDA, IDEC
Interior Design Program Director
Design Institute of San Diego
San Diego, California

Corky Binggeli, ASID
Principal
Corky Binggeli Interior Design
Arlington, Massachusetts

Bruce James Brigham, FASID, ISP, IES
Principal
Retail Clarity Consulting
Laredo, Texas

Laura C. Busse, IIDA, KYCID
Interior Designer
Reese Design Collaborative
Louisville, Kentucky

Rosalyn Cama, FASID
President
CAMA, Inc.
New Haven, Connecticut

Juliana Catlin, FASID
President
Catlin Design Group
Jacksonville, Florida

Stephanie Clemons, Ph.D., FASID, IDEC
Professor, Interior Design
Colorado State University
Fort Collins, Colorado

Jane Coit, Associate Member IIDA
Director of Design
Vangard Concept Offices
San Leandro, California

Susan Coleman, FIIDA. FIDEC
Retired faculty
Orange Coast College
Costa Mesa, California

David F. Cooke, FIIDA, CMG
Principal
Design Collective Incorporated
Baltimore, Maryland

Sally Howard D'Angelo, ASID, Affiliate Member AIA
Principal/Owner
S. H. Designs
Windham, New Hampshire

Joy Dohr, Ph.D., FIDEC, IIDA
Professor and Associate Dean, Retired
University of Wisconsin–Madison
Madison, Wisconsin

Theodore Drab, ASID, IIDA, IDEC
Associate Professor
University of Oklahoma
Norman, Oklahoma

Sandra G. Evans, ASID
Principal
Knoell & Quidort Architects
Phoenix, Arizona

Marilyn Farrow, FIIDA
Principal
Farrow Interiors/Consulting
Taos, New Mexico

Shannon Ferguson, IIDA
Project Manager
ID Collaborative
Greensboro, North Carolina

Neil P. Frankel, FIIDA, FAIA
Design Partner
Frankel + Coleman
Chicago, Illinois

Charles Gandy, FASID, FIIDA
President
Charles Gandy, Inc.
Clayton, Georgia

M. Arthur Gensler Jr., FAIA, FIIDA, RIBA
Chairman
Gensler
San Francisco, California

Suzan Globus, FASID. LEED-AP
Principal
Globus Design Associates
Red Bank, New Jersey

Bruce Goff, ASID
President
Domus Design Group
San Francisco, California

Sari Graven, ASID
Director of Program and Resource Development
Seattle University
Seattle, Washington

Greta Guelich, ASID
Principal
Perceptions Interior Design Group LLC
Scottsdale, Arizona

Denise A. Guerin, Ph.D., FIDEC, ASID, IIDA
Professor
University of Minnesota
St. Paul, Minnesota

Rita Carson Guest, FASID
President
Carson Guest, Inc.
Atlanta, Georgia

David Hanson, RID, IDC, IIDA
Owner
DH Designs
Vancouver, British Columbia, Canada

Beth Harmon-Vaughn, FIIDA, Associate AIA, LEED-AP
Office Director
Gensler
Phoenix, Arizona

Lisa Henry, ASID
Architecture and Design Manager
Knoll
Denver, Colorado

Maryanne Hewitt, IIDA
Owner
Hewitt Interior Design Group
Jacksonville Beach, Florida

Susan B. Higbee
Director of Interior Design
Group Mackenzie
Portland, Oregon

Debra May Himes, ASID, IIDA
President and Owner
Debra May Himes Interior Design & Associates LLC
Chandler, Arizona

Linda Isley, IIDA, CID
Senior Project Designer
Young + Co., Inc.
San Diego, California

Kristin King, ASID
Principal/Owner
KKID
Los Angeles, California

Michelle King, IIDA
Interior Designer
Dekker/Perich/Sabatini
Albuquerque, New Mexico

Sue Kirkman, ASID, IIDA, IDEC
Dean of Education
Harrington Institute of Interior Design
Chicago, Illinois

Mary G. Knopf, ASID, IIDA, LEED-AP
Principal/Interior Designer
ECI/Hyer, Inc.
Anchorage, Alaska

Mary Fisher Knott, Allied Member ASID, CID, RSPI
Owner
Mary Fisher Designs
Scottsdale, Arizona

Linda Kress, ASID
Director of Interior Design
Lotti Krishan & Short Architects
Tulsa, Oklahoma

Robert J. Krikac, IDEC
Associate Professor
Washington State University
Pullman, Washington

Beth Kuzbek, IIDA, CMG
National Specification Manager, Healthcare
Omnova Solutions, Inc.
Fairlawn, Ohio

Drue Ellen Lawlor, FASID
Owner, Drue Lawlor Interiors
Principal, education-works, inc.
San Gabriel, California

Nila Leiserowitz, FASID, Associate AIA
Managing Director/Principal
Gensler
Santa Monica, California

Janice Carleen Linster, ASID, IIDA, CID
Principal
Studio Hive, Inc.
Minneapolis, Minnesota

Rachelle Schoessler Lynn, CID, ASID, IFMA, LEED-AP,
Allied AIA Minnesota
Partner
Studio 2030
Minneapolis, Minnesota

Lois Macaulay, Allied Member ASID
President
Lois Macaulay Interior Design
Toronto, Ontario, Canada

Jain Malkin, CID
President
Jain Malkin, Inc.
San Diego, California

Terri Maurer, FASID
Owner
Maurer Design Group
Akron, Ohio

Colleen McCafferty, IFMA, USGBC, LEED-CI
Corporate Interior Team Leader
Hixson Architecture, Engineering, Interiors
Cincinnati, Ohio

Patricia Campbell McLaughlin, ASID, RID
Owner
MacLaughlin Collection (formerly Steel Magnolia)
Dallas, Texas

John Mclean, RA, CMG
Principal and Design Director
John Mclean Architect/architecture and industrial design
White Plains, New York

Dennis McNabb, FASID, IDEC
Associate Chair, Fashion and Interior Design
Central College
Houston Community College System
Houston, Texas

M. Joy Meeuwig, IIDA
Owner
Interior Design Consultation
Reno, Nevada

Fred Messner, IIDA
Principal
Phoenix Design One, Inc.
Tempe, Arizona

Darcie R. Miller, NKBA, ASID Industry Partner, CMG
Design Director
Miller Design
Ashland, Alabama

Keith Miller, ASID
Miller & Associates Interior Consultants, LLC
Seattle, Washington

Mimi Moore, ASID, CID, IDEC
Professor
San Diego Mesa College
San Diego, California

Carol Morrow, Ph.D., ASID, IIDA, IDEC
Academic Director of Interior Design
The Art Institute of Phoenix
Phoenix, Arizona

Sally Nordahl, IIDA
Director of Interior Design
Leo A. Daly
Phoenix, Arizona

Susan Norman, IIDA
Principal
Susan Norman Interiors
Phoenix, Arizona

Barbara Nugent, FASID
Principal
bnDesigns
Dallas, Texas

Derrell Parker, IIDA
Partner
Parker Scaggiari
Las Vegas, Nevada

William Peace, ASID
President
Peace Design
Atlanta, Georgia

Marilizabeth Polizzi, Allied Member ASID
Owner
Artistic Designs LLC
Scottsdale, Arizona

Sharmin Pool-Bak, ASID, CAPS, LEED-AP
Owner
Sharmin Pool-Bak Interior Design, LLC
Tucson, Arizona

James Postell
Associate Professor of Interior Design
University of Cincinnati
Cincinnati, Ohio

Jennifer van der Put, BID, IDC, ARIDO, IFMA
Director of Interior Design/Senior Associate
Bregman + Hamann Interior Design
Toronto, Ontario, Canada

Jo Rabaut, ASID, IIDA
Principal
Rabaut Design Associates, Inc.
Atlanta, Georgia

Jeffrey Rausch, IIDA
Principal
Exclaim Design
Scottsdale, Arizona

Teresa Ridlon, Allied Member ASID
Owner/President
Ridlon Interiors
Tempe, Arizona

Patricia A. Rowen, ASID, CAPS
Owner
Rowen Design
Hillsdale, Michigan

Leylan Salzer
Instructor/Interior Designer
Washington State University
Spokane, Washington

Linda Santellanes, ASID
Principal
Santellanes Interiors, Inc.
Tempe, Arizona

Derek B. Schmidt
Project Designer
Design Collective Incorporated
Nashville, Tennessee

Melinda Sechrist, FASID
President
Sechrist Design Associates, Inc.
Seattle, Washington

W. Daniel Shelley, AIA, ASID
Vice President/Secretary
James, DuRant, Matthews & Shelley, Inc.
Sumter, South Carolina

Lindsay Sholdar, ASID
Principal
Sholdar Interiors
San Diego, California

Lisa Slayman, ASID, IIDA
President
Slayman Design Associates, Inc.
Newport Beach, CA

Laurie P. Smith, ASID
Principal
Piconke Smith Design
Downers Grove, Illinois

Linda Elliott Smith, FASID
President
education-works, inc.
Dallas, Texas

Linda Sorrento, ASID, IIDA, LEED-AP
Director, Education and Research Partnerships
US Green Building Council
Washington, DC

Teresa Sowell, ASID, IFMA
Principal Facilities Engineer
Raytheon, Inc.
Tucson, Arizona

Annette K. Stelmack, Allied Member ASID
Owner
Inspirit-llc
Louisville, Colorado

David D. Stone, IIDA, LEED-AP
Senior Interior Designer
Leo A. Daly
Phoenix, Arizona

Kimberly M. Studzinski
Project Designer
Buchart Horn/Basco Associates
York, Pennsylvania

Michael A. Thomas, FASID, CAPS
Principal
The Design Collective Group, Inc.
Jupiter, Florida

Sally Thompson, ASID
President
Personal Interiors by Sally Thompson, Inc.
Gainesville, Florida

Suzanne Urban, ASID, IIDA
Principal
STUDIO4 Interiors Ltd.
Phoenix, Arizona

Donna Vining, FASID, IIDA, RID, CAPS
President
Vining Design Associates, Inc.
Houston, Texas

Robin J. Wagner, ASID, IDEC
Associate Professor
Director of Graduates, Interior Design
Marymount University
Washington, DC
and Wagner Somerset, Inc.
Clifton, Virginia

Lisa Whited IIDA, ASID, Maine Certified Interior Designer
Principal
Whited Planning + Design
Portland, Maine

Trisha Wilson, ASID
President
Wilson Associates
Dallas, Texas

Tom Witt
Associate Professor
Arizona State University
Tempe, Arizona

Robert Wright, FASID
President
Bast/Wright Interiors, Inc.
San Diego, California